U0151178

计算机前沿技术丛书

前端工程化

基于Vue.js 3.0的
设计与实践

程沛权 / 著

机械工业出版社
CHINA MACHINE PRESS

本书以 Vue.js 的 3.0 版本为核心技术栈，围绕"前端工程化"和 TypeScript 的知识点展开讲解，根据笔者多年的前端开发和一线团队管理经验，将 Vue 3 的知识点按照工程师做项目的实施顺序梳理成章，一步一步帮助读者进行前端工程化和 Vue 3 的开发。从前端工程化开始到 Type-Script 语言的学习，再到使用 TypeScript 开发 Vue 3 项目，通过循序渐进的学习过程提升读者在前端工程化领域的实战能力。

本书大部分知识点都搭配了通俗易懂、可实现的代码案例，读者扫描封底的二维码可获得随书附赠的源代码等资源。本书适合计算机前端开发技术人员、前端技术团队管理人员和相关专业的在校大学生阅读。

图书在版编目（CIP）数据

前端工程化：基于 Vue.js 3.0 的设计与实践／程沛权著. —北京：机械工业出版社，2023.3（2024.1 重印）

（计算机前沿技术丛书）

ISBN 978-7-111-72477-3

Ⅰ.①前… Ⅱ.①程… Ⅲ.①网页制作工具–程序设计 Ⅳ.①TP393.092.2

中国国家版本馆 CIP 数据核字（2023）第 031042 号

机械工业出版社（北京市百万庄大街 22 号　邮政编码 100037）
策划编辑：李晓波　　　　　　责任编辑：李晓波　张淑谦
责任校对：潘　蕊　张　征　责任印制：单爱军
北京虎彩文化传播有限公司印刷
2024 年 1 月第 1 版第 2 次印刷
184mm×240mm·23 印张·564 千字
标准书号：ISBN 978-7-111-72477-3
定价：119.00 元

电话服务　　　　　　　　　网络服务
客服电话：010-88361066　机　工　官　网：www.cmpbook.com
　　　　　010-88379833　机　工　官　博：weibo.com/cmp1952
　　　　　010-68326294　金　　书　　网：www.golden-book.com
封底无防伪标均为盗版　机工教育服务网：www.cmpedu.com

前 言

PREFACE

Vue 3.0 从 2020 年 9 月中旬正式发布到 2022 年 2 月代替 Vue 2 成为 Vue 的默认版本。经过长达一年半的市场验证，已经证明了它可以完美地支持常见的企业需求，适合投产使用，未来会被越来越多的企业所采用，只掌握 Vue 2 远远不能满足企业的技能要求。

本书以 Vue.js 的 3.0 版本为核心技术栈，围绕"前端工程化"和 TypeScript 的知识点展开讲解，主要内容如下：

1）如何进行前端工程化开发，掌握 Node.js 和 npm 的使用。

2）前端领域多年来受欢迎趋势走高、带有类型支持的 TypeScript 语言。

3）上手主流前端框架 Vue.js 的全新版本，并且在遇到常见问题时知道如何解决。

本书全面融入了笔者多年的开发实践经验，大部分知识点都搭配了通俗易懂的讲解和可实现的代码案例，在阅读的过程中读者可以亲自编写代码加强学习，毕竟上手一个新技术栈最快的方法，就是边学边练。

本书作为一本入门类教程，主要面向以下读者人群：

1）掌握了基础的 HTML 页面编写知识，想学习一个主流前端框架的新手前端工程师。

2）已经掌握 Vue 2，面对 Vue 3 的大版本更新想快速上手使用的前端工程师。

3）非职业前端开发人员，但涉及前端的工作，需要掌握一个主流前端框架的全栈工程师。

本书根据笔者多年的前端开发经验和一线团队管理经验，将 Vue 3 的知识点按照工程项目的实施顺序梳理成章，一步一步帮助工程师入门前端工程化和 Vue 3 的开发。

书中包含了很多在构建项目过程中容易遇到的问题点和解决方案，对 Vue 3 和 Vue 2 差异化较大的功能点还进行了版本之间的写法对比。这一点和各技术栈的官方文档有较大的不同，官方文档更适合作为一本工具书，方便在需要的时候对 API 进行检索查询。

目前笔者所带领的前端团队已经全员使用 TypeScript 和 Vue 3 进行日常的开发工作，团队成员的学习过程都非常顺利，各位读者可放心阅读。笔者推荐按照本书章节的顺序进行学习，从前端工程化开始到 TypeScript 语言的学习，再到使用 TypeScript 开发 Vue 3 项目，这是一个循序渐进的学习过程。

Vue.js 是一个"渐进式"的框架，它可以只用最基础的组件来开发一个小项目，也可以引入相关生态组合成一个大项目（如 Vue Router、 Vuex、 Pinia 等）。本书和 Vue.js 框架一样，也是一个"渐进式"的教程，对于本身已经有一定 Vue.js 基础的开发者来说，也可以在遇到具体问题的时候，只阅读对应部分的内容。

在学习的过程中，笔者推荐将已有的其他技术栈项目使用 Vue 3 重新编写，使其可以复刻原来的功能。比如一个使用 jQuery 或者是 Vue 2 编写的活动页面或小工具，用 Vue 3 重新实现一遍，看能否还原出原来的功能。如果能够成功实现，则说明已经掌握 Vue 3 的使用技巧了。

在学习的过程中如有什么问题想与笔者交流，可以给笔者发送邮件，邮箱是 chengpeiquan@chengpeiquan.com。由于水平所限，书中难免有疏漏之处，请广大读者不吝赐教。

笔　者

2022.11.30

CONTENTS **目录**

第6章 CHAPTER.6

路由的使用 / 202

第 9 章　全局状态管理　/　307
CHAPTER.9

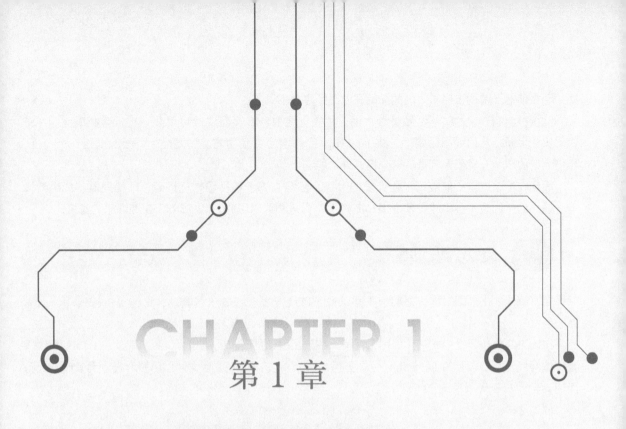

CHAPTER 1
第 1 章

前端工程化概述

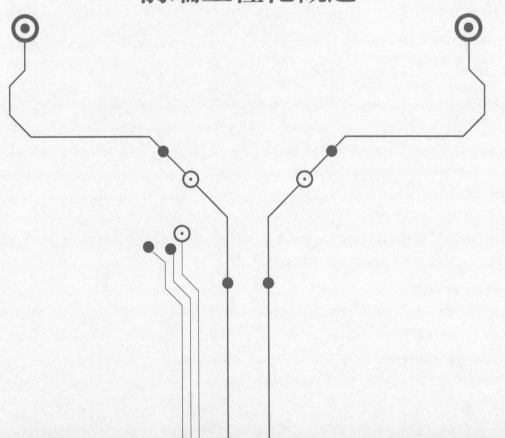

现在前端开发的工作与以前的前端开发已经完全不同了。

刚接触前端开发的时候，做一个页面，是先创建 HTML 页面文件写页面结构，再在里面写 CSS 代码美化页面，然后根据需要写一些 JavaScript 代码增加交互功能，需要几个页面就创建几个页面，相信大家的前端开发工作都是从这个模式开始的。

而现在早已进入了前端工程化开发的时代，已经充满了各种现代化框架、预处理器、代码编译等。最终的产物也不再单纯是多个 HTML 页面，而是频繁出现的 SPA/SSR/SSG 等词汇的身影。

1.1 传统开发的弊端

在了解什么是前端工程化之前，先回顾一下传统开发存在的一些弊端，这样更能知道为什么需要它。

在传统的前端开发模式下，前端工程师大部分工作只需要单纯的写写页面，都是在 HTML 文件里直接编写代码，所需要的 JavaScript 代码是通过 script 标签以内联或者文件引用的形式放到 HTML 代码里的，当然 CSS 代码也是一样的处理方式。

例如这样：

```
<!-- HTML 代码片段 -->
<!DOCTYPE html>
<html lang="en">
  <head>
    <meta charset="UTF-8" />
    <meta http-equiv="X-UA-Compatible" content="IE=edge" />
    <meta name="viewport" content="width=device-width, initial-scale=1.0" />
    <title>Document</title>
  </head>
  <body>
    <!-- 引入 JavaScript 文件-->
    <script src="./js/lib-1.js"></script>
    <script src="./js/lib-2.js"></script>
    <!-- 引入 JavaScript 文件-->
  </body>
</html>
```

如演示代码所示，虽然可以把代码分成多个文件来维护，这样可以有效降低代码维护成本，但在实际开发过程中，还是存在代码运行时的一些问题。

1. 一个常见的案例

继续用上面的演示代码，来看一个最简单的例子。

先在 lib-1.js 文件里声明一个变量：

```
// JavaScript 代码片段
var foo = 1
```

再在 lib-2.js 文件里声明一个变量（没错，也是 foo）：

```
// JavaScript 代码片段
var foo = 2
```

然后在 HTML 代码里追加一个 script，并且打印这个值：

```
<!-- HTML 代码片段 -->
<!DOCTYPE html>
<html lang="en">
<head>
  <meta charset="UTF-8">
  <meta http-equiv="X-UA-Compatible" content="IE=edge">
  <meta name="viewport" content="width=device-width, initial-scale=1.0">
  <title>Document</title>
</head>
<body>

  <!-- 引入 JavaScript 文件-->
  <script src="./js/lib-1.js"></script>
  <script src="./js/lib-2.js"></script>
  <!-- 引入 JavaScript 文件-->

  <!-- 假设这里是实际的业务代码 -->
  <script>
    console.log(foo)
  </script>
  <!-- 假设这里是实际的业务代码 -->

</body>
</html>
```

先猜猜会输出什么？答案是 2。

如果在开发的过程中，不知道在 lib-2.js 文件里也声明了一个 foo 变量，一旦在后面的代码里预期了 foo+2 === 3，那么就得不到想要的结果（因为 lib-1.js 里的 foo 是 1，1+2 等于 3）。原因是 JavaScript的加载顺序是从上到下的，当使用 var 声明变量时，如果命名有重复，那么后加载的变量会覆盖先加载的变量。

这是使用 var 声明的情况，它允许使用相同的名称来重复声明，那么换成 let 或者 const 呢？虽然不会出现重复声明的情况，但同样会收到一段报错：

```
Uncaught SyntaxError: Identifier 'foo' has already been declared (at lib-2.js:1:1)
```

这次程序直接崩溃了，因为 let 和 const 无法重复声明，从而抛出这个错误，程序依然无法正确运行。

2. 更多问题

以上只是一个简单的案例，就暴露出了传统开发很大的弊端，然而并不止于此，实际上，传统开发还存在以下这些的问题：

1）引入多个资源文件时，比如有多个 JavaScript 文件，在其中一个 JavaScript 文件里面使用了在别处声明的变量，则无法快速找到是在哪里声明的，大型项目难以维护。

2）类似前面提到的问题无法轻松预先感知，很依赖开发人员人工定位问题所在源码位置。

3）大部分代码缺乏分割，如一个工具函数库，很多时候需要整包引入到 HTML 里，而且文件很大，然而实际上只需要用到其中一两个方法。

4）由第 3 点大文件延伸出的问题，script 的加载是从上到下的，容易阻塞页面渲染。

5）不同页面的资源引用都需要手动管理，容易造成依赖混乱，难以维护。

6）如果要压缩 CSS、混淆 JavaScript 代码，也是需要人为操作使用工具逐个处理后替换，容易出错。

当然，实际上还会遇到其他更多的问题。

1.2　工程化带来的优势

为了解决传统开发的弊端，前端也开始引入工程化开发的概念，借助工具来解决人工层面的烦琐事情。

▶▶ 1.2.1　开发层面的优势

在 1.1 节关于传统开发的弊端里，主要列举的是开发层面的问题，工程化首要解决的当然也是在开发层面遇到的问题。

在开发层面，前端工程化有以下好处：

1）引入了模块化和包的概念，作用域隔离，解决了代码冲突的问题。

2）按需导出和导入机制，让编码过程更容易定位问题。

3）自动化的代码检测流程，有问题的代码在开发过程中就可以被发现。

4）编译打包机制可以使用开发效率更高的编码方式，如 Vue 组件、CSS 的各种预处理器。

5）引入了代码兼容处理的方案（如 Babel），可以自由使用更先进的 JavaScript 语句，而无须顾忌浏览器兼容性，因为最终会转换为浏览器兼容的实现版本。

6）引入了 Tree Shaking 机制，清理没有用到的代码，减少项目构建后的体积。

还有非常多的体验提升，这里就不一一列举了。而对应的工具，根据用途也会有非常多的选择，在后面的学习过程中，读者会逐步体验到工程化带来的好处。

▶▶ 1.2.2　团队协作的优势

除了对开发者有更好的开发体验和效率提升外，对于团队协作，前端工程化也带来了许多的便利，如下面这些场景。

1. 统一的项目结构

以前的项目结构比较依赖工程师的喜好，虽然在研发部门里一般都有"团队规范"等约定，但靠自觉性去配合的事情，还是比较难做到统一，特别是项目赶工期的时候。

工程化后的项目结构非常清晰和统一。以 Vue 项目来说，通过脚手架创建一个新项目之后，它除了提供能直接运行 Hello World 的基础代码之外，还具备如下的统一目录结构。

- src：源码目录。
- src/main.ts：入口文件。
- src/views：路由组件目录。
- src/components：子组件目录。
- src/router：路由目录。

虽然也可以自行调整成别的结构，但根据笔者多年的实际工作体会，以及从很多开源项目的代码里看到的，都是沿用脚手架创建的项目结构（不同脚手架创建的结构会有所不同，但基于同一技术栈的项目基本上都具备相同的结构）。

2. 统一的代码风格

不管是接手其他人的代码或者是修改自己不同时期的代码，可能都会遇到这样的情况：一个模板语句上面包含了很多属性，有的人喜欢写成一行，属性多了维护起来很麻烦，需要花费较多时间辨认。

```
<!-- Vue 代码片段 -->
<template>
  <div class="list">
    <!-- 这个循环模板有很多属性 -->
    <div class="item" :class="{`top-${index + 1}`: index < 3}" v-for="(item, index)
    in list" :key="item.id" @click="handleClick(item.id)">
      <span>{{item.text}}</span>
    </div>
    <!-- 这个循环模板有很多属性 -->
  </div>
</template>
```

而工程化配合统一的代码格式化规范，可以使不同人维护的代码，最终提交到 Git 上时风格都保持一致，并且类似这种很多属性的地方，都会自动格式化为一个属性一行，维护起来就很方便。

```
<!-- Vue 代码片段 -->
<template>
  <div class="list">
    <!-- 这个循环模板有很多属性 -->
    <div
      class="item"
      :class="{`top-${index + 1}`: index < 3}"
```

```
    v-for="(item, index) in list"
    :key="item.id"
    @click="handleClick(item.id)"
  >
    <span>{{item.text}}</span>
  </div>
  <!-- 这个循环模板有很多属性 -->
 </div>
</template>
```

同样地，写 JavaScript 时也会有诸如字符串用双引号还是单引号、缩进是用 Tab 还是用空格、如果用空格到底是要 4 个空格还是两个空格等一堆"没有什么实际意义"，但是不统一的话协作起来又很难受的问题。

在工程化项目中，这些问题都可以交给程序去处理。在书写代码的时候，开发者可以先按照自己的习惯书写，然后再执行命令进行格式化，或者是在提交代码的时候配合 Git Hooks 自动格式化等，都可以做到统一风格。

3. 可复用的模块和组件

传统项目比较容易被复用的只有 JavaScript 代码和 CSS 代码，会抽离公共函数文件上传到 CDN，然后在 HTML 页面里引入这些远程资源。HTML 代码部分通常只有由 JavaScript 创建的比较小段的 DOM 结构。

通过 CDN 引入的资源，很多时候都是完整引入的，可能有时候只需要用到里面的一两个功能，却要把很大的完整文件都引用进来。

这种情况下，在前端工程化里，就可以抽离出一个开箱即用的 npm 组件包。并且很多包都提供了模块化导出，配合构建工具的 Tree Shaking，可以抽离用到的代码，没有用到的其他功能都会被抛弃，不会一起发布到生产环境。

4. 代码健壮性有保障

传统的开发模式里，只能够写 JavaScript。而在工程项目里，可以在开发环境编写带有类型系统的 TypeScript，然后再编译为浏览器能认识的 JavaScript。

在开发过程中，编译器会检查代码是否有问题，如在 TypeScript 里声明了一个布尔型的变量，然后不小心将它赋值为数值：

```
// TypeScript 代码片段
// 声明一个布尔型变量
let bool: boolean = true

// 在 TypeScript,不允许随意改变类型,这里会报错
bool = 3
```

编译器检测到这个行为的时候就会抛出错误：

```
# ...
return new TSError(diagnosticText, diagnosticCodes);
        ^

TSError: × Unable to compile TypeScript:
src/index.ts:2:1 - error TS2322: Type 'number' is not assignable to type 'boolean'.

2 bool = 3
  ~ ~ ~ ~
# ...
```

从而得以及时发现并修复问题，减少线上事故的发生。

5. 团队开发效率高

在前后端合作环节，可以提前 Mock[⊖] 接口与后端工程师同步开发。如果遇到跨域等安全限制，也可以进行本地代理，不受跨域困扰。

前端工程在开发过程中，还有很多可以交给程序处理的环节，如前面提到的代码格式化、代码检查，还有在部署上线的时候也可以配合 CI/CD 完成自动化流水线。不像以前改个字都要找服务端工程师去更新，可以把很多的人力操作剥离出来交给程序。

▶▶ 1.2.3　求职竞争上的优势

近几年前端开发领域的相关岗位，都会在招聘详情里出现下面类似的描述。

1）熟悉 Vue/React 等主流框架，对前端组件化和模块化有深入的理解和实践。

2）熟悉面向组件的开发模式，熟悉 Webpack/Vite 等构建工具。

3）熟练掌握微信小程序开发，熟悉 Taro 框架或 uni-app 框架者优先。

4）熟悉 Scss/Less/Stylus 等预处理器的使用。

5）熟练掌握 TypeScript 者优先。

6）有良好的代码风格，结构设计与程序架构者优先。

7）了解或熟悉后端开发者优先（如 Java/Go/Node.js 等）。

知名企业对 1~3 年工作经验的初中级工程师，更是明确要求具备前端工程化开发的能力，见图 1-1。

组件化开发、模块化开发、Webpack/Vite 构建工具、Node.js 开发等，这些技能都属于前端工程化开发的知识范畴，不仅在面试的时候会提问，新人入职后接触的项目通常也是直接指派前端工程化项目。如果能够提前掌握相关的知识点，对求职也是非常有帮助的。

⊖　Mock 通常指在开发或者测试过程中，对某些不能获取或者不能及时获取的数据，根据其数据结构创建一个模拟对象，以便提前把功能实现或者完成测试的方案。

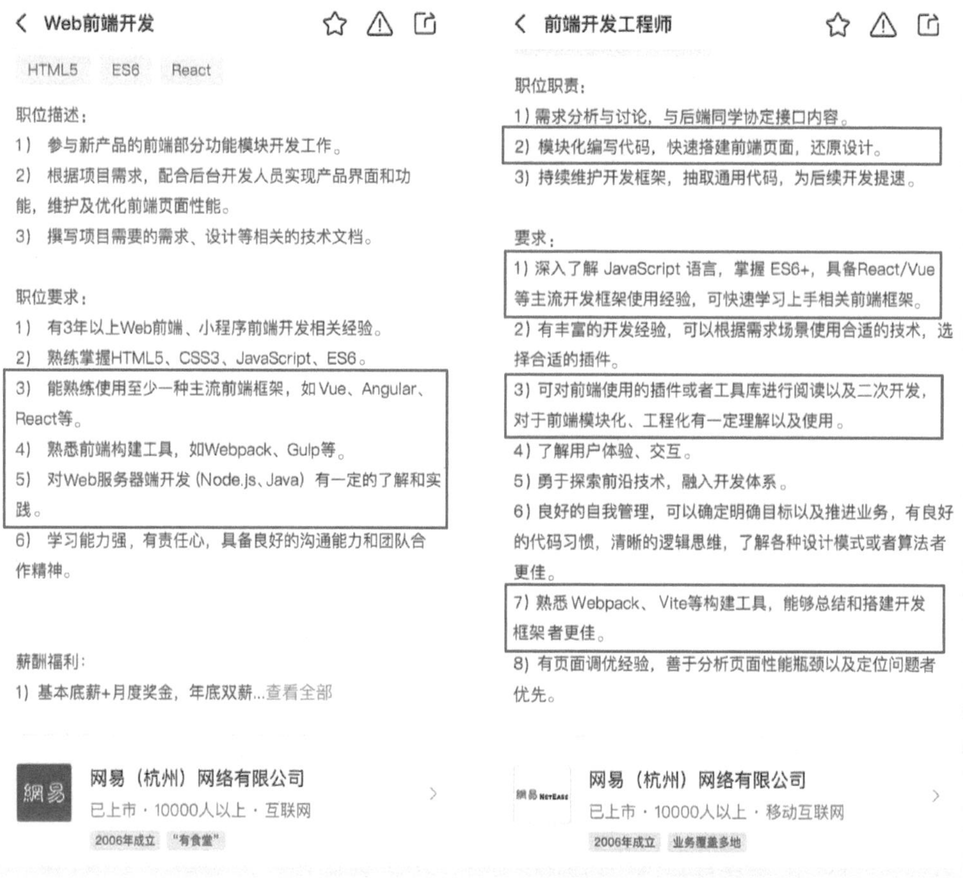

〈 Web前端开发 ☆ ⚠ ⬆

`HTML5` `ES6` `React`

职位描述：

1）参与新产品的前端部分功能模块开发工作。

2）根据项目需求，配合后台开发人员实现产品界面和功能，维护及优化前端页面性能。

3）撰写项目需要的需求、设计等相关的技术文档。

职位要求：

1）有3年以上Web前端、小程序前端开发相关经验。

2）熟练掌握HTML5、CSS3、JavaScript、ES6。

3）能熟练使用至少一种主流前端框架，如Vue、Angular、React等。

4）熟悉前端构建工具，如Webpack、Gulp等。

5）对Web服务器端开发（Node.js、Java）有一定的了解和实践。

6）学习能力强，有责任心，具备良好的沟通能力和团队合作精神。

薪酬福利：

1）基本底薪+月度奖金，年底双薪...查看全部

网易（杭州）网络有限公司
已上市 · 10000人以上 · 互联网
2006年成立 "有食堂"

〈 前端开发工程师 ☆ ⚠ ⬆

职位职责：

1）需求分析与讨论，与后端同学协定接口内容。

2）模块化编写代码，快速搭建前端页面，还原设计。

3）持续维护开发框架，抽取通用代码，为后续开发提速。

要求：

1）深入了解 JavaScript 语言，掌握 ES6+，具备React/Vue等主流开发框架使用经验，可快速学习上手相关前端框架。

2）有丰富的开发经验，可以根据需求场景使用合适的技术，选择合适的插件。

3）可对前端使用的插件或者工具库进行阅读以及二次开发，对于前端模块化、工程化有一定理解以及使用。

4）了解用户体验、交互。

5）勇于探索前沿技术，融入开发体系。

6）良好的自我管理，可以确定明确目标以及推进业务，有良好的代码习惯，清晰的逻辑思维，了解各种设计模式或者算法者更佳。

7）熟悉 Webpack、Vite等构建工具，能够总结和搭建开发框架者更佳。

8）有页面调优经验，善于分析页面性能瓶颈以及定位问题者优先。

网易（杭州）网络有限公司
已上市 · 10000人以上 · 移动互联网
2006年成立 业务覆盖多地

● 图 1-1 知名企业对 1~3 年经验的前端工程师招聘要求

1.3 Vue.js 与工程化

在 1.2 节提到了掌握前端工程化在求职竞争上的优势，里面列出的招聘要求都提及了 Vue 和 React 这些主流的前端框架，前端框架是前端工程化开发里面不可或缺的成员。

框架能够充分地利用前端工程化相关的领先技术，不仅在开发层面可以降低开发者的上手难度、提升项目开发效率，在构建出来的项目成果上也有着远比传统开发更优秀的用户体验。

本书结合 Vue.js 框架 3.0 系列的全新版本，将从项目开发的角度，帮助开发者入门前端工程化的同时，更快速地掌握一个流行框架的学习和使用。

▶▶ 1.3.1 了解 Vue.js 与全新的 3.0 版本

Vue.js 是一个易学易用、性能出色、适用场景丰富的 Web 前端框架。2015 年发布 1.0 版本后便受

到了全世界范围前端开发者的喜爱，已成为当下最受欢迎的前端框架之一，Vue.js Logo 见图 1-2。

Vue 一直紧跟广大开发者的需求迭代发展，保持着它活跃的生命力。

2020 年 9 月 18 日，Vue.js 发布了 3.0 正式版，在大量开发者长达约一年半的使用和功能改进反馈之后，Vue 又于 2022 年 2 月 7 日发布了 3.2 版本。同一天，Vue 3 成为 Vue.js 框架全新的默认版本（在此之前，通过 npm install vue 安装的默认版本还是 Vue 2）。

也就是说，在未来的日子里，Vue 3 将逐步成为 Vue 生态的主流版本，是时候学习 Vue 3 了。

● 图 1-2　Vue.js Logo

读者如果还没有体验过 Vue，可以把以下代码复制到代码编辑器，保存成一个 HTML 文件（如 hello.html），并在浏览器里打开访问。同时，请唤起浏览器的控制台面板（如 Chrome 浏览器是按 <F12> 键或者单击鼠标右键选择"检查"命令），在 Console 面板查看 Log 的打印。

```
<!-- HTML 代码片段 -->
<!-- 这是使用 Vue 实现的 demo -->
<!DOCTYPE html>
<html lang="en">
  <head>
    <meta charset="UTF-8" />
    <meta http-equiv="X-UA-Compatible" content="IE=edge" />
    <meta name="viewport" content="width=device-width, initial-scale=1.0" />
    <title>Hello Vue</title>
    <script src="https://unpkg.com/vue@3"></script>
  </head>
  <body>
    <div id="app">
      <!-- 通过{{变量名}}语法渲染响应式变量 -->
      <p>Hello {{name}}!</p>

      <!-- 通过 v-model 双向绑定响应式变量 -->
      <!-- 通过@input 给输入框绑定输入事件-->
      <input
        type="text"
        v-model="name"
        placeholder="输入名称打招呼"
        @input="printLog"
      />

      <!-- 通过@click 给按钮绑定单击事件-->
      <button @click="reset">重置</button>
    </div>
```

```
<script>
  const {createApp, ref} = Vue
  createApp({
    //setup 是一个生命周期钩子
    setup() {
      // 默认值
      const DEFAULT_NAME = 'World'

      // 用于双向绑定的响应式变量
      const name = ref(DEFAULT_NAME)

      // 打印响应式变量的值到控制台
      function printLog() {
        //ref 变量需要通过.value 操作其对应的值
        console.log(name.value)
      }

      // 重置响应式变量为默认值
      function reset() {
        name.value = DEFAULT_NAME
        printLog()
      }

      // 需要 return 出去才可以被模板使用
      return {name, printLog, reset}
    },
  }).mount('#app')
</script>
</body>
</html>
```

这是一个基于 Vue 3 组合式 API 语法的 demo，它包含了以下两个主要功能。

1) 可以在输入框修改输入内容，上方的"Hello World!"以及浏览器控制台的 Log 输出，都会随着输入框内容的变化而变化。

2) 可以单击"重置"按钮，响应式变量被重新赋值的时候，输入框的内容也会一起变为新的值。这是 Vue 的特色之一，即数据的双向绑定。

对比普通的 HTML 文件需要通过输入框的 oninput 事件手动编写视图的更新逻辑，Vue 的双向绑定功能大幅减少了开发过程的编码量。

在未接触 Vue 这种编程方式之前，相信大部分人首先想到的是直接操作 DOM⊖ 来实现需求。为了更好地进行对比，接下来用原生 JavaScript 实现一次相同的功能。

⊖ DOM（Document Object Model）是 HTML 文档的对象模型，提供了页面结构化的表述和编程接口，定义了可以从程序中对该结构进行访问的一种方式，从而可以改变文档的结构、样式和内容。

```html
<!-- HTML 代码片段 -->
<!-- 这是使用原生 JavaScript 实现的 demo -->
<!DOCTYPE html>
<html lang="en">
  <head>
    <meta charset="UTF-8" />
    <meta http-equiv="X-UA-Compatible" content="IE=edge" />
    <meta name="viewport" content="width=device-width, initial-scale=1.0" />
    <title>Hello World</title>
  </head>
  <body>
    <div id="app">
      <!-- 通过一个 span 标签来指定要渲染数据的位置 -->
      <p>Hello <span id="name"></span>!</p>

      <!-- 通过 oninput 给输入框绑定输入事件-->
      <input
        id="input"
        type="text"
        placeholder="输入名称打招呼"
        oninput="handleInput()"
      />

      <!-- 通过 onclick 给按钮绑定单击事件-->
      <button onclick="reset()">重置</button>
    </div>

    <script>
      // 默认值
      const DEFAULT_NAME = 'World'

      // 需要操作的 DOM 元素
      const nameElement = document.querySelector('#name')
      const inputElement = document.querySelector('#input')

      // 处理输入
      function handleInput() {
        const name = inputElement.value
        nameElement.innerText = name
        printLog()
      }

      // 打印输入框的值到控制台
      function printLog() {
        const name = inputElement.value
        console.log(name)
      }
```

```
    // 重置 DOM 元素的文本和输入框的值
    function reset() {
      nameElement.innerText = DEFAULT_NAME
      inputElement.value = DEFAULT_NAME
      printLog()
    }

    // 执行一次初始化,赋予 DOM 元素默认文本和输入框的默认值
    window.addEventListener('load', reset)
  </script>
 </body>
</html>
```

虽然两个方案总的代码量相差不大，但可以看到两者的明显区别：

1）Vue 只需要对一个 name 变量进行赋值操作，就可以轻松实现视图的同步更新。

2）使用原生 JavaScript 则需要频繁地操作 DOM 才能达到输入内容即时体现在文本 DOM 上面的目的，并且还要考虑 DOM 是否已渲染完毕，否则操作会出错。

Vue 的这种编程方式被称为“数据驱动”编程。

如果在一个页面上频繁且大量地操作真实 DOM，频繁地触发浏览器回流（Reflow）与重绘（Repaint），会带来很大的性能开销，从而造成页面卡顿，这对在大型项目的性能是很致命的。

而 Vue 则是通过操作虚拟 DOM（Virtual DOM，简称 VDOM）⊖，每一次数据更新都通过 Diff 算法找出需要更新的节点。只更新对应的虚拟 DOM，再映射到真实 DOM 上面渲染，以此避免频繁或大量地操作真实 DOM。

Vue 3.0 版本还引入了组合式 API 的概念，更符合软件工程“高内聚，低耦合”的思想，使开发者可以更灵活地管理自己的逻辑代码，更方便地进行抽离封装再复用。不管是大型项目还是流水线业务，开箱即用的逻辑代码都是提升开发效率的利器。

▶▶ 1.3.2　Vue 与工程化之间的关联

在已经对 Vue 进行了初步了解之后，可能有读者会问："既然 Vue 的使用方式也非常简单，可以像 jQuery 这些经典类库一样在 HTML 引入使用，那么 Vue 和工程化有什么关联呢？"

Vue.js 是一个框架，框架除了简化编码过程中的复杂度之外，面对不同的业务需求还提供了通用的解决方案。而这些解决方案通常是将前端工程化里的很多种技术栈组合起来串成一条条技术链，一环扣一环，串起来就是一个完整的工程化项目。

举一个常见的例子，比如在 1.3.1 节了解了 Vue.js 与全新的 3.0 版本里的 demo 是一个简单的

⊖　虚拟 DOM 是一种编程概念，是指将原本应该是真实 DOM 元素的 UI 界面，用数据结构组织起完整的 DOM 结构，再同步给真实 DOM 渲染，减少浏览器的回流与重绘。在 JavaScript 里，虚拟 DOM 的表现是一个 Object 对象，其中需要包含指定的属性（如 Vue 的虚拟 DOM 需要用 type 来指定当前标签是<div />还是<span />），然后框架会根据对象的属性转换为 DOM 结构并最终完成内容的显示。

HTML 页面。如果业务稍微复杂一点，如区分了"首页""列表页""内容页"等多个页面，传统的开发方案是通过 A 标签跳转到另外一个页面。在跳转期间会产生"新页面需要重新加载资源、会有短暂白屏"等情况，用户体验不太好。

Vue 提供了 Vue Router 实现路由功能，利用 History API 实现单页面模式（可在 1.4 节现代化的开发概念部分了解区别），在一个 HTML 页面里也可以体验到"页面跳转"。但如果页面很多，所有代码都堆积在一个 HTML 页面里，就很难维护了。

借助前端工程化的构建工具，开发者可以编写.vue 单文件组件，将多个页面的代码根据其功能模块进行划分，可拆分到多个单组件文件里维护并进行合理复用。然后通过构建工具编译再合并，最终生成浏览器能访问的 HTML/CSS/JavaScript 文件。这样的开发过程，用户体验没有影响，但开发体验大大提升了。

类似这样一个个业务场景会积少成多，把 Vue 和工程化结合起来，处理问题更高效、更简单。

▶▶ 1.3.3 选择 Vue 入门工程化的理由

前端的流行框架有主流的 Angular、React 和 Vue，也有新兴的 Svelte 等，每一个框架都有自己的特色，那为什么建议选择 Vue 来入门工程化呢？最主要的两个原因是：

1）职场对 Vue 技术栈的需求量大，容易找工作。

2）上手门槛低，会一些基础的 HTML/CSS/JavaScript 语法知识，就能够轻松上手 Vue 的组件开发。

第一个原因在 1.2.3 小节求职竞争上的优势里已进行过说明，掌握一门流行框架已经是前端岗位必备的技能，几乎所有公司在招聘前端工程师的时候都要求应聘者会 Vue。

这里主要讲讲第二个原因。在 1.3.2 小节 Vue 与工程化之间的关联里提到了开发者可以编写.vue 文件。这是一个 Vue 专属的文件扩展名，官方名称是 Single-File Component，简称 SFC，也就是单文件组件。

.vue 文件最大的特色就是支持像编写.html 文件一样，在文件里写 HTML/CSS/JavaScript 代码，不仅结构相似，在代码书写上，两者的语法也是十分接近，见表 1-1。

表 1-1 Vue 文件和 HTML 文件的结构对比

.vue 文件	.html 文件
<template />部分	HTML 代码
<style />部分	CSS 代码
<script />部分	JavaScript 代码

下面是一个基础的 Vue 组件结构，可以看出和 HTML 文件是非常相似的。

```
<!-- Vue 代码片段 -->
<!--template 对应 HTML 代码 -->
<template>
  <div>
    <!-- 一些 HTML  -->
```

```
    </div>
</template>

<!--script 部分对应 JavaScript 代码 -->
<!-- 还支持其他语言,例如 lang="ts"代表当前使用 TypeScript 编写 -->
<script>
export default {
    // 这里是变量、函数等逻辑代码
}
</script>

<!--style 部分对应 CSS 代码 -->
<!-- 还支持开启 scoped 标识,让 CSS 代码仅对当前组件生效,不会全局污染 -->
<style scoped>
/* 一些 CSS 代码 * /
</style>
```

Vue 组件不仅支持这些语言的所有基础用法，还增加了非常多更高效的功能，在第 5 章单组件的编写会有详细的介绍。

1.4 现代化的开发概念

在本章最开始的时候提到了 SPA/SSR/SSG 等词汇，这些词汇是一些现代前端工程化开发概念名词的缩写，代表着不同的开发模式和用户体验。

当下主流的前端框架都提供了这些开发模式的支持，因此在学习前端工程化和 Vue 开发的过程中，会经常看到这一类词汇。在实际工作业务的技术选型时，面对不同的业务场景也要考虑好需要使用什么样的开发模式，提前了解这些概念，对以后的工作也会很有帮助。

▶▶ 1.4.1 MPA 与 SPA

首先来看 MPA 与 SPA，它们代表着两个完全相反的开发模式和用户体验。它们的全称和中文含义见表 1-2。

表 1-2 MPA 与 SPA 的名词解释

名　　词	全　　称	中 文 含 义
MPA	Multi-Page Application	多页面应用
SPA	Single-Page Application	单页面应用

1. 多页面应用（MPA）

MPA 多页面应用是最传统的网站体验之一。当一个网站有多个页面时，会对应有多个实际存在的 HTML 文件，访问每一个页面都需要经历一次完整的页面请求过程。

传统的页面跳转过程如下。

从用户单击跳转开始：浏览器打开新的页面---> 请求所有资源---> 加载 HTML、CSS、JS、图片等资源---> 完成新页面的渲染。

（1）MPA 的优点

MPA 作为最传统也是最被广泛运用的模式之一，自然有它的优势存在，具体如下。

1）首屏加载速度快。因为 MPA 的页面源码都是写在 HTML 文件里的，所以当 HTML 文件被访问成功时，内容也就随即呈现（在不考虑额外的 CSS、图片加载速度的情况下，这种模式的内容呈现速度是最快的）。

2）SEO 友好，容易被搜索引擎收录。如果读者稍微了解过一些 SEO 知识，就会知道除了网页的 TKD⊖ 三要素之外，网页的内容也是影响收录的关键因素。传统的多页面应用中，网页的内容都是直接位于 HTML 文件内的，如下面这个有很多内容的网页，见图 1-3。

图 1-3　网页呈现的内容

⊖　网页的 TKD 三要素是指一个网页的三个关键信息，含义如下。

- T：指 Title，网站的标题，即网页的 "<title>网站的标题</title>" 标签。
- K：指 Keywords，网站的关键词，即网页的 "<meta name="Keywords" content="关键词 1，关键词 2，关键词 3" />" 标签。
- D：指 Description，网站的描述，即网页的 "<meta name="description" content="网站的描述" />" 标签。

这三个要素标签都位于 HTML 文件的 "<head />" 标签内。

右击查看该网页的源代码，可以看到网页内容对应的 HTML 结构也是包含在.html 文件里，见图 1-4。

● 图 1-4　网页内容对应的 HTML 源码

3）容易与服务端语言结合。传统的页面都是由"服务端直出"。"服务端直出"通常指服务端向客户端（浏览器）返回页面的源码数据时，包含了当前页面内容的完整 HTML 结构，无须在页面打开后，由 JavaScript 发起请求获取数据再执行一次 HTML 结构创建，可有效减少首屏渲染的时间，所以可以使用 PHP、JSP、ASP、Python 等非前端语言或技术栈来编写页面模板，最终输出 HTML 页面到浏览器访问。

（2）MPA 的缺点

说完 MPA 的优点，下面再来看看它的缺点。正因为有这些缺点的存在，才会催生出其他更优秀的开发模式出现。

1）页面之间的跳转访问速度慢。正如它的访问流程，每一次页面访问都需要完整地经历一次渲染过程，哪怕从详情页 A 的"相关阅读"跳转到详情页 B 这种简单的网页结构一样，只有内容不同的两个页面，都需要经历这样的过程。

2）用户体验不够友好。如果网页上的资源较多或者网速不好，这个过程就会有明显的卡顿或者布局错乱，影响用户体验。

3）开发成本高。传统的多页面模式缺少前端工程化的很多优秀技术栈支持，前端开发者在"刀耕火种"的开发过程中效率低下。如果是基于 PHP 等非前端语言开发，工作量通常都是压在一名开发者身上，无法通过前后端分离来利用好跨岗位协作。

此处列举的多页面应用问题均指传统开发模式下的多页面。之所以特地说明，是因为后文还会有新的技术栈来实现多页面应用，但实现原理和体验并不一样。

2. 单页面应用（SPA）

正因为传统的多页面应用存在很多无法解决的开发问题和用户体验问题，所以促进了现代化的 SPA 单页面应用技术的诞生。

SPA 单页面应用是现代化的网站体验，与 MPA 相反，不论站点内有多少个页面，在 SPA 项目实际上只有一个 HTML 文件，也就是 index.html 首页文件。

它只有第一次访问的时候才需要经历一次完整的页面请求过程，之后的每个内部跳转或者数据更新操作，都是通过 AJAX 技术⊖来获取需要呈现的内容并只更新指定的网页位置。

SPA 在页面跳转的时候，地址栏也会发生变化，主要有以下两种方式。

1）通过修改 Location:hash 修改 URL 的 Hash 值（也就是#号后面部分），如从 https://example.com/#/foo 变成 https://example.com/#/bar。

2）通过 History API 的 pushState 方法更新 URL，如从 https://example.com/foo 变成 https://example.com/bar。

这两种方式的共同特点是更新地址栏 URL 的时候，均不会刷新页面，只是单纯地变更地址栏的访问地址。而网页的内容则通过 AJAX 更新，配合起来就形成了一种网页的"前进/后退"等行为效果。

Vue Router 默认提供了这两种 URL 改变方式的支持，分别是 createWebHashHistory 的 Hash 模式和 createWebHistory 对应的 History 模式。在第 6 章路由的使用内容中可以学习更多关于 Vue 路由的知识点。

理解了实现原理之后，可以把 SPA 的请求过程简化为如下步骤。

⊖ AJAX（Asynchronous JavaScript and XML）技术是指在不离开页面的情况下，通过 JavaScript 发出 HTTP 请求，让网页通过增量更新的方式呈现给用户界面，而不需要刷新整个页面来重新加载，是一种"无刷体验"。

SPA 页面跳转过程如下。

从用户单击跳转开始：浏览器通过 pushState 等方法更新 URL---> 请求接口数据（如果有涉及前后端交互）---> 通过 JavaScript 处理数据，拼接 HTML 片段---> 把 HTML 片段渲染到指定位置，完成页面的"刷新"。

（1）SPA 的优点

从上面的实现原理已经能总结出它的优势了，具体如下。

1）只有一次完全请求的等待时间（首屏加载）。

2）用户体验好，内部跳转的时候可以实现"无刷切换"。

3）因为不需要重新请求整个页面，所以切换页面的时候速度更快。

4）因为没有脱离当前页面，所以"页"与"页"之间在切换过程中支持动画效果。

5）脱离了页面跳页面的框架，使整个网站形成一个 Web App，更接近原生 App 的访问体验。

6）开发效率高。前后端分离，后端负责 API 接口，前端负责界面和联调，同步进行缩短工期。

这也是为什么短短几年时间，SPA 的体验模式成为前端领域主流的原因。

（2）SPA 的缺点

虽然 SPA 应用在使用过程中的用户体验非常好，但也存在自身的缺点。

1）首屏加载相对较慢。由于 SPA 应用的路由是由前端控制的，所以 SPA 在打开首页后，还要根据当前的路由再执行一次内容渲染，相对于 MPA 应用从服务端直出 HTML，首屏渲染所花费的时间会更长。

2）不利于 SEO 优化。由于 SPA 应用全程是由 JavaScript 控制内容的渲染，因此唯一的一个 HTML 页面 index.html 通常是一个空的页面，只有最基础的 HTML 结构。不仅无法设置每个路由页面的 TDK，页面内容也无法呈现在 HTML 代码里。因此对搜索引擎来说，网站的内容再丰富，依然只是一个"空壳"，无法让搜索引擎进行内容爬取，见图 1-5。

● 图 1-5　单页面应用的网页内容只有一个空的 HTML 结构

为了降低用户等待过程中的焦虑感，可以通过增加 Loading 过程或者 Skeleton 骨架屏等优化方案，但其实也是治标不治本。因此为了结合 SPA 和 MPA 的优点，又进一步催生出了更多实用的技术方案以适配更多的业务场景，在后文中将逐一介绍。

▶▶ 1.4.2 CSR 与 SSR

在了解了 MPA 与 SPA 之后，再了解另外两个有相关联的名词：CSR 与 SSR。同样，这一对也是代表着相反的开发模式和用户体验，它们的全称和中文含义见表 1-3。

表 1-3 CSR 与 SSR 的名词解释

名 词	全 称	中文含义
CSR	Client-Side Rendering	客户端渲染
SSR	Server-Side Rendering	服务端渲染

正如它们的名称所示，这两者代表的是渲染网页过程中使用到的技术栈。

1. 客户端渲染

在 1.4.1 小节介绍的 SPA 单页面应用，正是基于 CSR 客户端渲染实现的（因此大部分情况下，CSR 等同于 SPA，包括实现原理和优势）。这是一种利用 AJAX 技术，把渲染工作从服务端转移到客户端完成，不仅客户端的用户体验更好，前后端分离的开发模式更加高效。

但随之而来的是首屏加载较慢、不利于 SEO 优化等缺点。而 SPA 的这几个缺点，却是传统 MPA 多页面应用所具备的优势，但同样 MPA 也有开发成本高、用户体验差等问题。

既然原来的技术方案无法完美满足项目需求，因此在结合 MPA 和 SPA 各自的优点之后，一种新的技术随之诞生了，这就是 SSR 服务端渲染。

2. 服务端渲染

和传统的 MPA 使用 PHP/JSP 等技术栈做服务端渲染不同，现代前端工程化里的 SSR 通常是指使用 Node.js（在 1.7 节会介绍 Node，以及它对前端工程化带来的重大变化，现代前端工程化发展离不开它的存在）作为服务端技术栈。

传统的服务端渲染通常由后端开发者一起维护前后端代码，需要写后端语言支持的模板，JavaScript 代码维护成本也比较高；而 SSR 服务端渲染则是交给前端开发者来维护，利用 Node 提供的能力进行同构渲染，由于本身前后端都使用 JavaScript 编写，维护成本也大大降低。

SSR 技术利用的同构渲染方案（Isomorphic Rendering）指的是一套代码不仅可以在客户端运行，也可以在服务端运行。在一些合适的时机先由服务端完成渲染（Server-Side Rendering），再直出给客户端激活（Client-Side Hydration），这种开发模式带来了：

1）更好的 SEO 支持，解决了 SPA 单页面应用的痛点。

2）更快的首屏加载速度，保持了 MPA 多页面应用的优点。

3）和 SPA 一样支持前后端分离，开发效率依然很高。

4）有更好的客户端体验，当用户完全打开页面后，本地访问过程中也可以保持 SPA 单页面应用的体验。

5）统一的心智模型，由于支持同构，因此没有额外的心智负担。

那么，使用 Vue 开发项目时，应该如何实现 SSR 呢？

Vue 的 SSR 支持非常好，在 Vue 官网不仅提供了服务端渲染指南，介绍基于 Vue 的 SSR 入门实践，还有基于 Vue 的 Nuxt.js、Quasar 框架帮助开发者更简单地落地 SSR 开发，构建工具 Vite 也有内置的 Vue SSR 支持。

▶▶ 1.4.3　Pre-Rendering 与 SSG

在介绍了 SSR 服务端渲染技术后，读者可能会想到一个问题，就是 SSR 的开发成本总归比较高，如果项目比较简单，如一个静态博客或者静态官网、落地页等，内容不多仅需要简单的 SEO 支持的项目，是否有更简便的方案呢？

以下两种方案正是用于满足这类需求的技术，见表 1-4。

表 1-4　Pre-Rendering 与 SSG 的名词解释

名　　词	全　　称	中 文 含 义
Pre-Rendering	Pre-Rendering	预渲染
SSG	Static-Site Generation	静态站点生成

1. 预渲染

预渲染也是一种可以让 SPA 单页面应用解决 SEO 问题的技术手段。

预渲染的原理是在构建的时候启动无头浏览器（Headless Browser）⊖，加载页面的路由并将访问结果按照路由的路径保存到静态 HTML 文件里，这样部署到服务端的页面，不再是一个空的 HTML 页面，而是有真实内容存在的。但由于只在构建时运行，因此用户每次访问的时候，HTML 里的内容不会产生变化，直到下一次构建。

预渲染和 1.4.2 节提到的服务端渲染最大的区别在于，预渲染在构建的时候就完成了页面内容的输出（发生在用户请求前）。因此构建后不论用户何时访问，HTML 文件里的内容都是构建时的那份内容，所以预渲染适合一些简单的、有一定的 SEO 要求但对内容更新频率没有太高要求、内容多为静态展示的页面。

例如，企业用于宣传的官网页面、营销活动的推广落地页面都非常适合使用预渲染技术。现代的构建工具都提供了预渲染的内置实现，如这个教程：用 Vite 能更简单地解决 Vue3 项目的预渲染问题（https://github.com/chengpeiquan/vite-vue3-prerender-demo），就是通过 Vite 的内置功能来实现预渲染，最终也运用到了公司的业务上。

2. 静态站点生成

SSG 静态站点生成是基于预渲染技术，通过开放简单的 API 和配置文件，就让开发者可以实现一

⊖　无头浏览器（Headless Browser），指没有 GUI 界面的浏览器，使用代码通过编程接口来控制浏览器的行为，常用于网络爬虫、自动化测试等场景。预渲染也使用它来完成页面的渲染，以获取渲染后的代码来填充 HTML 文件。

个预渲染静态站点的技术方案。它可以让开发者定制站点的个性化渲染方案，但更多情况下，通常是作为一些开箱即用的技术产品来简化开发过程中的烦琐步骤。这一类技术产品通常称为静态站点生成器（Static-Site Generator，简称 SSG）。

常见的 SSG 静态站点生成器有：基于 Vue 技术的 VuePress 和 VitePress，自带了 Vue 组件的支持；还有基于 React 的 Docusaurus，以及很多各有特色的生成器，如 Jekyll、Hugo 等。

如果有写技术文档或者博客等内容创作的需求，使用静态站点生成器是一个非常方便的选择，通常这一类产品还有非常多的个性化主题可以使用。

▶▶ 1.4.4　ISR 与 DPR

在现代化的开发概念这一节，从 MPA 多页面应用到 SPA 单页面应用，再到 CSR 客户端渲染和 SSR 服务端渲染，以及 Pre-Rendering 预渲染与 SSG 静态站点生成，似乎已经把所有常见的开发场景覆盖完了。

那接下来要讲的 ISR 和 DPR 又是什么用途的技术方案呢？先看看它们的全称和中文含义，见表 1-5。

表 1-5　ISR 与 DPR 的名词解释

名　词	全　称	中文含义
ISR	Incremental Site Rendering	增量式的网站渲染
DPR	Distributed Persistent Rendering	分布式的持续渲染

当网站的内容体量达到一定程度的时候，从头开始构建进行预渲染所花费的时间会非常长，而实际上并不是所有页面的内容都需要更新，这两项技术的推出是为了提升大型项目的渲染效率。

ISR 增量式的网站渲染，通过区分"关键页面"和"非关键页面"进行构建，优先预渲染"关键页面"以保证内容的更新和正确，同时缓存到 CDN，而"非关键页面"则交给用户访问的时候再执行 CSR 客户端渲染，并触发异步的预渲染缓存到 CDN。

这样做的好处是大幅度提升了每次构建的时间。但由于只保证部分"关键页面"的构建和内容正确，所以访问"非关键页面"的时候，有可能先看到旧的内容，再由 CSR 刷新为新的内容，这样会丢失一部分用户体验。

DPR 分布式的持续渲染则是为了解决 ISR 方案下可能访问到旧内容的问题。

由于目前这两项技术还在发展初期，能够支持的框架和服务还比较少，在这里建议作为一种技术知识储备提前了解，以便在未来有业务需要的时候，知道有这样的方案可以解决问题。

1.5　工程化不止于前端

1.4 节所讲述的都是关于网页开发变化的问题，当然，前端这个岗位本身就是从页面开发发展起来的，自然还是离不开网页开发这个老本行。

但随着前端工程化的发展，前端工程师越来越不止于网页开发，已经有很多前端工程师利用前端工程化带来的优势，开始逐步发展为一个全栈工程师，在企业内部承担起了更多的岗位职责，包括笔者也是如此。

之所以能做这么多事情，得益于 Node.js 在前端开发带来的翻天覆地的变化，它可以在保持原有 JavaScript 和 TypeScript 的基础上，几乎没有过多的学习成本就可以过渡到其他端的开发。

在了解 Node.js 之前，先来看看现在的前端开发工程师除了网页开发外，还可以做哪些岗位的工作。

▶▶ 1.5.1 服务端开发

在传统的认知里，如果一个前端工程师想自己搭建一个服务端项目，需要学习 Java、PHP、Go 等后端语言，还需要学习 Nginx、Apache 等 Web Server 程序的使用，并使用这些技术开发并部署一个项目的服务端。

现在的前端工程师可以利用 Node.js，单纯使用 JavaScript 或者 TypeScript 来开发一个基于 Node 的服务端项目。

Node 本身是一个 JavaScript 的运行时，还提供了 HTTP 模块可以启动一个本地 HTTP 服务。如果把 Node 项目部署到服务器上，就可以运行一个可对外访问的公网服务。但 Node 的原生服务端开发成本比较高，因此在 GitHub 开源社区也诞生了很多更方便、开箱即用、功能全面的服务端框架。根据它们的特点，可以简单归类如下。

以 Express、Koa、Fastify 为代表的轻量级服务端框架。这一类框架的特点是"短、平、快"，对于服务端需求不高，如果只是跑一些小项目，开箱即用非常方便，如创建了一个 Vue 项目，然后提供一个读取静态目录的服务来访问它。但是"短、平、快"框架带来了一些团队协作上的弊端，如果缺少一些架构设计的能力，很容易把一个服务端搭得很乱以至于难以维护，如项目的目录结构、代码的分层设计等。每个创建项目的人都有自己的想法和个人喜好，这就很难做到统一管理。

因此，在这些框架的基础上，又诞生了以 Nest（底层基于 Express，可切换为 Fastify）、Egg（基于 Koa）为代表的基于 MVC 架构的企业级服务端框架。这一类框架的特点是基于底层服务进行了更进一步的架构设计，并实现了代码分层，还自带了很多开箱即用的 Building Blocks，如 TypeORM、WebSockets、Swagger 等。同样也是开箱即用，对大型项目的开发更加友好。

当然，Node.js 所做的事情是解决服务端程序部分的工作，如果涉及数据存储的需求，学习掌握 MySQL 和 Redis 的技术知识还是必不可少的。

▶▶ 1.5.2 App 开发

常规的 Native App 原生开发需要配备两条技术线的支持：使用 Java/Kotlin 语言开发 Android 版本和使用 Objective-C/Swift 语言开发 iOS 版本。这对于创业团队或者个人开发者来说都是一个比较高的开发成本。

前端开发者在项目组里对 App 的作用通常是做一些活动页面、工具页面内嵌到 App 的 WebView 里。如果是在一些产品比较少的团队里，如只有一个 App 产品，那么前端开发者的存在感会比较低。而 Hybrid App 的出现，使得前端开发者也可以使用 JavaScript/TypeScript 来编写混合 App，只需要了解简单的打包知识就可以参与到一个 App 的开发工作中。

开发 Hybrid App 的过程通常称为混合开发，最大的特色就是一套代码可以运行在多个平台。这是因为整个 App 只有一个基座，里面的 App 页面都是使用 UI WebView 来渲染的 Web 界面。因此，混合开发的开发成本相对于原生开发是非常低的，通常只需要一个人/一个小团队就可以输出双平台的 App，并且整个 App 的开发周期也会更短。

在用户体验方面，相对于 Native App，Hybrid App 一样可以做到：

1）双平台的体验一致性。

2）支持热更新，无须用户重新下载整个 App。

3）内置的 WebView 在交互体验上也可以做到和系统交互，如读取/存储照片、通信录，获取定位等。

4）支持 App Push 系统通知推送。

5）还有很多 Native App 具备的功能。

基本上 Native App 的常见功能在 Hybrid App 中都能具备。

而且大部分情况下，在构建 Hybrid App 的时候还可以顺带输出一个 Web App 版本，也就是让这个 App 在被用户下载前，也有一模一样的网页版可以体验，这对于吸引新用户是非常有用的。

在混合开发的过程中，通常是由前端开发者来负责 App 项目从"开发"到"打包"再到"发版"的整个流程。在开发的过程中是使用常见的前端技术栈，如目前主流的有基于 Vue 的 uni-app、基于 React 的 React Native 等，这些 Hybrid 框架都具备了"学习成本低、开发成本低、一套代码编译多个平台"的特点。

在 App 开发完毕后，使用 Hybrid 框架提供的 CLI 工具编译出 App 资源包，再根据框架提供的原生基座打包教程去完成 Android/iOS 的安装包构建。这个环节会涉及原生开发的知识，如 Andorid 包的构建会使用 Android Studio，但整个过程使用原生开发的环节非常少，几乎没有太高的学习门槛。

▶▶ 1.5.3 桌面程序开发

以前要开发一个 Windows 桌面程序，需要用上 QT/WPF/WinForm 等技术栈，还要学习 C++/C# 之类的语言。对于只想在业余写几个小工具的开发者来说，上手难度和学习成本都很高，但在前端工程化的时代里，使用 JavaScript 或 TypeScript 也可以满足桌面程序开发的需要。

这得益于 Electron/Tauri 等技术栈的出现，其中 Electron 的成熟度最高、生态最完善、使用最广泛。除了可以构建 Windows 平台支持的.exe 文件之外，对 macOS 和 Linux 平台也提供了对应的文件构建支持。广大前端开发者每天都在使用的 Visual Studio Code（见图 1-6）以及知名的 HTTP 网络测试工具 Postman（见图 1-7）都是使用 Electron 开发的。

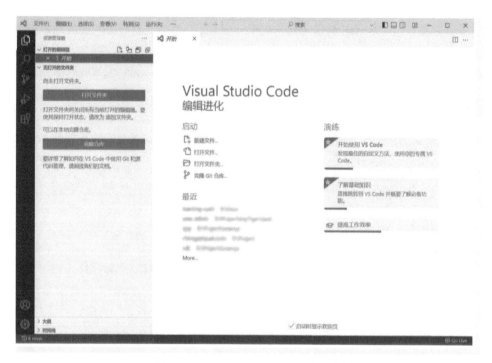

• 图 1-6　Visual Studio Code 界面截图

• 图 1-7　Postman 界面截图

笔者也通过 Electron 构建了多个公司内部使用的界面化工具客户端。这一类技术栈对于前端开发者来说，真的非常方便。在这里以 Electron 为例，简单讲解下它的工作原理，以帮助读者了解为什么程序开发可以如此简单。

Electron 的底层是基于 Chromium 和 Node.js 的，它提供了两个进程供开发者使用。

1）主进程：它是整个应用的入口，主进程运行在 Node 环境中，可以使用所有的 Node API，程序也因此具备了和系统进行交互的能力，如文件的读写操作。

2）渲染进程：负责与用户交互的 GUI 界面，基于 Chromium 运行，所以开发者得以使用 HTML/CSS/JavaScript 像编写网页一样来编写程序的 GUI 界面。

一个程序应用只会有一个主进程，而渲染进程则可以根据实际需求创建多个。渲染进程如果需要和系统交互，则必须与主进程通信，借助主进程的能力来实现。

在构建的时候，Electron 会把 Node 和 Chromium 一起打包为一个诸如.exe 的安装文件（或者是包含了两者的免安装版本），这样用户不需要 Node 环境也可以运行桌面程序了。

▶▶ 1.5.4　应用脚本开发

1.5.3 小节讲的是如何构建一种拥有可视化 GUI 界面的程序，但有时候并不需要复杂的 GUI，可能只想提供一个双击运行的脚本类程序给用户。现在的前端工程化也支持使用 JavaScript 构建一个无界面的应用脚本。

假如某一天公司的运营人员希望能做一个自动化的脚本，以减轻他们的机械重复操作，或者是自己工作过程中发现一些日常工作可以交付给脚本解决的情况，就可以使用这种方式来输出一个脚本程序，使用的时候双击运行即可，非常方便。

笔者之前为了让团队的工程师减少写日报的心理负担，也是使用了这个方式编写了一个 Git-Commit-Analytics 工具。团队工程师可以通过规范化 commit 来生成每天的工作日报，每天双击一下就可以生成一份报告，很受团队的喜欢，见图 1-8。

●图 1-8　使用 Pkg 构建后的程序运行截图

在这里推荐一个工具——Pkg，它可以把 Node 项目打包为一个可执行文件，支持 Windows、macOS、Linux 等多个平台。它的打包机制和 Electron 打包的思路类似，也是通过把 Node 一起打包，使用户在不安装 Node 环境的情况下也可以直接运行脚本程序。

1.6 实践工程化的流程

基于 Vue 3 的项目，常用的工程化组合拳（前端工程化方案）见表 1-6。

表 1-6　常用的前端工程化方案

常用方案	Runtime	构建工具	前端框架
方案一	Node	Webpack	Vue
方案二	Node	Vite	Vue

方案一是比较传统并且过去项目使用最多的方案组合，但从 2021 年初随着 Vite 2.0 的发布，伴随着更快的开发体验和日渐丰富的社区生态，新项目很多都开始迁移到方案二。因此，本书秉承着面向当下与未来的原则，会侧重讲解 Vite 的使用来，包括一些 demo 的创建等。

当技术成熟的时候，还可以选择其他更喜欢的方案自行组合，如用 Deno 来代替 Node，但前期还是按照主流的方案来进入工程化的学习。

下面将根据 Vue 3 的工程化开发，逐一讲解其涉及的常用工具，了解它们的用途和用法。

1.7 工程化神器 Node.js

只要在近几年有接触过前端开发，哪怕没有实际使用过，也应该有听说过 Node.js，那么它是一个什么样的存在？

▶▶ 1.7.1　Node.js

Node.js（简称 Node）是一个基于 Chrome V8 引擎构建的 JavaScript 运行时（Runtime）。

它让 JavaScript 代码不再局限于网页上，还可以跑在客户端、服务端等场景，极大地推动了前端开发的发展，现代的前端开发几乎都离不开 Node。

▶▶ 1.7.2　Runtime

Runtime，可以叫它"运行时"或者"运行时环境"，这个概念是指代码在哪里运行、哪里就是运行时。

传统的 JavaScript 只能运行在浏览器上，每个浏览器都为 JavaScript 提供了一个运行时环境，可以简单地把浏览器当成一个 Runtime，明白了这一点，就能明白什么是 Node 了。

Node 就是一个让 JavaScript 可以脱离浏览器运行的环境。当然，这里并不是说 Node 就是浏览器。

▶▶ 1.7.3　Node 和浏览器的区别

虽然 Node 也是基于 Chrome V8 引擎构建的，但它并不是一个浏览器。它提供了一个完全不一样的运行时环境，没有 Window、没有 Document、没有 DOM、没有 Web API、没有 UI 界面……但它提供了很多浏览器做不到的能力，包括和操作系统交互，如"文件读写"这样的操作在浏览器有诸多的限制，而在 Node 中则很轻松。

对于前端开发者来说，Node 的巨大优势在于，使用一种语言就可以编写所有东西（前端和后端），不再花费很多精力去学习其他各种各样的开发语言。哪怕仅仅只做 Web 开发，也不再需要顾虑新语言特性在浏览器上的兼容性（如 ES6、ES7、ES8、ES9 等）。Node 结合构建工具，以及通过诸如 Babel 这样的代码编译器，可以转换为浏览器兼容性最高的 ES5。当然还有很多工程化方面的好处，总之一句话，使用 Node 的开发体验非常好。

在第 2 章会对 Node 开发做进一步的讲解，下面先继续顺着 Node 的工具链来了解与日常开发息息相关的前端构建工具。

1.8　工程化的构建工具

在前端开发领域，构建工具已经成为现在必不可少的开发工具了。很多刚接触前端工程化的开发者可能会有疑惑，为什么以前的前端页面直接编写代码就可以在浏览器访问，现在却还要进行构建编译，是否"多此一举"？要消除这些困惑，就需要了解一下为什么要使用构建工具，了解构建工具在开发上能够带来什么好处。

▶▶ 1.8.1　为什么要使用构建工具

目前已经有很多流行的构建工具，如 Grunt、Gulp、Webpack、Snowpack、Parcel、Rollup、Vite 等，每一个工具都有自己的特色。

如上面列举的构建工具，虽然具体到某一个工具的时候，是"一个"工具，但实际上可以理解为是"一套"工具链、工具集。构建工具通常集"语言转换/编译""资源解析""代码分析""错误检查""任务队列"等多种功能于一身。

构建工具可以解决很多问题，先看看最基础的一个功能支持："语言转换/编译"。

且不说构建工具可以自由自在地在项目里使用 TypeScript 这些新兴的语言，单纯看历史悠久的 JavaScript，从 2015 年开始，每年也都会有新的版本发布（如 ES6 对应 ES2015、ES7 对应 ES2016、ES8 对应 ES2017 等）。

虽然新版本的 JavaScript API 更便捷好用，但浏览器可能还没有完全支持。这种情况下可以通过构建工具去转换成兼容性更高的低版本 JavaScript 代码。

举个常用的例子，判断一个数组是否包含某个值，通常会这么写：

```javascript
// JavaScript 代码片段
// 声明一个数组
const arr = ['foo', 'bar', 'baz']
```

```
// 当数组包含 foo 这个值时,处理一些逻辑
if (arr.includes('foo')) {
  // do something…
}
```

通过 Array.prototype.includes()这个实例方法返回的布尔值，判断数组是否包含目标值。而这个方法是从 ES6 开始支持的，对于不支持 ES6 的"古董"浏览器，只能使用其他更早期的方法代替（如 indexOf），或者手动引入它的 Polyfill[⊖] 来保证这个方法可用。

以下是摘选自 MDN 网站上关于 Array.prototype.includes()的 Polyfill 实现的样例。

```
// JavaScript 代码片段
// https://tc39.github.io/ecma262/#sec-array.prototype.includes
if (!Array.prototype.includes) {
  Object.defineProperty(Array.prototype, 'includes', {
    value: function (valueToFind, fromIndex) {
      if (this == null) {
        throw new TypeError('"this" is null or not defined')
      }

      var o = Object(this)

      var len = o.length >>> 0

      if (len === 0) {
        return false
      }

      var n = fromIndex | 0

      var k = Math.max(n >= 0 ? n : len - Math.abs(n), 0)

      function sameValueZero(x, y) {
        return (
          x === y ||
          (typeof x === 'number' &&
            typeof y === 'number' &&
            isNaN(x) &&
            isNaN(y))
        )
      }

      while (k < len) {
        if (sameValueZero(o[k], valueToFind)) {
          return true
```

⊖ Polyfill 是在浏览器不支持的情况下实现某个功能的代码。

```
        }
        k++
    }

    return false
    },
  })
}
```

由于 JavaScript 允许更改 prototype，所以 Polyfill 的原理就是先检查浏览器是否支持某个方法。当浏览器不支持的时候，会借助已经被广泛支持的方法来实现相同的功能，以达到在旧浏览器上也可以使用新方法的目的。

下面是一个简单的 includes 方法实现，借用了浏览器支持的 indexOf 方法，让不支持 includes 的浏览器也可以使用 includes。

```
// JavaScript 代码片段
// 借助 indexOf 来实现一个简单的 includes
if (!Array.prototype.includes) {
    Array.prototype.includes = function (v) {
      return this.indexOf(v) > -1
    }
}
```

请注意，上面这个实现方案很粗糙，没有 Polyfill 方案考虑得足够周到，只是在这里做一个简单的实现演示。

Polyfill 会考虑多种异常情况，最大限度保证浏览器的兼容支持。当然一些复杂的方法实现起来会比较臃肿，全靠人工维护 Polyfill 很不现实。而且实际的项目里，要用到的 JavaScript 原生方法非常多，不可能手动去维护每一个方法的兼容性，所以这部分工作，通常会让构建工具来自动化完成，常见的方案就有 Babel。

除了"语言转换/编译"这个好处之外，在实际的开发中，构建工具还可以更好地提高开发效率、自动化地代码检查，规避上线后的生产风险，例如：

1）项目好多代码可以复用，可以直接抽离成模块、组件，交给构建工具去合并打包。

2）TypeScript 的类型系统和代码检查很好用，也可以放心写，交给构建工具去编译。

3）CSS 写起来很慢，可以使用 Sass、Less 等 CSS 预处理器，利用它们的变量支持、混合继承等功能提高开发效率，最终交给构建工具去编译回 CSS 代码。

4）海量的 npm 包开箱即用，剩下的工作交给构建工具按需抽离与合并。

5）项目上线前代码要混淆⊖，人工处理太费劲，交给构建工具自动化处理。

除了上述 5 点外，还有很多其他应用场景，这里就不一一列举了。

⊖ 混淆常指代码混淆，是将程序的代码转换成一种功能上等价，但是难以阅读和理解的形式的行为，目的是让其他人读懂代码的代价高于重新开发，起到"商业保护"的作用。

下面基于将要学习的 Vue3 技术栈来介绍两个流行且强相关的构建工具：Webpack 和 Vite。

▶▶ 1.8.2　Webpack

Webpack 是一个老牌的构建工具，前些年可以说几乎所有的项目都是基于 Webpack 构建的，生态最庞大，各种各样的插件最全面，对旧版本的浏览器支持程度也最全面。

在 4.4 节会详解如何使用 Vue CLI 创建一个基于 Webpack 的 Vue 项目。

▶▶ 1.8.3　Vite

Vite 的作者（也是大家熟悉的 Vue 作者）是尤雨溪，Vite 是一个基于 ESM 实现的构建工具，主打更轻、更快的开发体验，主要面向现代浏览器。于 2021 年推出 2.x 版本之后，进入了一个飞速发展的时期，目前市场上的 npm 包基本都对 Vite 做了支持，用来做业务已经没有问题了。

毫秒级的开发服务启动和热重载，对 TypeScript、CSS 预处理器等常用开发工具都提供了开箱即用的支持，也兼容海量的 npm 包。如果是先用 Webpack 再用的 Vite，会很快就喜欢上它的。

在 4.3 节会详解如何使用流行脚手架创建一个基于 Vite 的 Vue 项目。

▶▶ 1.8.4　两者的区别

在开发流程上，Webpack 会先打包，再启动开发服务器。访问开发服务器时，会把打包好的结果直接给过去。下面是 Webpack 使用 Bundler 机制的工作流程，见图 1-9。

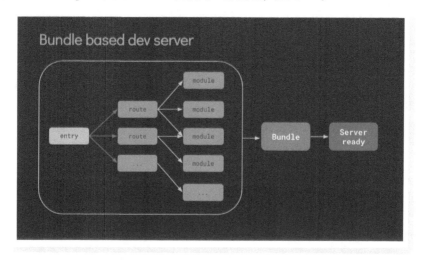

● 图 1-9　Webpack 使用 Bundler 机制的工作流程（摘自 Vite 官网）

Vite 是基于浏览器原生的 ES Module，所以不需要预先打包，而是直接启动开发服务器，请求到对应模块的时候再进行编译。下面是 Vite 使用 ESM 机制的工作流程，见图 1-10。

所以当项目体积越大的时候，在开发启动速度上，Vite 和 Webpack 的差距会越来越大。

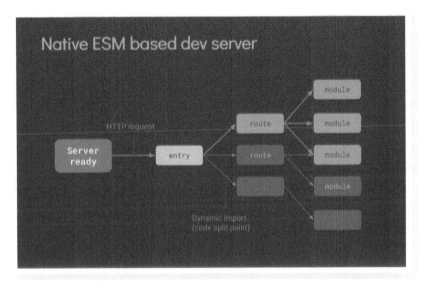

● 图 1-10 Vite 使用 ESM 的工作流程（摘自 Vite 官网）

在构建方面，为了更好地加载体验，以及 Tree Shaking 按需打包、懒加载和 Chunk 分割利于缓存，两者都需要进行打包。但由于 Vite 是面向现代浏览器的，所以如果项目有兼容低版本浏览器的需求，建议还是用 Webpack 来打包，否则，Vite 是目前的更优解。

▶▶ 1.8.5 开发环境和生产环境

在使用构建工具的时候，需要了解一下"环境"的概念。对构建工具而言，会有开发环境（development）和生产环境（production）之分。

需要注意的是，这和业务上"测试→预发→生产"的环境概念是不一样的。业务上线流程的这几个环境，对于项目来说，都属于生产环境，因为需要打包部署。

1. 开发环境

例如在 3.2 节编写 Hello TypeScript 这个 demo 的时候，就使用了 npm run dev：ts 命令来测试 Type-Script 代码的可运行性，可以把这个阶段认为是一个开发环境。这个时候代码不管怎么写，它都是 TypeScript 代码，不是最终要编译出来的 JavaScript。

如果基于 Webpack 或者 Vite 构建工具，开发环境提供了更多的功能，例如：

1）可以使用 TypeScript、CSS 预处理器等需要编译的语言提高开发效率。

2）提供了热重载（Hot Module Replacement，HMR），当修改了代码之后，无须重新运行或者刷新页面，构建工具会检测到修改并自动更新。

3）代码不会压缩，并有 Source Mapping 源码映射，方便 BUG 调试。

4）默认提供局域网服务，无须自己做本地部署。

2. 生产环境

在 3.2 节 Hello TypeScript demo 最后配置了一个 npm run build 命令，将 TypeScript 代码编译成了 JavaScript，这个时候 dist 文件夹下的代码文件就处于生产环境了。因为之后不论源代码怎么修改，都不会直接影响到它们，直到再次执行 build 编译。

可以看出生产环境和开发环境最大的区别就是稳定。除非再次打包发布，否则不会影响到已部署的代码。

1）代码会编译为浏览器最兼容的版本，一些不兼容的新语法会进行 Polyfill。

2）稳定，除非重新发布，否则不会影响到已部署的代码。

3）打包的时候代码会进行压缩混淆，不仅缩小了项目的体积，也降低了源码被直接曝光的风险。

3. 环境判断

在 Webpack，可以使用 process.env.NODE_ENV 来区分是开发环境还是生产环境，它会返回当前所处环境的名称。

在 Vite，还可以通过判断 import.meta.env.DEV 为 true 时是开发环境，判断 import.meta.env.PROD 为 true 时是生产环境（这两个值永远相反）。

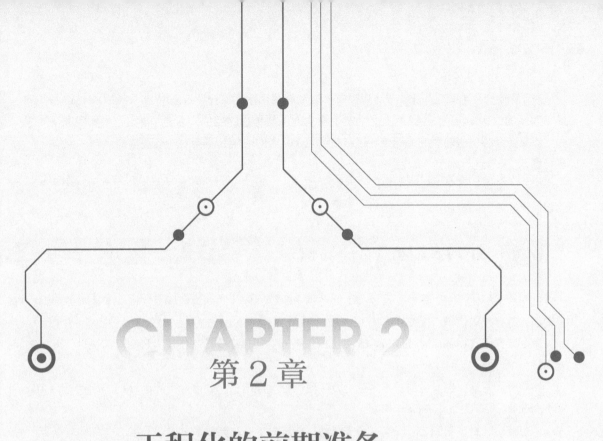

第 2 章

工程化的前期准备

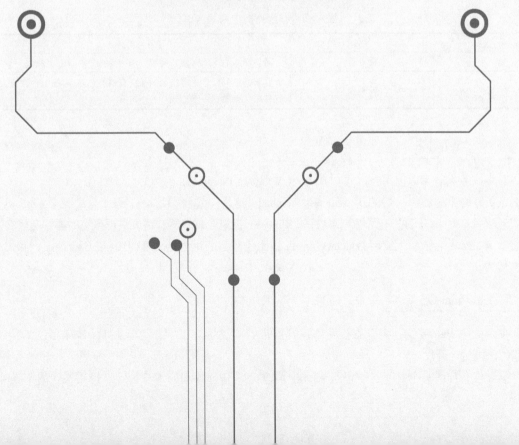

对于刚刚迈入前端工程化，或者还没有接触过前端工程化的开发者来说，从传统用 HTML + CSS + JS 编写页面的认知阶段走到工程化的世界，会面对天翻地覆的变化，需要先学习一些入门准备知识。

本章会介绍一些前置的知识点，这样在学习 Vue 3 的时候，不会对一些基本的认知和操作存在太多疑惑。

学习本章需要具备一定的 HTML、CSS 和 JavaScript 基础知识，如果不具备，可以先对这 3 个知识点进行一些入门的学习。

2.1 命令行工具

在前端工程化开发过程中，已经离不开各种命令行操作，例如管理项目依赖、本地服务启动、打包构建，还有拉取代码、提交代码等 Git 操作。

命令行界面（Command-line Interface，CLI）是一种通过命令行来实现人机交互的工具，需要提前准备好命令行界面工具。

如果有所留意，会发现很多工具都可以实现命令行操作，比如命令行界面（CLI）、终端（Terminal）、Shell、控制台（Console）等。

从完整功能看，它们之间确实有许多区别，不过对于前端开发者来说，日常的命令行交互需要用到的功能不会特别多，所以后面会统一一些名词，以减少理解上的偏差，见表 2-1。

表 2-1 统一命令行操作时使用的名词

交 互 行 为	统一代替名词	代替名词解释
输入	命令行	需要输入命令的时候，会统一用"命令行"来指代
输出	控制台	鉴于前端开发者更多接触的是浏览器的 Console 控制台，所以会用"控制台"来指代

▶▶ 2.1.1 Windows

在 Windows 平台，可以使用自带的 CMD 或者 Windows PowerShell 工具。

但为了更好的开发体验，推荐使用 Windows Terminal，这是一款由微软推出的强大且高效的 Windows 终端；或者使用 CMDer，这是一款体验非常好的 Windows 控制台模拟器，可以根据自己的喜好选择。

笔者在 Windows 台式机上使用 Windows Terminal 比较多，在此之前是用 CMDer，两者的设计和体验都非常优秀。

▶▶ 2.1.2 macOS

如果使用的是 Mac 系统，可以直接使用系统自带的"终端"工具。笔者在 MacBook 上是使用 Mac 自带的终端进行开发。

其实只要能正常使用命令行，对于前端工程师来说就可以满足日常需求，但选择更喜欢的工具，可以让自己的开发过程更为身心愉悦。

2.2 安装 Node 环境

安装好命令行工具之后，接下来安装 Node 的开发环境。

▶▶ 2.2.1 下载和安装 Node

在 Node.js 官网提供了安装包的下载，不论是 Windows 系统还是 MacOS 系统，Node 都提供了对应的安装包，直接下载安装包并运行即可安装。

安装后，打开命令行工具输入以下命令即可查看是否安装成功。

```
node -v
```

如果已成功安装，会在控制台输出当前的 Node 版本号。

▶▶ 2.2.2 版本之间的区别

可以看到官网标注了 LTS 和 Current 两个系列，并且对应了不同的版本号。

1. Current 版本

Current 是最新发布版本，或者叫"尝鲜版"，可以在这个系列体验到最新的功能，但也可能会有一些意想不到的问题和兼容性要处理。

每六个月会发布一次 Current 大版本，新的偶数版本（如 v16.x.x）会在每年的 4 月发布，奇数版本（如 v17.x.x）会在每年的 10 月发布。也就是说，所有版本都会有 Current 版本阶段。这个阶段会持续 6 个月的时间，期间会被活跃地维护和变更。在发布满 6 个月后，奇偶数版本会有不同的结果：

1）大版本号是奇数的，将变为不支持状态，不会进入 LTS 版本。

2）大版本号是偶数的，会按照发布节点进入 LTS，并且作为活跃状态投入使用。

除非是狂热的 Node 开发探索者，否则不应该选择 Current 系列（特别是在生产环境），应该选择未被 EOL 的 LTS 系列作为项目的运行环境，详见下面的 LTS 版本说明。

2. LTS 版本

LTS 全称 Long Time Support（长期维护版本）。这个系列代表着稳定，建议首次下载以及后续的每次升级都选择 LTS 版本，以减少开发过程中未知问题的出现。

每个 LTS 版本的大版本号都是偶数，并且会有 3 个阶段的生命周期，见表 2-2。

表 2-2 LTS 版本的生命周期说明

生 命 周 期	含 义	说 明
Active	活跃阶段	每个从 Current 进入 LTS 的偶数版本，都会有 18 个月的时间被积极维护和升级

（续）

生 命 周 期	含 义	说 明
Maintenance	维护阶段	活跃阶段达到 18 个月后，会进入为期 12 个月的维护阶段，期间只会进行错误修复和安全补丁
End of Life	结束阶段	简称 EOL，在维护阶段达到期限之后，该版本进入 EOL 阶段，将不再维护。也就是说，每个 LTS 版本最长会有 30 个月的维护时间，之后将不再进行维护

当然也会有一些例外情况，例如 Node.js 16 版本，为了配合 OpenSSL 1.1.1 的 EOL 时间，将提前 7 个月进入 EOL 阶段，详见官方公告：Bringing forward the End-of-Life Date for Node.js 16（https:// nodejs.org/en/blog/announcements/nodejs16-eol/）。

3. 是否需要经常更新版本

不论是 LTS 还是 Current，每个系列下面都有不同的大版本和小版本，是不是每次都必须及时更新到最新版？

当然不是，完全可以依照项目技术栈依赖的最低 Node 版本去决定是否需要升级，不过如果条件允许，还是建议至少要把大版本升级到最新的 LTS 版本。

2.3 基础的 Node 项目

在安装和配置完 Node.js 之后，接下来了解 Node 项目的一些基础组成，这有助于开启前端工程化开发的大门。

当前文档所演示的 hello-node 项目已托管至 GitHub 仓库，可使用 Git 克隆命令拉取至本地。

```
# 从 GitHub 克隆
git clone https://github.com/learning-vue3/hello-node.git

# 如果 GitHub 访问失败,可以从 Gitee 克隆
git clone https://gitee.com/learning-vue3/hello-node.git
```

成品项目可作为学习过程中的代码参考，但更建议按照教程的讲解步骤，从零开始亲手搭建一个新项目并完成 node 开发的体验，这样可以更有效地提升学习效果。

▶▶ 2.3.1 初始化一个项目

如果想让一个项目成为 Node 项目，只需要在命令行 cd 到项目所在的目录，执行初始化命令：

```
npm init
```

之后命令行会输出一些提示以及一些问题，可以根据实际情况填写项目信息，例如：

```
package name: (demo) hello-node
```

以上面这个问题为例。

冒号左边的 package name 是问题的题干，会询问要输入什么内容。

冒号右边的括号内容（demo）是 Node 推荐的答案（不一定会出现这个推荐值），如果觉得没问题，可以直接按回车键确认，进入下一道题。

冒号右边的 hello-node 是输入的答案（如果选择了推荐的答案，这里则为空），这个答案会写入项目信息文件里。

当回答完所有问题之后，会把填写的信息输出到控制台，确认无误后，按回车键完成初始化的工作。

```
{
  "name": "hello-node",
  "version": "1.0.0",
  "description": "A demo about Node.js.",
  "main": "index.js",
  "scripts": {
    "test": "echo \"Error: no test specified\" && exit 1"
  },
  "author": "chengpeiquan",
  "license": "MIT"
}


Is this OK? (yes)
```

如果觉得问题太多，太烦琐了，可以直接加上 -y 参数，这样会以 Node 推荐的答案快速生成项目信息。

```
npm init -y
```

▶▶ 2.3.2 了解 package.json

在完成 2.3.1 小节项目的初始化之后，会发现在项目的根目录下出现了一个名为 package.json 的 JSON 文件。

这是 Node 项目的清单，里面记录了这个项目的基础信息、依赖信息、开发过程的脚本行为、发布相关的信息等，未来将在很多项目里看到它的身影。

它必须是 JSON 文件，不可以是存储了 JavaScript 对象字面量[⊖]的 JavaScript 文件。

如果是按照上面初始化一节的操作得到的这个文件，打开它之后会发现，里面存储了在初始化过程中根据问题确认下来的那些答案，例如：

```
// JSON 代码片段
{
```

⊖ 字面量是由语法表达式定义的常量，或者是通过由一定字词组成的语词表达式定义的常量。

```
"name": "hello-node",
"version": "1.0.0",
"description": "A demo about Node.js.",
"main": "index.js",
"scripts": {
  "test": "echo \"Error: no test specified\" && exit 1"
},
"author": "chengpeiquan",
"license": "MIT"
}
```

package.json 的字段并非全部必填，唯一的要求就是必须是一个 JSON 文件，所以也可以仅仅写入以下内容。

```
// JSON 代码片段
{}
```

但在实际的项目中，往往需要填写更完善的项目信息。除了手动维护这些信息之外，在安装 npm 包等操作时，Node 也会写入数据到这个文件里。下面来了解一些常用字段的含义，见表 2-3。

表 2-3　package.json 常用字段的含义

字 段 名	含 　 义
name	项目名称，如果打算发布成 npm 包，它将作为包的名称
version	项目版本号，如果打算发布成 npm 包，这个字段是必需的，遵循 2.3.4 小节语义化版本号的要求
description	项目的描述
keywords	关键词，用于在 npm 网站上进行搜索
homepage	项目的官网 URL
main	项目的入口文件
scripts	指定运行脚本的命令缩写，常见的如 npm run build 等命令就在这里配置，详见 2.3.5 小节脚本命令的配置
author	作者信息
license	许可证信息，可以选择适当的许可证进行开源
dependencies	记录当前项目的生产依赖，安装 npm 包时会自动生成，详见 2.6.4 小节依赖包和插件
devDependencies	记录当前项目的开发依赖，安装 npm 包时会自动生成，详见 2.6.4 节依赖包和插件
type	配置 Node 对 CJS 和 ESM 的支持

其中最后的 type 字段是涉及模块规范的支持，它有两个可选值：commonjs 和 module，其默认值为 commonjs。

1）当不设置或者设置为 commonjs 时，扩展名为.js 和.cjs 的文件都是 CommonJS 规范的模块。

2）当不设置或者设置为 module 时，扩展名为.js 和.mjs 的文件都是 ES Module 规范的模块。

关于模块规范将在 2.4 节详细介绍。

▶▶ 2.3.3　项目名称规则

如果打算发布成 npm 包，项目名称将作为包的名称，可以是普通包名，也可以是范围包的包名，见表 2-4。

表 2-4　npm 包名称的区别

类　　型	释　　义	例　　子
范围包	具备@scope/project-name 格式，一般有一系列相关的开发依赖之间会以相同的 scope 进行命名	如@vue/cli、@vue/cli-service 就是一系列相关的范围包
普通包	其他命名都属于普通包	如 vue、vue-router

包名有一定的书写规则，具体如下。

1）名称必须保持在 1 ~ 214 个字符之间（包括范围包的@scope/部分）。

2）只允许使用小写字母、下画线、短横线、数字、小数点（并且只有范围包可以以点或下画线开头）。

3）包名最终成为 URL、命令行参数或者文件夹名称的一部分，所以名称不能包含任何非 URL 安全的字符。

了解这些有助于在后续工作中，在需要查找技术栈相关包的时候，知道如何在 npmjs 上找到它们。

如果打算发布 npm 包，可以通过 npm view <package-name>命令查询包名是否已存在，如果存在就会返回该包的相关信息。比如查询 vue 这个包名，会返回它的版本号、许可证、描述等信息：

```
npm view vue

vue@3.2.33 |MIT | deps: 5 | versions: 372
The progressive JavaScript framework for building modern web UI.
https://github.com/vuejs/core/tree/main/packages/vue#readme


keywords: vue

# 后面太多信息这里就省略了
```

如果查询一个不存在的包名，则会返回 404 信息：

```
npm view vue123456
npm ERR!code E404
npm ERR!404 Not Found - GET https://registry.npmjs.org/vue123456 - Not found
npm ERR!404
npm ERR!404  'vue123456@latest' is not in this registry.
npm ERR!404 You should bug the author to publish it (or use the name yourself!)
npm ERR!404
npm ERR!404 Note that you can also install from a
```

```
npm ERR!404 tarball, folder, http url, or git url.
```

后面太多信息这里就省略了

▶▶ 2.3.4 语义化版本号管理

Node 项目遵循语义化版本号的规则，例如 1.0.0、1.0.1、1.1.0 这样的版本号，本书的主角 Vue 也是遵循了语义化版本号的发布规则。

建议开发者在前端工程化的初期就应该熟悉这套规则。后续的项目开发中，会使用很多外部依赖，它们也是使用版本号来控制管理代码发布的。每个版本之间可能会有一些兼容性问题，如果不了解版本号的通用规则，很容易在开发中带来困扰。

现在有很多 CI/CD 流水线作业具备了根据 Git 的 Commit 记录来自动升级版本号。它们也是遵循了语义化版本号的规则，版本号的语义化在前端工程里有重大的意义。

1. 基本格式与升级规则

版本号的格式为：Major.Minor.Patch（简称 X.Y.Z），它们的含义见表 2-5。

表 2-5 语义化版本号的含义

英　文	中　文	含　　义
Major	主版本号	项目做了大量的变更，与旧版本存在一定的不兼容问题
Minor	次版本号	做了向下兼容的功能改动或者少量功能更新
Patch	修订号	修复上一个版本的少量 BUG

一般情况下，三者均为正整数，并且从 0 开始，遵循下面 3 条注意事项。

1）当主版本号升级时，次版本号和修订号归零。

2）当次版本号升级时，修订号归零，主版本号保持不变。

3）当修订号升级时，主版本号和次版本号保持不变。

下面以一些常见的例子帮助读者快速理解版本号的升级规则。

1）如果不打算发布，可以默认为 0.0.0，代表它并不是一个进入发布状态的包。

2）在正式发布之前，可以将其设置为 0.1.0 发布第一个测试版本，自此，代表已进入发布状态，但还处于初期开发阶段。这个阶段可能经常改变 API，但不需要频繁更新主版本号。

3）在 0.1.0 发布后，修复了 BUG，下一个版本号将设置为 0.1.1，即更新了一个修订号。

4）在 0.1.1 发布后，有新的功能发布，下一个版本号可以升级为 0.2.0，即更新了一个次版本号。

5）当觉得这个项目已经功能稳定、没有什么 BUG 了，决定正式发布并给用户使用时，那么就可以进入 1.0.0 正式版了。

2. 版本标识符

以上是一些常规的版本号升级规则，也可以通过添加标识符来修饰版本的更新。格式为 Major.

Minor.Patch-Identifier.1,其中的 Identifier 代表标识符,它和版本号之间使用-(短横线)来连接,后面的.1 代表当前标识符的第几个版本,每发布一次,这个数字 +1,见表 2-6。

表 2-6　常用的版本标识符

标 识 符	含　义
alpha	内部版本,代表当前可能有很大的变动
beta	测试版本,代表版本已开始稳定,但可能会有比较多的问题需要测试和修复
rc	即将作为正式版本发布,只需做最后的验证即可发布正式版

▶▶ 2.3.5　脚本命令的配置

在工作中,会频繁接触到 npm run dev(启动开发环境)、npm run build(构建打包)等操作,这些操作其实是对命令行的一种别名。

它在 package.json 里是存放于 scripts 字段,以 [key：string]：string 为格式的键值对存放数据(key：value)。

```json
// JSON 代码片段
{
  "scripts": {
    ...
  }
}
```

其中:

1)key 是命令的缩写,也就是 npm run xxx 里的 xxx。如果一个单词不足以表达,可以用冒号(：)拼接多个单词,例如 mock：list、mock：detail 等。

2)value 是完整的命令执行内容,多个命令操作用 && 连接,例如 git add .&& git commit。

以 Vue CLI 创建的项目为例,它的项目 package.json 文件里就会包括了这样的命令。

```json
// JSON 代码片段
{
  "scripts": {
    "serve": "vue-cli-service serve",
    "build": "vue-cli-service build"
  }
}
```

这里的名字是可以自定义的,比如可以把 serve 改成更喜欢的 dev。

```json
// JSON 代码片段
{
  "scripts": {
    "dev": "vue-cli-service serve",
```

```
    "build": "vue-cli-service build"
  }
}
```

这样运行 npm run dev 也相当于运行了 vue-cli-service serve。

据笔者了解，有不少开发者曾经对不同的 Vue CLI 版本提供的 npm run serve 和 npm run dev 有什么区别产生疑问，看到这里应该都明白了吧。可以说没有区别，因为这取决于它对应的命令，而不是取决于它起什么名称。

如果 value 部分包含了双引号"，必须使用转义符 \ 来避免格式问题，例如：\ " 。

▶▶ 2.3.6 Hello Node

看到这里，读者对于 Node 项目的基本创建流程和关键信息应该都有所了解了。下面来写一个 demo，实际体验一下如何从初始化项目到打印 Hello World 到控制台的过程。

先启动命令行工具，然后创建一个项目文件夹，这里使用 mkdir 命令。

```
# 语法是 mkdir <dir-name>
mkdir hello-node
```

使用 cd 命令进入刚刚创建好的项目目录。

```
# 语法是 cd <dir-path>
cd hello-node
```

执行项目初始化，可以回答问题，也可以添加-y 参数来使用默认配置。

```
npm init -y
```

到这里就得到了一个具有 package.json 的 Node 项目了。

在项目下创建一个 index.js 的 JavaScript 文件，可以像平时一样书写 JavaScript，输入以下内容并保存。

```
// JavaScript 代码片段
console.log('Hello World')
```

然后打开 package.json 文件，修改 scripts 部分，也就是配置了一个"dev"："node index" 命令。

```
// JSON 代码片段
{
  "name": "hello-node",
  "version": "1.0.0",
  "description": "",
  "main": "index.js",
  "scripts": {
    "dev": "node index"
  },
  "keywords": [],
  "author": "",
```

```
  "license": "ISC"
}
```

在命令行执行 npm run dev 命令，可以看到控制台打印出了 Hello World。

```
npm run dev

> demo@1.0.0 dev
> node index

Hello World
```

这等价于直接在命令行执行 node index.js 命令，其中 node 是 Node.js 运行文件的命令，index 是文件名，相当于 index.js，因为 JavaScript 文件名后缀可以省略。

2.4 学习模块化设计

在了解 Node 项目之后，就要开始通过编码来加强对 Node.js 的熟悉程度了，但在开始使用之前，还需要了解一些概念。在与前端工程化相关的工作中会频繁地接触到两个词：模块（Module）和包（Package）。

模块和包是 Node 开发最重要的组成部分。不管是自己完全实现一个项目，还是依赖各种第三方库来协助开发，项目的构成都离不开这两者。

2.4.1 模块化解决了什么问题

在软件工程的设计原则里，有一个原则叫“单一职责”。

假设一个代码块负责了多个职责的功能支持，在后续的迭代过程中，维护成本会极大地增加。虽然只需要修改这个代码块，但需要兼顾职责 1、职责 2、职责 3 等多个职责的兼容性，稍不注意就会引起工程运行的崩溃。

“单一职责”的目的就是减少功能维护带来的风险，把代码块的职责单一化，让代码的可维护性更高。

一个完整业务的内部实现，不应该把各种代码都耦合在一起，而应该按照职责去划分好代码块，再进行组合，形成一个“高内聚，低耦合”的工程设计。

模块化就是由此而来的。在前端工程里，每个单一职责的代码块，就叫作模块。模块有自己的作用域、功能与业务解耦，非常方便复用和移植。

模块化还可以解决 1.1 节“传统开发的弊端”里提到的大部分问题，随着下面内容一步步深入，将一步步地理解它。

2.4.2 如何实现模块化

在前端工程的发展过程中，不同时期诞生了很多不同的模块化机制，主流的有以下几种，见表 2-7。

表 2-7　主流的模块化方案

模块化方案	全　　称	适 用 范 围
CJS	CommonJS	Node 端
AMD	Async Module Definition	浏览器
CMD	Common Module Definition	浏览器
UMD	Universal Module Definition	Node 端和浏览器
ESM	ES Module	Node 端和浏览器

其中 AMD、CMD、UMD 都已经属于偏过去式的模块化方案。在新的业务里，结合各种编译工具，可以直接用最新的 ESM 方案来实现模块化。

ESM（ES Module）是 JavaScript 在 ES6（ECMAScript 2015）版本中推出的模块化标准，旨在成为浏览器和服务端通用的模块解决方案。

CJS（CommonJS）原本是服务端的模块化标准（设计之初也叫 ServerJS），是为 JavaScript 设计的用于浏览器之外的一个模块化方案。Node 默认支持了该规范，在 Node 12 之前也只支持 CJS，但从 Node 12 开始，已经同时支持 ESM 的使用。

至此，不论是 Node 端还是浏览器端，ESM 是统一的模块化标准了。

但由于历史原因，CJS 在 Node 端依然是非常主流的模块化写法，所以还是值得进行了解的。因此，下面的内容将主要介绍 CJS 和 ESM 这两种模块化规范是如何实际运用的。

在开始体验模块化的编写之前，请先在计算机里按照 2.2 节的步骤安装好 Node.js，然后按照 2.1 节的说明打开命令行工具。通过 cd 命令进入平时管理项目的目录路径，按照 2.3 节的内容先初始化一个 Node 项目。

另外，在 CJS 和 ESM 中，一个独立的文件就是一个模块。该文件内部的变量必须通过导出才能被外部访问到，而外部文件想访问这些变量，需要导入对应的模块才能生效。

▶▶ 2.4.3　用 CommonJS 设计模块

虽然现在推荐使用 ESM 作为模块化标准，但在实际的工作中，难免会遇到要维护一些老项目，因此了解 CommonJS 还是非常有必要的。

以下用 CJS 代指 CommonJS 规范。

1. 准备工作

延续在 2.3.6 小节 Hello Node 部分创建的 Node.js demo 项目，先调整一下目录结构。

1）删掉 index.js 文件。

2）创建一个 src 文件夹，在里面再创建一个 cjs 文件夹。

3）在 cjs 文件夹里面创建两个文件：index.cjs 和 module.cjs。

请注意这里使用了.cjs 文件扩展名，其实它也是 JavaScript 文件，但这个扩展名是 Node 专门为 CommonJS 规范设计的，可以在 2.3.2 小节了解 package.json 部分的更多内容。

此时目录结构应该如下。

```
hello-node
| # 源码文件夹
├─src
| | # 业务文件夹
| └─cjs
| | # 入口文件
| ├─index.cjs
| | # 模块文件
| └─module.cjs
| # 项目清单
└─package.json
```

这是一个常见的 Node 项目目录结构，通常源代码都会放在 src 文件夹里面统一管理。

接下来再修改 package.json 里面的 scripts 部分，修改如下。

```
// JSON 代码片段
{
  "scripts": {
    "dev:cjs": "node src/cjs/index.cjs"
  }
}
```

最后在命令行执行 npm run dev:cjs 命令，就可以测试刚刚添加的 CJS 模块了。

2. 基本语法

CJS 使用 module.exports 语法导出模块，可以导出任意合法的 JavaScript 类型，例如：字符串、布尔值、对象、数组、函数等。

使用 require 导入模块，在导入的时候，当文件扩展名是.js 时，可以只写文件名，而此时使用的是.cjs 扩展名，所以需要完整地书写。

3. 默认导出和导入

默认导出的意思是，一个模块只包含一个值；而导入默认值则意味着，导入声明的变量名就是对应模块的值。

在 src/cjs/module.cjs 文件里，写入以下代码，导出一句 Hello World 信息。

```
// JavaScript 代码片段
// src/cjs/module.cjs
module.exports = 'Hello World'
```

注：读者在写入代码的时候，不需要包含文件路径那句注释，这句注释只是为了方便阅读时能够区分代码属于哪个文件，以下代码均如此。

在 src/cjs/index.cjs 文件里，写入以下代码，导入刚刚编写的模块。

```
// JavaScript 代码片段
// src/cjs/index.cjs
```

```
const m = require('./module.cjs')
console.log(m)
```

在命令行输入 npm run dev：cjs，可以看到成功输出了 Hello World 信息。

```
npm run dev:cjs

> demo@1.0.0 dev:cjs
> node src/cjs/index.cjs

Hello World
```

可以看到，在导入模块时，声明的 m 变量拿到的值就是整个模块的内容，可以直接使用，此例子中它是一个字符串。

再改动一下，把 src/cjs/module.cjs 改成如下所示，这次导出一个函数。

```
// JavaScript 代码片段
// src/cjs/module.cjs
module.exports = function foo() {
  console.log('Hello World')
}
```

相应地，这次变成了导入一个函数，所以可以执行它。

```
// JavaScript 代码片段
// src/cjs/index.cjs
const m = require('./module.cjs')
m()
```

得到的结果也是打印一句 Hello World，不同的是，这一次的打印行为是在模块里定义的，入口文件只是执行模块里的函数。

```
npm run dev:cjs

> demo@1.0.0 dev:cjs
> node src/cjs/index.cjs

Hello World
```

4. 命名导出和导入

默认导出的时候，一个模块只包含一个值。有时候如果想把很多相同分类的函数进行模块化集中管理，例如想做一些 utils 类的工具函数文件，或者是维护项目的配置文件，全部使用默认导出的话，会有非常多的文件要维护。那么就可以用到命名导出，这样既可以导出多个数据，又可以统一在一个文件里维护管理。命名导出是先声明多个变量，然后通过 {} 对象的形式导出。

再来修改一下 src/cjs/module.cjs 文件，修改如下。

```
// JavaScript 代码片段
// src/cjs/module.cjs
```

```
function foo() {
  console.log('Hello World from foo.')
}

const bar = 'Hello World from bar.'

module.exports = {
  foo,
  bar,
}
```

此时通过原来的方式去拿模块的值，会发现无法直接获取到函数体或者字符串的值，因为打印出来的也是一个对象。

```
// JavaScript 代码片段
// src/cjs/index.cjs
const m = require('./module.cjs')
console.log(m)
```

控制台输出：

```
npm run dev:cjs

> demo@1.0.0 dev:cjs
> node src/cjs/index.cjs

{foo: [Function: foo], bar: 'Hello World from bar.'}
```

需要通过 m.foo() 、m.bar 的形式才可以拿到值。

此时可以用一种更方便的方式，利用 ES6 的对象解构来直接拿到变量。

```
// JavaScript 代码片段
// src/cjs/index.cjs
const {foo, bar} = require('./module.cjs')
foo()
console.log(bar)
```

这样才可以直接调用变量拿到对应的值。

5. 导入时重命名

以上都是基于非常理想的情况下使用模块，有时候不同的模块之间也会存在相同命名导出的情况，下面来看模块化是如何解决这个问题的。

模块文件保持不变，依然导出这两个变量。

```
// JavaScript 代码片段
// src/cjs/module.cjs
function foo() {
  console.log('Hello World from foo.')
```

```
    }

    const bar = 'Hello World from bar.'

    module.exports = {
      foo,
      bar,
    }
```

这次在入口文件里也声明一个 foo 变量，在导入的时候对模块里的 foo 变量进行了重命名操作。

```
// JavaScript 代码片段
// src/cjs/index.cjs
const {
  foo: foo2,  // 这里进行了重命名操作
  bar,
} = require('./module.cjs')

// 这样就不会造成变量冲突了
const foo = 1
console.log(foo)

// 用新的命名来调用模块里的方法
foo2()

// 这里不冲突就可以不必处理了
console.log(bar)
```

再次运行 npm run dev：cjs 命令，可以看到打印出来的结果完全符合预期。

```
npm run dev:cjs

> demo@1.0.0 dev:cjs
> node src/cjs/index.cjs


1
Hello World from foo.
Hello World from bar.
```

这是利用了 ES6 解构对象给新的变量名赋值的技巧。

以上是针对命名导出时的重命名方案，如果是默认导出，那么在导入的时候用一个不冲突的变量名来声明就可以了。

▶▶ 2.4.4　用 ES Module 设计模块

ES Module（ESM）是新一代的模块化标准，它是在 ES6（ECMAScript 2015）版本推出的，是原生 JavaScript 的一部分。不过因为历史原因，如果直接要在浏览器里使用该方案，在不同的浏览器里

会有一定的兼容问题，需要通过 Babel 等方案进行代码的版本转换（可在 2.7 节 "控制编译代码的兼容性" 了解如何使用 Babel）。

因此，一般情况下都需要借助构建工具进行开发，工具通常会提供开箱即用的本地服务器用于开发调试，并且最终打包的时候还可以抹平不同浏览器之间的差异。

随着 ESM 的流行，很多新推出的构建工具都默认只支持该方案（如 Vite、Rollup），如果需要兼容 CJS 反而需要另外引入插件单独配置。除了构建工具，很多语言也默认支持 ESM，例如 TypeScript 等，因此了解 ESM 非常重要。

在阅读本小节之前，建议先阅读 2.4.3 小节以了解前置内容。本小节会在适当的内容前后与 CJS 的写法进行对比。

1. 准备工作

继续使用 2.4.3 小节的 hello-node 项目作为 demo，当然也可以重新创建一个新的。同样，先调整一下目录结构。

1）在 src 文件夹里面创建一个 esm 文件夹。

2）在 esm 文件夹里面创建两个 MJS 文件：index.mjs 和 module.mjs。

注意：这里使用了.mjs 文件扩展名，因为默认情况下，Node 需要使用该扩展名才会支持 ES Module 规范。

也可以在 package.json 里增加一个"type"："module" 的字段来使.js 文件支持 ESM。但原来使用 CJS 规范的文件需要将.js 扩展名改为.cjs 才可以继续使用 CJS。为了减少理解上的门槛，这里选择了使用.mjs 新扩展名便于入门。

此时目录结构应该如下。

```
hello-node
| # 源码文件夹
├─src
| | # 上次用来测试 CJS 的相关文件
| ├─cjs
| | ├─index.cjs
| | └─module.cjs
| |
| | # 这次要用的 ESM 测试文件
| └─esm
| | # 入口文件
| ├─index.mjs
| | # 模块文件
| └─module.mjs
|
| # 项目清单
└─package.json
```

同样，源代码放在 src 文件夹里面管理。

然后再修改一下 package.json 里面的 scripts 部分，参照上次配置 CJS 的格式，增加一个 ESM 版本的 script，修改如下。

```json
// JSON 代码片段
{
  "scripts": {
    "dev:cjs": "node src/cjs/index.cjs",
    "dev:esm": "node src/esm/index.mjs"
  }
}
```

然后在命令行执行 npm run dev:esm 命令就可以测试 ESM 模块了。

注意：这条 script 里的.mjs 扩展名不能省略。

另外，在实际项目中，可能不需要做这些处理，因为很多工作脚手架已经处理过了，比如 Vue3 项目。

2. 基本语法

ESM 使用 export default（默认导出）和 export（命名导出）这两个语法导出模块。和 CJS 一样，ESM 也可以导出任意合法的 JavaScript 类型，例如字符串、布尔值、对象、数组、函数等。

ESM 使用 import ...from ...导入模块。在导入的时候，如果文件扩展名是.js 则可以省略文件名后缀，否则需要把扩展名也完整写出来。

3. 默认导出和导入

ESM 的默认导出也是一个模块只包含一个值。导入时，声明的变量名对应的数据就是对应模块的值。

在 src/esm/module.mjs 文件里，写入以下代码，导出一句 Hello World 信息。

```javascript
// JavaScript 代码片段
// src/esm/module.mjs
export default 'Hello World'
```

在 src/esm/index.mjs 文件里，写入以下代码，导入刚刚编写的模块。

```javascript
// JavaScript 代码片段
// src/esm/index.mjs
import m from './module.mjs'
console.log(m)
```

在命令行输入 npm run dev：esm，可以看到成功输出了 Hello World 信息。

```
npm run dev:esm

> demo@1.0.0 dev:esm
> node src/esm/index.mjs

Hello World
```

可以看到，在导入模块时，声明的 m 变量拿到的值就是整个模块的内容，可以直接使用，此例子中它是一个字符串。

像在 CJS 的例子里一样，也改动一下，把 src/esm/module.mjs 改成导出一个函数。

```
// JavaScript 代码片段
// src/esm/module.mjs
export default function foo() {
  console.log('Hello World')
}
```

同样，这次也是变成了导入一个函数，可以执行它。

```
// JavaScript 代码片段
// src/esm/index.mjs
import m from './module.mjs'
m()
```

同样可以从模块里的函数得到 Hello World 的打印信息。

```
npm run dev:esm

> demo@1.0.0 dev:esm
> node src/esm/index.mjs

Hello World
```

可以看出，CJS 和 ESM 的默认导出是非常相似的。在实际工作中，如果有老项目需要从 CJS 往 ESM 迁移，大部分情况下只需要把 module.exports 改成 export default 即可。

4. 命名导出和导入

虽然默认导出的时候，CJS 和 ESM 的写法非常相似，但命名导出却完全不同。

在 CJS 里，使用命名导出后的模块数据默认是一个对象，可以导入模块后通过 m.foo 的方式去调用对象的属性，或者在导入的时候直接解构拿到对象上的某个属性。

```
// JavaScript 代码片段
// CJS 支持导入的时候直接解构
const {foo} = require('./module.cjs')
```

但 ESM 的默认导出不能这样做，例如下面这个例子，虽然默认导出了一个对象。

```
// JavaScript 代码片段
// 在 ESM,通过这样的方式导出的数据也是属于默认导出
export default {
foo: 1,
}
```

但是无法和 CJS 一样通过大括号的方式导入其中的某个属性。

```
// JavaScript 代码片段
// ESM 无法通过这种方式对默认导出的数据进行解构
import {foo} from './module.mjs'
```

这种操作在运行过程中，控制台会抛出错误信息。

```
import {foo} from './module.mjs'
         ^^^
SyntaxError:
The requested module './module.mjs' does not provide an export named 'foo'
```

正确的方式应该是通过 export 对数据进行命名导出。先将 src/esm/module.mjs 文件修改成如下代码，请留意 export 关键字的使用。

```javascript
// JavaScript 代码片段
// src/esm/module.mjs
export function foo() {
  console.log('Hello World from foo.')
}

export const bar = 'Hello World from bar.'
```

通过 export 命名导出的方式才可以使用大括号将它们进行命名导入。

```javascript
// JavaScript 代码片段
// src/esm/index.mjs
import {foo, bar} from './module.mjs'

foo()
console.log(bar)
```

这一次程序可以顺利运行了。

```
npm run dev:esm

> demo@1.0.0 dev:esm
> node src/esm/index.mjs

Hello World from foo.
Hello World from bar.
```

那么有没有办法像 CJS 一样，使用 m.foo 调用对象属性的方式去使用这些命名导出的模块？答案是肯定的。命名导出支持使用 "* as 变量名称" 的方式将其所有命名挂在某个变量上。该变量是一个对象，每一个导出的命名都是其属性。

```typescript
// TypeScript 代码片段
// src/esm/index.mjs
// 注意这里使用了另外一种方式，将所有的命名导出都挂在了 m 变量上
import * as m from './module.mjs'

console.log(typeof m)
console.log(Object.keys(m))

m.foo()
console.log(m.bar)
```

运行 npm run dev:esm, 将输出:

```
npm run dev:esm

> demo@1.0.0 dev:esm
> node src/esm/index.mjs

object
[ 'bar', 'foo' ]
Hello World from foo.
Hello World from bar.
```

5. 导入时重命名

接下来看看 ESM 是如何处理相同命名导出的问题。项目下的模块文件依然保持不变, 还是导出两个变量。

```javascript
// JavaScript 代码片段
// src/esm/module.mjs
export function foo() {
  console.log('Hello World from foo.')
}

export const bar = 'Hello World from bar.'
```

在入口文件里面也声明一个 foo 变量, 然后导入的时候对模块里的 foo 变量进行重命名操作。

```javascript
// JavaScript 代码片段
// src/esm/index.mjs
import {
  foo as foo2,  // 这里进行了重命名操作
  bar
} from './module.mjs'

// 这样就不会造成变量冲突了
const foo = 1
console.log(foo)

// 用新的命名来调用模块里的方法
foo2()

// 这里不冲突就可以不必处理了
console.log(bar)
```

可以看出, ESM 的重命名方式和 CJS 是完全不同的, 它是使用 as 关键字来操作的, 语法为<old-name> as <new-name>。

现在再次运行 npm run dev:esm 命令, 可以看到打印出来的结果也是完全符合预期了。

```
npm run dev:esm
```

```
> demo@1.0.0 dev:esm
> node src/esm/index.mjs

1
Hello World from foo.
Hello World from bar.
```

以上是针对命名导出时的重命名方案。如果是默认导出，和 CJS 一样，在导入的时候用一个不冲突的变量名来声明就可以了。

6. 在浏览器里访问 ESM

ESM 除了支持在 Node 环境里使用，还可以和普通的 JavaScript 代码一样在浏览器里运行。要在浏览器里体验 ESM，需要使用现代的主流浏览器（如 Chrome），并注意其访问限制。例如本地开发不能直接通过 file://协议在浏览器里访问本地 HTML 文件，这是因为浏览器对 JavaScript 的安全性要求，会触发 CORS⊖错误，因此需要启动本地服务并通过 http://协议访问。

（1）添加服务端程序

接下来搭建一个简单的本地服务，并通过 HTML 文件来引入 ESM 模块文件，体验在浏览器端如何使用 ESM 模块。

在 hello-node 项目的根目录下创建名为 server 的文件夹（与 src 目录同级），并添加 index.js 文件，写入以下代码。

```
// JavaScript 代码片段
// server/index.js
const {readFileSync} = require('fs')
const {resolve} = require('path')
const {createServer} = require('http')

/* *
 * 判断是否为 ESM 文件
 * /
function isESM(url) {
  return String(url).endsWith('mjs')
}

/* *
 * 获取 MIME Type 信息
 * @tips.mjs 和.js 一样,都使用 JavaScript 的 MIME Type
 * /
function mimeType(url) {
```

⊖ CORS（Cross-Origin Resource Sharing）是指跨源资源共享，可以决定浏览器是否需要阻止 JavaScript 获取跨域请求的响应。默认情况下，非同源的请求会被浏览器拦截，常见的场景是通过 XHR 或者 Fetch 请求 API 接口，需要网页和接口都部署在同一个域名才可以请求成功，否则就会触发跨域限制。

```
  return isESM(url) ?'application/javascript':'text/html'
}

/* *
 * 获取入口文件
 * @returns 存放在本地的文件路径
 * /
function entryFile(url) {
  const file = isESM(url) ? `../src/esm${url}`:'./index.html'
  return resolve(__dirname, file)
}

/* *
 * 创建 HTTP 服务
 * /
const app = createServer((request, response) => {
  // 获取请求时的相对路径,如网页路径、网页里的 JavaScript 文件路径等
  const {url} = request

  // 转换成对应的本地文件路径并读取其内容
  const entry = entryFile(url)
  const data = readFileSync(entry, 'utf-8')

  // 需要设置正确的响应头信息,浏览器才可以正确响应
  response.writeHead(200, {'Content-Type': mimeType(url)})
  response.end(data)
})

/* *
 * 在指定的端口号启动本地服务
 * /
const port = 8080
app.listen(port,'0.0.0.0', () => {
  console.log(`Server running at:`)
  console.log()
  console.log(`  →  Local:  http://localhost:${port}/`)
  console.log()
})
```

这是一个基础的 Node.js 服务端程序,利用了 HTTP 模块启动本地服务,期间利用 FS 模块的 I/O 能力对本地文件进行读取,而 PATH 模块则简化了文件操作过程中的路径处理和兼容问题(例如 Windows 与 macOS 的路径斜杠问题)。

在这段服务端程序代码里,请留意 mimeType 方法,要让浏览器能够正确解析.mjs 文件,需要在服务端响应文件内容时,将其 MIME Type 设置为和 JavaScript 文件一样,这一点非常重要。

并且需要注意传递给 readFileSync API 的文件路径是否与真实存在的文件路径匹配,如果启动服务时,在 Node 控制台报了 no such file or directory 的错误,请检查是否因为笔误写错了文件名称,或者文件路径多了空格等情况。

（2）添加入口页面

继续在 server 目录下添加一个 index.html 并写入以下 HTML 代码，它将作为网站的首页文件。

可以在 VSCode 先新建一个空文件，文件语言设置为 HTML，并写入英文感叹号 "！"，再按<Tab>键（或者用鼠标选择第一个代码片段提示），可快速生成基础的 HTML 结构。

```html
<!-- HTML 代码片段 -->
<!-- server/index.html -->
<!DOCTYPE html>
<html lang="en">
  <head>
    <meta charset="UTF-8" />
    <meta http-equiv="X-UA-Compatible" content="IE=edge" />
    <meta name="viewport" content="width=device-width, initial-scale=1.0" />
    <title>ESM run in browser</title>
  </head>
  <body>
    <script type="module" src="./index.mjs"></script>
  </body>
</html>
```

请注意在<script />标签这一句代码上，比平时多了一个 type="module" 属性。这代表 script 是使用了 ESM 模块，而 src 属性则对应指向了上文在 src/esm 目录下的入口文件名。

之所以无须使用../src/esm/index.mjs 显式地指向真实目录，是因为在添加服务端程序时，已通过服务端代码里的 entryFile 方法重新指向了文件所在的真实路径，所以在 HTML 文件里可以使用./简化文件路径。

（3）启动服务并访问

打开 package.json 文件，在 scripts 字段追加一个 serve 命令如下。

```json
// JSON 代码片段
{
  "scripts": {
    "dev:cjs": "node src/cjs/index.cjs",
    "dev:esm": "node src/esm/index.mjs",
    "serve": "node server/index.js"
  }
}
```

在命令行运行 npm run serve 命令即可启动本地服务。

```
> npm run serve

> demo@1.0.0 serve
> node server/index.js

Server running at:

    → Local:  http://localhost:8080/
```

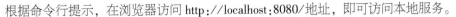

根据命令行提示，在浏览器访问 http://localhost:8080/地址，即可访问本地服务。

如遭遇端口号冲突，可在 server/index.js 的 const port = 8080 代码处修改为其他端口号。

因为在编写 HTML 文件时没有写入内容，只引入了 ESM 模块文件，因此需要按<F12>键唤起浏览器的控制台查看 Log，可以看到控制台根据模块的文件内容输出了以下 3 句 Log（如果没有 Log，可在控制台唤起的情况下按<F5>键重新载入页面）。

```
1                                          index.mjs:8
Hello World from foo.                      module.mjs:2
Hello World from bar.                      index.mjs:14
```

上述 Log 分别来自 src/esm/index.mjs 本身的 console.log 语句，以及 import 进来 module.mjs 里的 console.log 语句。

如果未出现这 3 句 Log，需留意.mjs 文件内容是否为上一小节最后的内容。src/esm/index.mjs 文件内容为：

```
// JavaScript 代码片段
// src/esm/module.mjs
export function foo() {
  console.log('Hello World from foo.')
}

export const bar = 'Hello World from bar.'
```

（4）内联的 ESM 代码

到目前为止，server/index.html 文件里始终是通过文件的形式引入 ESM 模块。其实<script type="module" />也支持编写内联代码，和普通的<script />标签用法相同。

```
<!-- HTML 代码片段 -->
<script type="module">
  // ESM 模块的 JavaScript 代码
</script>
```

请移除<script />标签的 src 属性，并在标签内写入 src/esm/index.mjs 文件里的代码，现在该 HTML 文件的完整代码如下。

```
<!-- HTML 代码片段 -->
<!DOCTYPE html>
<html lang="en">
  <head>
    <meta charset="UTF-8" />
    <meta http-equiv="X-UA-Compatible" content="IE=edge" />
    <meta name="viewport" content="width=device-width, initial-scale=1.0" />
    <title>ESM run in browser</title>
  </head>
  <body>
    <!-- 标签内的代码就是 src/esm/index.mjs 的代码 -->
    <script type="module">
      import {
```

```
        foo as foo2, // 这里进行了重命名
        bar,
    } from './module.mjs'

    // 这样就不会造成变量冲突了
    const foo = 1
    console.log(foo)

    // 用新的命名来调用模块里的方法
    foo2()

    // 这里不冲突就可以不必处理了
    console.log(bar)
  </script>
 </body>
</html>
```

回到浏览器刷新 http://localhost：8080/，可以看到浏览器控制台依然输出了和引入 src="./index.mjs" 时一样的 Log 信息。

```
1                                          (index):21
Hello World from foo.                      module.mjs:2
Hello World from bar.                      (index):27
```

（5）了解模块导入限制

虽然以上例子可以完美地在浏览器里引用现成的 ESM 模块代码并运行，但不代表工程化项目下所有的 ESM 模块化方式都适合浏览器。

先做一个小尝试，将 src/esm/index.mjs 文件内容修改如下，导入项目已安装的 md5 工具包。

```
// JavaScript 代码片段
// src/esm/index.mjs
import md5 from 'md5'
console.log(md5('Hello World'))
```

回到浏览器刷新 http://localhost：8080/，观察控制台，可以发现出现了一个红色的错误信息。

```
Uncaught TypeError: Failed to resolve module specifier "md5".
Relative references must start with either "/", "./", or "../".
```

这是因为不论是通过<script type="module" />标签还是通过 import 语句导入，模块的路径都必须是以/、./或者是../开头，因此无法直接通过 npm 包名进行导入。

这种情况下需要借助另外一个 script 类型：`importmap`⊖。在 server/index.html 里追加<script type="importmap" />这一段代码。

⊖ Import Maps（importmap 技术的官方名称）的运行机制是通过 import 映射来控制模块说明符的解析，类似于构建工具常用的 alias 别名机制。这是一个现代浏览器才能支持的新特性，建议使用 Chrome 最新版本体验完整功能。

```html
<!-- HTML 代码片段 -->
<!DOCTYPE html>
<html lang="en">
  <head>
    <meta charset="UTF-8" />
    <meta http-equiv="X-UA-Compatible" content="IE=edge" />
    <meta name="viewport" content="width=device-width, initial-scale=1.0" />
    <title>ESM run in browser</title>
  </head>
  <body>
    <!-- 注意需要先通过 importmap 引入 npm 包的 CDN -->
    <script type="importmap">
      {
        "imports": {
          "md5": "https://esm.run/md5"
        }
      }
    </script>

    <!-- 然后才能在 module 里 import xx from 'xx'-->
    <script type="module" src="./index.mjs"></script>
  </body>
</html>
```

再次刷新页面，可以看到控制台成功输出了 b10a8db164e0754105b7a99be72e3fe5 字符串，也就是 Hello World 被 md5 处理后的结果。

可以看到 importmap 的声明方式和 package.json 的 dependencies 字段非常相似，JSON 的 key 是包名称，value 则是支持 ESM 的远程地址。

在上面的例子里，MD5 对应的远程地址是使用了来自 esm.run 网站的 URL，而不是 npm 包同步到 jsDelivr CDN 或者 UNPKG CDN 的地址。这是因为 md5 本身不支持 ESM，需要通过 esm.run 网站进行在线转换才可以在<script type="module" />上使用，见图 2-1。

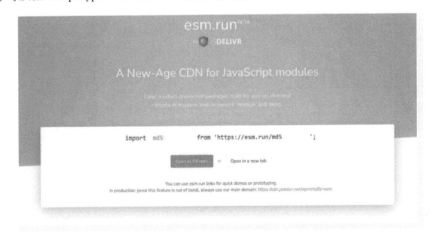

● 图 2-1　在 esm.run 网站上的包转换操作界面

该网站的服务是 jsDelivr CDN 所属的服务商提供，因此也可以通过 jsDelivr CDN 的 URL 添加/+esm 参数来达到转换效果，以 md5 包为例。

```
# 默认是一个 CJS 包
https://cdn.jsdelivr.net/npm/md5

# 可添加/+esm 参数变成 ESM 包
https://cdn.jsdelivr.net/npm/md5/+esm
```

总的来说，现阶段在浏览器使用 ESM 并不是一个很好的选择，建议开发者还是使用构建工具来开发，构建工具可以抹平这些浏览器差异化问题，进而降低开发成本。

2.5 认识组件化设计

学习完模块化设计之后，在 Vue 的工程化开发过程中，还会遇到一个新的概念，那就是组件。

▶▶ 2.5.1 什么是组件化

模块化属于 JavaScript 的概念，但作为一个页面，都知道它是由 HTML + CSS + JavaScript 三部分组成的。既然 JavaScript 代码可以按照不同的功能、需求划分成模块，那么页面是否也可以？答案是肯定的。组件化就是由此而来的。

在前端工程项目里，页面可以理解为一个积木作品，组件则是用来搭建作品的一块块积木，见图 2-2。

● 图 2-2 把页面拆分成多个组件，以降低维护成本（摘自 Vue 官网）

▶▶ 2.5.2 解决了什么问题

模块化是指把代码块的职责单一化，一个函数、一个类都可以独立成一个模块。但这只解决了逻辑部分的问题，一个页面除了逻辑，还有骨架（HTML）和样式（CSS）。组件就是把一些可复用的 HTML 结构和 CSS 样式再做一层抽离，然后再放置到需要展示的位置。

常见的组件有页头、页脚、导航栏、侧边栏等，甚至小到一个用户头像也可以抽离成组件，因为头像可能只是尺寸、圆角不同而已。

每个组件都有自己的"作用域"，JavaScript 部分利用模块化来实现作用域隔离，HTML 和 CSS 代码则借助 Style Scoped 来生成独有的 hash，避免全局污染。这些方案组合起来，使得组件与组件之间的代码不会互相影响。

▶▶ 2.5.3　如何实现组件化

在 Vue 中,是通过 Single-File Component（SFC,.vue 单文件组件）来实现组件化开发的。

一个 Vue 组件是由以下 3 部分组成的。

```
<!-- Vue 代码片段 -->
<template>
  <!-- HTML 代码 -->
</template>

<script>
// JavaScript 代码
</script>

<style scoped>
/* CSS 代码 * /
</style>
```

在第 5 章会详细介绍如何编写一个 Vue 组件。

2.6　依赖包和插件

在实际业务中,经常会用到各种各样的插件,插件在 Node 项目里的体现是一个又一个的依赖包。

虽然也可以把插件的代码文件手动放到源码文件夹里引入,但这并不是一个最佳的选择,本节内容将带读者了解 Node 的依赖包。

▶▶ 2.6.1　包

在 Node 项目里,包可以简单理解为模块的集合。一个包可以只提供一个模块的功能,也可以作为多个模块的集合集中管理。

包通常发布在官方的包管理平台 npmjs.com 上面。开发者需要使用的时候,可以通过包管理器安装到项目里,并在的代码里引入,开箱即用（详见 2.6.4 小节）。

使用 npm 包可以减少在项目中重复造轮子,提高项目的开发效率,也可以极大地缩小项目源码的体积（详见 2.6.2 小节）。

▶▶ 2.6.2　node_modules

node_modules 是 Node 项目下用于存放已安装依赖包的目录,如果不存在,则会自动创建。如果是本地依赖,则会存在于项目根目录下;如果是全局依赖,则会存在于环境变量关联的路径下。

一般在提交项目代码到 Git 仓库或者服务器上时,都需要排除 node_modules 文件夹的提交,因为它非常大。如果托管在 Git 仓库，可以在.gitignore 文件里添加 node_modules 作为要排除的文件夹名称。

▶▶ 2.6.3　包管理器

包管理器（Package Manager）是用来管理依赖包的工具，比如发布、安装、更新、卸载等。

Node 默认提供了一个包管理器 npm。在安装 Node.js 的时候，默认会一起安装 npm 包管理器，可以通过以下命令查看它是否正常。

```
npm -v
```

如果正常，将会输出相应的版本号。

▶▶ 2.6.4　依赖包的管理

接下来会以 npm 作为默认的包管理器，来了解如何在项目里管理依赖包。

1. 配置镜像源

在国内，直接使用 npm 会比较慢，可以通过绑定 npm Mirror 中国镜像站的镜像源来提升依赖包的下载速度。

可以先在命令行输入以下命令查看当前的 npm 配置。

```
npm config get registry
# https://registry.npmjs.org/
```

默认情况下，会输出 npm 官方的资源注册表地址。接下来在命令行上输入以下命令，进行镜像源的绑定。

```
npm config set registry https://registry.npmmirror.com
```

可以再次运行查询命令来查看是否设置成功。

```
npm config get registry
# https://registry.npmmirror.com/
```

可以看到已经成功更换为中国镜像站的地址了。之后在安装 npm 包的时候，速度会有很大的提升。

如果需要删除自己配置的镜像源，可以输入以下命令进行移除，移除后会恢复默认设置。

```
npm config rm registry
```

如果之前已经绑定过 npm.taobao 系列域名，也需更换成 npmmirror 这个新的域名。随着新的域名已经正式启用，老 npm.taobao.org 和 registry.npm.taobao.org 域名在 2022 年 5 月 31 日 0 时后不再提供服务。

2. 本地安装

项目的依赖建议优先选择本地安装，这是因为本地安装可以把依赖列表记录到 package.json 里。

多人协作的时候可以减少很多问题的出现，特别是当本地依赖与全局依赖版本号不一致的时候。

（1）生产依赖

执行 npm install 的时候，添加--save 或者-S 选项可以将依赖安装到本地，并列为生产依赖。

需要提前在命令行 cd 到项目目录下再执行安装。另外，--save 或者-S 选项在实际使用的时候可以省略，因为它是默认选项。

```
npm install --save <package-name>
```

可以在项目的 package.json 文件里的 dependencies 字段查看是否已安装成功，例如：

```json
// JSON 代码片段
// package.json
{
  // 会安装到这里
  "dependencies": {
    // 以"包名":"版本号"的格式写入
    "vue-router": "^4.0.14"
  }
}
```

生产依赖包会被安装到项目根目录下的 node_modules 目录里。

项目在上线后仍需用到的包，就需要安装到生产依赖里，比如 Vue 的路由 vue-router 就需要以这个方式安装。

（2）开发依赖

执行 npm install 的时候，如果添加--save-dev 或者-D 选项，可以将依赖安装到本地，并写入开发依赖里。

同样地，需要提前在命令行 cd 到的项目目录下再执行安装。

```
npm install --save-dev <package-name>
```

可以在项目的 package.json 文件里的 devDependencies 字段查看是否已安装成功，例如：

```json
// JSON 代码片段
// package.json
{
  // 会安装到这里
  "devDependencies": {
    // 以 "包名":"版本号"的格式写入
    "eslint": "^8.6.0"
  }
}
```

开发依赖包也是会被安装到项目根目录下的 node_modules 目录里。

和生产依赖包不同的点在于，只在开发环境生效，构建部署到生产环境时可能会被抛弃。一些只在开发环境下使用的包，就可以安装到开发依赖里，比如检查代码是否正确的 ESLint 就可以用这个方式安装。

3. 全局安装

执行 npm install 的时候，如果添加--global 或者-g 选项，可以将依赖安装到全局，它们将被安装在"配置环境变量"里配置的全局资源路径里。

```
npm install --global <package-name>
```

Mac 用户需要使用 sudo 进行提权才可以完成全局安装。另外，可以通过 npm root-g 查看全局包的安装路径。

一般情况下，类似于@vue/cli 之类的脚手架会提供全局安装的服务。安装后，就可以使用 vue create xxx 等命令直接创建 Vue 项目了。但不是每个 npm 包在全局安装后都可以正常使用，具体情况需依据 npm 包的主页介绍和使用说明而定。

4. 版本控制

有时候一些包的新版本不一定适合老项目，因此 npm 也提供了版本控制功能，支持通过指定的版本号或者 Tag 安装。语法如下，在包名后面紧跟@符号，再紧跟版本号或者 Tag 名称。

```
npm install <package-name>@<version |tag>
```

例如，现阶段 Vue 默认为 3.x 的版本了，如果想安装 Vue 2，可以通过指定版本号的方式安装。

```
npm install vue@2.6.14
```

或者通过对应的 Tag 安装。

```
npm install vue@legacy
```

版本号或者 Tag 名称可以在 npmjs 网站的包详情页上查询。

5. 版本升级

一般来说，直接重新安装依赖包可以达到更新的目的，但也可以通过 npm update 命令来更新。语法如下，可以更新全部的包。

```
npm update
```

也可以更新指定的包。

```
npm update <package-name>
```

npm 会检查是否有满足版本限制的更新版本。

6. 卸载

可以通过 npm uninstall 命令来卸载指定的包。和安装一样，卸载也区分了卸载本地依赖包和卸载全局包，不过只有在卸载全局包的时候才需要添加选项，默认只卸载当前项目下的本地包。

本地卸载：

```
npm uninstall <package-name>
```

全局卸载：

```
npm uninstall --global <package-name>
```

Mac 用户需要使用 sudo 命令进行提权才可以完成全局卸载。

▶▶ 2.6.5　如何使用包

在了解了 npm 包的常规操作之后，下面通过一个简单的例子来了解如何在项目里使用 npm 包。继续使用 Hello Node demo，或者也可以重新创建一个 demo。

首先在命令行工具通过 cd 命令进入项目所在的目录，用本地安装的方式把 md5 包添加到生产依赖。这是一个提供了开箱即用的哈希算法的包。在实际工作中，可能也会用到它，在这里使用它是因为足够简单。

输入以下命令并按回车键执行。

```
npm install md5
```

可以看到控制台提示一共安装了 4 个包，这是因为 md5 包还引用了其他的包作为依赖，需要同时安装才可以正常工作。

```
# 这是安装 md5 之后控制台返回的信息
added 4 packages, and audited 5 packages in 2s

found 0 vulnerabilities
```

此时项目目录下会出现一个 node_modules 文件夹和一个 package-lock.json 文件。

```
hello-node
|  # 依赖文件夹
├──node_modules
|  # 源码文件夹
├──src
|  # 锁定安装依赖的版本号
├──package-lock.json
|  # 项目清单
└──package.json
```

先打开 package.json，可以看到已经多出一个 dependencies 字段，这里记录了刚刚安装的 md5 包信息。

```
// JSON 代码片段
{
  "name": "hello-node",
  "version": "1.0.0",
  "description": "",
  "main": "index.js",
  "scripts": {
    "dev:cjs": "node src/cjs/index.cjs",
    "dev:esm": "node src/esm/index.mjs",
```

```
    "serve": "node server/index.js"
  },
  "keywords": [],
  "author": "",
  "license": "ISC",
  "dependencies": {
    "md5": "^2.3.0"
  }
}
```

看到这里可能会有一连串的疑问：

1）为什么只安装了一个 md5，但控制台提示安装了 4 个包？

2）为什么 package.json 只记录了 1 个 md5 包信息？

3）为什么提示审核了 5 个包，哪里来的第 5 个包？

不要着急，请先打开 package-lock.json 文件，这个文件记录了锁定安装依赖的版本号信息（由于篇幅原因，这里的展示省略了一些包的细节）。

```
// JSON 代码片段
{
  "name": "hello-node",
  "version": "1.0.0",
  "lockfileVersion": 2,
  "requires": true,
  "packages": {
    "": {
      "name": "hello-node",
      "version": "1.0.0",
      "license": "ISC",
      "dependencies": {
        "md5": "^2.3.0"
      }
    },
    "node_modules/charenc": {
      "version": "0.0.2"
      ...
    },
    "node_modules/crypt": {
      "version": "0.0.2"
      ...
    },
    "node_modules/is-buffer": {
      "version": "1.1.6"
      ...
    },
    "node_modules/md5": {
      "version": "2.3.0"
```

```
      ...
    }
  },
  "dependencies": {
    "charenc": {
      "version": "0.0.2"
      ...
    },
    "crypt": {
      "version": "0.0.2"
      ...
    },
    "is-buffer": {
      "version": "1.1.6"
      ...
    },
    "md5": {
      "version": "2.3.0",
      ...
      "requires": {
        "charenc": "0.0.2",
        "crypt": "0.0.2",
        "is-buffer": "~1.1.6"
      }
    }
  }
}
```

可以看到这个文件的 dependencies 字段除了 md5 之外，还有另外 3 个包信息。它们就是 md5 包所依赖的另外 3 个 npm 包了，这就解答了为什么一共安装了 4 个 npm 包。

在 node_modules 文件夹下，也可以看到以这 4 个包名为名称的文件夹，这些文件夹存放的就是各个包项目发布在 npmjs 平台上的文件。

再看 packages 字段，这里除了罗列出 4 个 npm 包的信息之外，还把项目的信息也列了进来。这就是为什么提示审核了 5 个包，原因是除了 4 个依赖包，项目本身也是一个包。

package-lock.json 文件并不是一成不变的，假如以后 md5 又引用了更多的包，这里记录的信息也会随之增加。并且不同的包管理器，它的 lock 文件也会不同。如果是使用 yarn 作为包管理器的话，它生成的是一个 yarn.lock 文件，而不是 package-lock.json。有关更多的包管理器，详见第 7 章插件的使用。

现在已经安装好 md5 包了，接下来看看具体如何使用它。

在包的 npmjs 主页上会有 API 和用法的说明，通常只需要根据说明操作。打开 src/esm/index.mjs 文件，首先需要导入这个包。包的导入和在 2.4 节的模块导入用法是一样的，只是把 from 后面的文件路径换成了包名。

```javascript
// JavaScript 代码片段
// src/esm/index.mjs
import md5 from 'md5'
```

然后根据 md5 的用法，来编写一个小例子。先声明一个原始字符串变量，然后再声明一个使用 md5 加密过的字符串变量，并打印它们。

```javascript
// JavaScript 代码片段
// src/esm/index.mjs
import md5 from 'md5'

const before = 'Hello World'
const after = md5(before)
console.log({before, after})
```

在命令行输入 npm run dev:esm 命令，可以在控制台看到输出了以下这些内容，说明成功获得了转换后的结果。

```
npm run dev:esm

> demo@1.0.0 dev:esm
> node src/esm/index.mjs

{before: 'Hello World', after: 'b10a8db164e0754105b7a99be72e3fe5'}
```

其实包的用法和导入模块的用法是完全一样的，区别主要在于，包是需要安装了才能用的，而模块是需要自己编写的。

2.7 控制编译代码的兼容性

作为一名前端工程师，了解如何控制代码的兼容性是非常重要的能力。

在 1.8.1 小节已简单介绍过 Polyfill 的作用，以及介绍了构建工具可以通过 Babel 等方案自动化处理代码的兼容问题。本节将讲解 Babel 的配置和使用，让读者亲自体验如何控制代码的兼容性转换。

▶▶ 2.7.1 如何查询兼容性

在开始学习使用 Babel 之前，需要先掌握一个小技能：了解如何查询代码在不同浏览器上的兼容性。

说起浏览器兼容性，前端工程师应该都不陌生，特别是初学者经常会遇到在自己的浏览器上布局正确、功能正常，而在其他人的计算机或者手机上访问就会有布局错位或者运行报错的问题出现。最常见的场景就是开发者使用的是功能强大的 Chrome 浏览器，而产品用户使用的是 IE 浏览器。

这是因为网页开发使用的 HTML/CSS/JavaScript 每年都在更新版本，推出更好用的新 API，或者废弃部分过时的旧 API。不同的浏览器在版本更新过程中，对新 API 的支持程度并不一致，如果使用了新 API 而没有做好兼容支持，很容易就会在低版本浏览器上出现问题。

为了保证程序可以正确地在不同版本浏览器之间运行，就需要根据产品要支持的目标浏览器范围，去选择兼容性最好的编程方案。

在 Web 开发领域有一个网站非常知名：caniuse.com。只要搜索 API 的名称，它会以图表的形式展示该 API 在不同浏览器的不同版本之间的支持情况，支持 HTML 标签、CSS 属性、JavaScript API 等内容的查询。

以 JavaScript ES6 的 classes 新特性为例，见图 2-3。

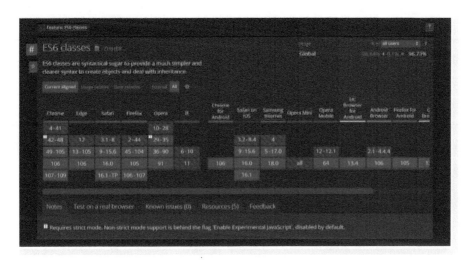

• 图 2-3　在 caniuse 网站上查询 ES6 classes 的兼容情况

可以看到在 Chrome 浏览器需要在 49 版本开始才被完全支持，而 IE 浏览器则全面不支持。如果不做特殊处理（例如引入 Polyfill 方案），那么就需要考虑在编程过程中，是否需要直接使用 class 来实现功能，还是寻找其他替代方案。

在实际工作中，工程师无须关注每一个 API 的具体支持范围，这些工作可以交给工具来处理，下面将介绍 Babel 的使用方法。

▶▶ 2.7.2　Babel 的使用和配置

Babel 是一个 JavaScript 编译器，它可以让开发者仅需维护一份简单的 JSON 配置文件，即可调动一系列工具链将源代码编译为目标浏览器指定版本所支持的语法。

1. 安装 Babel

打开 hello-node 项目，安装以下几个 Babel 依赖。

```
npm i -D @babel/core @babel/cli @babel/preset-env
```

此时在 package.json 的 devDependencies 可以看到如下 3 个依赖。

```
// JSON 代码片段
{
  "devDependencies": {
    "@babel/cli": "^7.19.3",
    "@babel/core": "^7.19.3",
    "@babel/preset-env": "^7.19.3"
  }
}
```

它们的作用见表 2-8。

表 2-8　Babel 插件的作用说明

依　　赖	作　　用
@babel/cli	安装后可以从命令行使用 Babel 编译文件
@babel/core	Babel 的核心功能包
@babel/preset-env	智能预设，可以通过它的选项控制代码要转换的支持版本

在使用 Babel 时，建议在项目下进行本地安装，尽量不选择全局安装。这是因为不同项目可能依赖于不同版本的 Babel，全局依赖可能会出现使用上的异常。

2. 添加 Babel 配置

接下来，在 hello-node 的根目录下创建一个名为 babel.config.json 的文件。这是 Babel 的配置文件，写入以下内容。

```
// JSON 代码片段
{
  "presets": [
    [
      "@babel/preset-env",
      {
        "targets": {
          "chrome": "41"
        },
        "modules": false,
        "useBuiltIns": "usage",
        "corejs": "3.6.5"
      }
    ]
  ]
}
```

这份配置将以 Chrome 浏览器作为目标浏览器，编译结果将保留 ESM 规范。这里的 targets.chrome 字段代表编译后要支持的目标浏览器版本号。在 caniuse 查询可知 ES6 的 class 语法在 Chrome 49 版本之后才被完全支持，而 Chrome 41 或更低的版本是完全不支持该语法的。因此应先将其目标版本号设置为 41，下一步将开始测试 Babel 的编译结果。

3. 使用 Babel 编译代码

在 hello-node 的 src 目录下添加一个 babel 文件夹，并在该文件夹下创建一个 index.js 文件，写入以下代码。

```javascript
// JavaScript 代码片段
// src/babel/index.js
export class Hello {
  constructor(name) {
    this.name = name
  }

  say() {
    return `Hello ${this.name}`
  }
}
```

根据上一步的 Babel 配置，在这里使用 class 语法作为测试代码。接下来再打开 package.json 文件，添加一个 compile script 如下。

```json
// JSON 代码片段
{
  "scripts": {
    "dev:cjs": "node src/cjs/index.cjs",
    "dev:esm": "node src/esm/index.mjs",
    "compile": "babel src/babel --out-dir compiled",
    "serve": "node server/index.js"
  }
}
```

刚刚添加的这条 compile 命令的含义是：使用 Babel 处理 src/babel 目录下的文件，并输出到根目录下的 compiled 文件夹。

在命令行运行以下命令。

```
npm run compile
```

可以看到 hello-node 的根目录下多了一个 compiled 文件夹，里面有一个和源码命名相同的 index.js 文件，它的文件内容如下。

```javascript
// JavaScript 代码片段
// compiled/index.js
function _classCallCheck(instance, Constructor) {
  if (!(instance instanceof Constructor)) {
    throw new TypeError('Cannot call a class as a function')
  }
}

function _defineProperties(target, props) {
  for (var i = 0; i < props.length; i++) {
```

```
    var descriptor = props[i]
    descriptor.enumerable = descriptor.enumerable || false
    descriptor.configurable = true
    if ('value' in descriptor) descriptor.writable = true
    Object.defineProperty(target, descriptor.key, descriptor)
  }
}

function _createClass(Constructor, protoProps, staticProps) {
  if (protoProps) _defineProperties(Constructor.prototype, protoProps)
  if (staticProps) _defineProperties(Constructor, staticProps)
  Object.defineProperty(Constructor, 'prototype', {writable: false})
  return Constructor
}

export var Hello = /* #__PURE__* / (function () {
  function Hello(name) {
    _classCallCheck(this, Hello)

    this.name = name
  }

  _createClass(Hello, [
    {
      key: 'say',
      value: function say() {
        return `Hello ${this.name}`
      },
    },
  ])

  return Hello
})()
```

由于 Chrome 41 版本不支持 class 语法，因此 Babel 做了大量的工作对其进行转换兼容。再次打开 babel.config.json，将 targets.chrome 的版本号调整为支持 class 语法的 Chrome 49 版本。

```
# Diff 代码片段
{
  "presets": [
    [
      "@babel/preset-env",
      {
        "targets": {
-         "chrome": "41"
+         "chrome": "49"
        },
```

```
    "modules": false,
    "useBuiltIns": "usage",
    "corejs": "3.6.5"
    }
  ]
 ]
}
```

再次执行编译,这一次编译后的代码和编译前完全一样。

```
// JavaScript 代码片段
// compiled/index.js
export class Hello {
  constructor(name) {
    this.name = name
  }

  say() {
    return `Hello ${this.name}`
  }
}
```

因为此时配置文件指定的目标浏览器版本已支持该语法了,所以无须转换。

Babel 的使用其实非常简单,了解了这部分知识点之后,如果需要自己控制代码的兼容性,只需要配合官方文档调整 Babel 的配置即可。

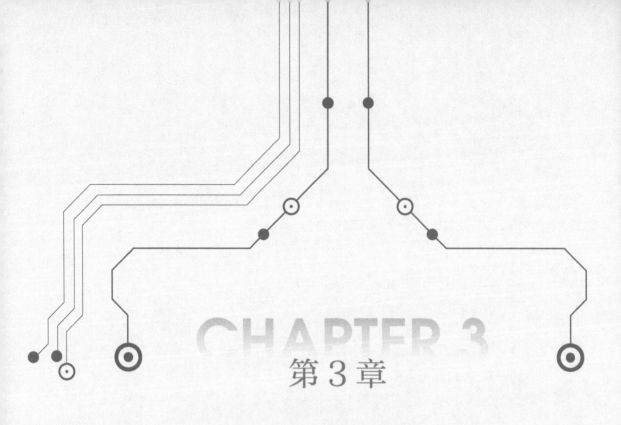

CHAPTER 3

第 3 章

快速上手TypeScript

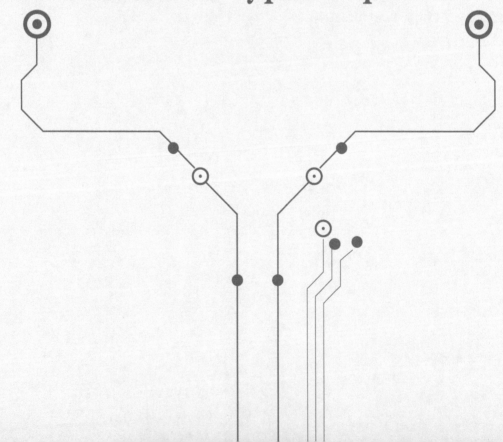

看完第 2 章工程化的起步准备后，相信读者对 Node 工程项目有了足够的认识了。在此之前的所有代码都是使用 JavaScript 编写的，接下来，本章将开始介绍 TypeScript。这是一门新的语言，但是上手非常简单。

TypeScript 简称 TS，既是一门新语言，也是 JavaScript 的一个超集，它是在 JavaScript 的基础上增加了一套类型系统。它支持所有的 JavaScript 语句，为工程化开发而生，最终在编译的时候去掉类型和特有的语法，生成 JavaScript 代码。

虽然带有类型系统的前端语言不止 TypeScript（还有 Facebook 推出的 Flow.js 等），但从目前整个开源社区的流行趋势看，TypeScript 无疑是更好的选择。TypeScript 的流行程度见图 3-1。

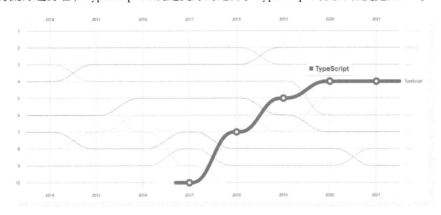

● 图 3-1　TypeScript 的流行程度（来自 GitHub 的年度统计报告）

只要本身已经学会了 JavaScript，并且经历过很多协作类的项目，那么使用 TypeScript 编程是一个很自然而然的过程。

3.1　为什么需要类型系统

要想知道为什么要用 TypeScript，得先从 JavaScript 有什么不足说起，举一个非常小的例子，代码如下。

```
// JavaScript 代码片段
function getFirstWord(msg) {
  console.log(msg.split(' ')[0])
}

getFirstWord('Hello World') // 输出 Hello

getFirstWord(123) // TypeError: msg.split is not a function
```

这里定义了一个用空格切割字符串的方法，并打印出第一个单词。

1）第一次执行时，字符串支持 split 方法，所以成功获取到了第一个单词 Hello。

2）第二次执行时，由于数值不存在 split 方法，所以传入 123 引起了程序崩溃。

这就是 JavaScript 的弊端，过于灵活，没有类型的约束，很容易因为类型的变化导致一些本可避免的 BUG 出现。而且这些 BUG 通常需要在程序运行的时候才会被发现，很容易引发生产事故。

虽然可以在执行 split 方法之前执行一层判断或者转换，但很明显增加了很多工作量。TypeScript 的出现，在编译的时候就可以执行检查来避免这些问题，而且配合 VSCode 等编辑器的智能提示，可以很方便地知道每个变量对应的类型。

3.2 Hello TypeScript

接下来继续使用 Hello Node 这个 demo，或者可以再建一个新的 demo。依然是在 src 文件夹下，创建一个 ts 文件夹作为本次的测试文件，然后在 ts 文件夹下创建一个 index.ts⊖文件。

然后在命令行通过 cd 命令进入项目所在的目录路径，安装 TypeScript 开发的两个主要依赖包。

1）typescript 是用 TypeScript 编程的语言依赖包。

2）ts-node 是 Node 可以运行 TypeScript 的执行环境。

```
npm install -D typescript ts-node
```

这次添加了一个-D 参数，因为 typescript 和 ts-node 是开发过程中使用的依赖包，所以将其添加到 package.json 的 devDependencies 字段里。然后修改 scripts 字段，增加一个 dev：ts 的 script。

```json
// JSON 代码片段
{
  "name": "hello-node",
  "version": "1.0.0",
  "description": "",
  "main": "index.js",
  "scripts": {
    "dev:cjs": "node src/cjs/index.cjs",
    "dev:esm": "node src/esm/index.mjs",
    "dev:ts": "ts-node src/ts/index.ts",
    "compile": "babel src/babel --out-dir compiled",
    "serve": "node server/index.js"
  },
  "keywords": [],
  "author": "",
  "license": "ISC",
  "dependencies": {
    "md5": "^2.3.0"
  },
  "devDependencies": {
```

⊖ TypeScript 语言对应的文件扩展名是.ts。

```
    "ts-node": "^10.7.0",
    "typescript": "^4.6.3"
  }
}
```

至此，准备工作完成。

请注意，dev:ts 是用 ts-node 代替了原来的 node，因为使用 node 无法识别 TypeScript 语言。

把 3.1 节里面提到的例子放到 src/ts/index.ts 里。

```
// TypeScript 代码片段
// src/ts/index.ts
function getFirstWord(msg) {
  console.log(msg.split('')[0])
}


getFirstWord('Hello World')


getFirstWord(123)
```

然后在命令行运行 npm run dev:ts 命令来查看这次的结果。

```
TSError: × Unable to compile TypeScript:
src/ts/index.ts:1:23 - error TS7006: Parameter 'msg' implicitly has an 'any' type.

1 function getFirstWord(msg) {
                        ~ ~ ~
```

结果显示出一个错误提示，意思是告知 getFirstWord 的入参 msg 带有隐式 any 类型。这个时候读者可能还不了解 any 代表什么意思，没关系，接着来看如何修正这段代码。

```
// TypeScript 代码片段
// src/ts/index.ts
function getFirstWord(msg: string) {
  console.log(msg.split('')[0])
}


getFirstWord('Hello World')


getFirstWord(123)
```

不知读者留意到没有，现在函数的入参 msg 已经变成了 msg：string，这是 TypeScript 指定参数为字符串类型的一个写法。

现在再运行 npm run dev:ts 命令，上一个错误提示已经不再出现，取而代之的是一个新的报错。

```
TSError: × Unable to compile TypeScript:
src/ts/index.ts:7:14 - error TS2345:
Argument of type 'number' is not assignable to parameter of type 'string'.
```

```
7 getFirstWord(123)
          ~ ~ ~
```

这次的报错代码在 getFirstWord（123），提示 number 类型的数据不能分配给 string 类型的参数，也就是故意传入一个会报错的数值进去，被 TypeScript 检查出来了。

可以再仔细留意一下控制台的信息，会发现没有报错的 getFirstWord（'Hello World'）也没有打印出结果，这是因为 TypeScript 需要先被编译成 JavaScript，然后再执行。

这个机制让有问题的代码能够被及早发现，一旦代码出现问题，编译阶段就会失败。移除会报错的那行代码，只保留如下代码。

```
// TypeScript 代码片段
// src/ts/index.ts
function getFirstWord(msg: string) {
  console.log(msg.split('')[0])
}

getFirstWord('Hello World')
```

再次运行 npm run dev:ts 命令，这次完美运行了。

```
// TypeScript 代码片段
npm run dev:ts

> demo@1.0.0 dev:ts
> ts-node src/ts/index.ts

Hello
```

在这个例子里，相信读者已经感受到 TypeScript 的魅力了。接下来学习不同的 JavaScript 类型，在 TypeScript 里面应该如何定义。

3.3 常用的 TS 类型定义

在 3.2 节，相信读者能够感受到 TypeScript 编程带来的好处了，代码的健壮性得到了大大的提升。并且应该也能大致了解到，TypeScript 类型并不会给编程带来非常高的门槛或者说开发阻碍，它是以一种非常小的成本换取大收益的行为。

▶▶ 3.3.1 原始数据类型

原始数据类型是一种既非对象也无方法的数据，3.2 节演示代码里，函数入参使用的字符串 String 就是原始数据类型之一。

除了 String，另外还有数值 Number、布尔值 Boolean 等，它们在 TypeScript 都有统一的表达方式，详见表 3-1。

表 3-1　原始数据类型在 JavaScript 和 TypeScript 里的对比

原始数据类型	JavaScript	TypeScript
字符串	String	string
数值	Number	number
布尔值	Boolean	boolean
大整数	BigInt	bigint
符号	Symbol	symbol
不存在	Null	null
未定义	Undefined	undefined

TypeScript 对原始数据类型的定义真的是非常简单，就是转为全小写即可。

举几个例子。

```
// TypeScript 代码片段
// 字符串
const str: string = 'Hello World'

// 数值
const num: number = 1

// 布尔值
const bool: boolean = true
```

不过在实际的编程过程中，原始数据类型的定义是可以省略的。因为 TypeScript 会根据声明变量时赋值的类型，自动推导变量类型，也就是跟平时写 JavaScript 代码一样。

```
// TypeScript 代码片段
// 这样也不会报错,因为 TS 会推导它们的类型
const str = 'Hello World'
const num = 1
const bool = true
```

▶▶ 3.3.2　数组

除了原始数据类型之外，JavaScript 还有引用类型，数组 Array 就是其中的一种。

之所以先讲数组，是因为它在 TypeScript 类型定义的写法上，可能是最接近原始数据的一个类型。数组的两种类型写法见表 3-2。

表 3-2　数组的两种类型写法

数组里的数据	类型写法 1	类型写法 2
字符串	string[]	Array\<string\>
数值	number[]	Array\<number\>

（续）

数组里的数据	类型写法 1	类型写法 2
布尔值	boolean[]	Array<boolean>
大整数	bigint[]	Array<bigint>
符号	symbol[]	Array<symbol>
不存在	null[]	Array<null>
未定义	undefined[]	Array<undefined>

其实就是在原始数据类型的基础上变化了一下书写格式，就成了数组的定义。

笔者最常用的是 string[]这样的格式，只需要追加一个方括号[]。另外一种写法是基于 TypeScript 的泛型 Array<T>，两种方式定义出来的类型其实是一样的。

举几个例子。

```
// TypeScript 代码片段
// 字符串数组
const strs: string[] = ['Hello World', 'Hi World']

// 数值数组
const nums: number[] = [1, 2, 3]

// 布尔值数组
const bools: boolean[] = [true, true, false]
```

在实际的编程过程中，如果数组一开始就有初始数据（数组长度不为 0），那么 TypeScript 也会根据数组里面的项目类型，正确推导这个数组的类型，这种情况下也可以省略类型定义。

```
// TypeScript 代码片段
// 这种有初始项目的数组,TypeScript 会推导它们的类型
const strs = ['Hello World', 'Hi World']
const nums = [1, 2, 3]
const bools = [true, true, false]
```

但是，如果一开始是[]，那么就必须显式地指定数组类型（这取决于 tsconfig.json⊖ 的配置，并且可能会引起报错）。

```
// TypeScript 代码片段
// 这个时候会被认为是 any[]或者 never[]类型
const nums = []

// 这个时候再 push 一个 number 数据进去,也不会使其成为 number[]
nums.push( 1 )
```

而对于复杂的数组，比如数组里面的 item 都是对象，其实格式也是一样，只不过把原始数据类

⊖ 可在 3.5 节了解 tsconfig.json 文件的作用。

型换成对象的类型即可，例如 UserItem[] 表示这是一个关于用户的数组列表。

▶▶ 3.3.3 对象（接口）

看完了数组，接下来看对象的用法。对象也是引用类型，在"数组"的最后提到了一个 UserItem[] 的写法，这里的 UserItem 就是一个对象的类型定义。

如果熟悉 JavaScript，那么就知道对象的"键值对"里面的值，可能是由原始数据、数组、对象组成的，所以在 TypeScript，类型定义也是需要根据值的类型来确定它的类型。因此，定义对象的类型应该是一个比较有门槛的知识点。

1. 如何定义对象的类型

对象的类型定义有两个语法支持：type 和 interface。

先看看 type 的写法。

```TypeScript
// TypeScript 代码片段
type UserItem = {
  ...
}
```

再看看 interface 的写法。

```TypeScript
// TypeScript 代码片段
interface UserItem {
  ...
}
```

可以看到，它们表面上的区别是一个有 = 号，一个没有。事实上在一般的情况下也确实如此，两者非常接近，但是在特殊的时候也有一定的区别。

2. 了解接口的使用

为了降低学习门槛，统一使用 interface 来做入门教学，它的写法与 Object 更为接近，事实上它也被用得更多。

对象的类型 interface 也叫作接口，用来描述对象的结构。

对象的类型定义通常采用 Upper Camel Case 大驼峰命名法，也就是每个单词的首字母大写，例如 UserItem、GameDetail。这是为了跟普通变量进行区分（变量通常使用 Lower Camel Case 小驼峰写法，也就是第一个单词的首字母小写，其他首字母大写，例如 userItem）。

下面通过一些例子来举一反三，随时可以在 demo 里进行代码实践。

以用户信息为例。比如要描述 Petter 这个用户，他最基础的信息就是姓名和年龄，那么定义为接口就是这么写：

```TypeScript
// TypeScript 代码片段
// 定义用户对象的类型
interface UserItem {
```

```
  name: string
  age: number
}


// 在声明变量的时候将其关联到类型上
const petter: UserItem = {
  name: 'Petter',
  age: 20,
}
```

如果需要添加数组、对象等类型到属性里，按照上述这样继续追加即可。

3. 可选的接口属性

注意：上面定义的接口类型，表示 name 和 age 都是必选的属性，不可以缺少，一旦缺少，代码运行起来就会报错。

在 src/ts/index.ts 里敲入以下代码，也就是在声明变量的时候故意缺少了 age 属性，来看看会发生什么。

```
// TypeScript 代码片段
// 注意:这是一段会报错的代码

interface UserItem {
  name: string
  age: number
}

const petter: UserItem = {
  name: 'Petter',
}
```

运行 npm run dev:ts 命令，会看到控制台返回的报错信息，缺少了必选的属性 age。

```
src/ts/index.ts:6:7 - error TS2741:
Property 'age' is missing in type '{name: string;}'
but required in type 'UserItem'.

6 const petter: UserItem = {
        ~ ~ ~ ~ ~ ~

  src/ts/index.ts:3:3
    3   age: number
          ~ ~ ~
      'age' is declared here.
```

在实际的业务中，有可能会出现一些属性并不是必需的，就像 age 属性，可以将其设置为可选属性，通过添加? 来定义。

请注意下面代码的第三行，age 后面紧跟了一个? 号再接: 号，这是 TypeScript 对象对于可选属性的一个定义方式。这一次，这段代码是可以成功运行的。

```typescript
// TypeScript 代码片段
interface UserItem {
  name: string
  // 这个属性变成了可选属性
  age?: number
}

const petter: UserItem = {
  name: 'Petter',
}
```

4. 调用自身接口的属性

如果一些属性的结构跟自身一致，也可以直接引用。比如下面例子里的 friendList 属性（用户的好友列表），它就可以继续使用 UserItem 这个接口作为数组的类型。

```typescript
// TypeScript 代码片段
interface UserItem {
  name: string
  age: number
  enjoyFoods: string[]
  // 这个属性引用了自身的类型
  friendList: UserItem[]
}

const petter: UserItem = {
  name: 'Petter',
  age: 18,
  enjoyFoods: ['rice', 'noodle', 'pizza'],
  friendList: [
    {
      name: 'Marry',
      age: 16,
      enjoyFoods: ['pizza', 'ice cream'],
      friendList: [],
    },
    {
      name: 'Tom',
      age: 20,
      enjoyFoods: ['chicken', 'cake'],
      friendList: [],
    }
  ],
}
```

5. 接口的继承

接口还可以继承，比如要对用户设置管理员。管理员信息也是一个对象，但要比普通用户多一个权限级别的属性，那么就可以使用继承，它通过 extends 来实现。

```typescript
// TypeScript 代码片段
interface UserItem {
  name: string
  age: number
  enjoyFoods: string[]
  friendList: UserItem[]
}

// 这里继承了 UserItem 的所有属性类型,并追加了一个权限等级属性
interface Admin extends UserItem {
  permissionLevel: number
}

const admin: Admin = {
  name: 'Petter',
  age: 18,
  enjoyFoods: ['rice', 'noodle', 'pizza'],
  friendList: [
    {
      name: 'Marry',
      age: 16,
      enjoyFoods: ['pizza', 'ice cream'],
      friendList: [],
    },
    {
      name: 'Tom',
      age: 20,
      enjoyFoods: ['chicken', 'cake'],
      friendList: [],
    }
  ],
  permissionLevel: 1,
}
```

如果觉得 Admin 类型不需要记录这么多属性，也可以在继承的过程中舍弃某些属性，通过 Omit 帮助类型来实现，Omit 的类型如下。

```typescript
// TypeScript 代码片段
type Omit<T, K extends string | number | symbol>
```

其中 T 代表已有的一个对象类型，K 代表要删除的属性名。如果只有一个属性就直接是一个字符串，如果有多个属性，就用 | 来分隔开。下面的例子表示的就是删除了两个不需要的属性。

```typescript
// TypeScript 代码片段
interface UserItem {
  name: string
```

```
  age: number
  enjoyFoods: string[]
  friendList?: UserItem[]
}

// 这里在继承 UserItem 类型的时候,删除了两个多余的属性
interface Admin extends Omit<UserItem, 'enjoyFoods' | 'friendList'> {
  permissionLevel: number
}

// 现在的 admin 就非常精简了
const admin: Admin = {
  name: 'Petter',
  age: 18,
  permissionLevel: 1,
}
```

至此,通过上面的学习,读者基本掌握了业务中常见的类型定义了。

▶▶ 3.3.4 类

类是 JavaScript ES6 推出的一个概念,通过 class 关键字可以定义一个对象的模板。TypeScript 通过类得到的变量,它的类型就是这个类,可能这句话看起来有点难以理解,下面来看个例子,可以在 demo 里运行它。

```
// TypeScript 代码片段
// 定义一个类
class User {
  // constructor 上的数据需要先定好类型
  name: string

  // 入参也要定义类型
  constructor(userName: string) {
    this.name = userName
  }

  getName() {
    console.log(this.name)
  }
}

// 通过 new 这个类得到的变量,它的类型就是这个类
const petter: User = new User('Petter')
petter.getName() // Petter
```

类与类之间可以继承。

```
// TypeScript 代码片段
// 这是一个基础类
```

```
class UserBase {
  name: string
  constructor(userName: string) {
    this.name = userName
  }
}

// 这是另外一个类,继承自基础类
class User extends UserBase {
  getName() {
    console.log(this.name)
  }
}

// 这个变量拥有上面两个类的所有属性和方法
const petter: User = new User('Petter')
petter.getName()
```

类也可以提供给接口去继承。

```
// TypeScript 代码片段
// 这是一个类
class UserBase {
  name: string
  constructor(userName: string) {
    this.name = userName
  }
}

// 这是一个接口,可以继承自类
interface User extends UserBase {
  age: number
}

// 这样这个变量就必须同时存在两个属性
const petter: User = {
  name: 'Petter',
  age: 18,
}
```

如果类本身有方法存在，接口在继承的时候也要相应地实现，当然也可以借助 Omit 帮助类去掉这些方法。

```
// TypeScript 代码片段
class UserBase {
  name: string
  constructor(userName: string) {
    this.name = userName
```

```
  }
  // 这是一个方法
  getName() {
    console.log(this.name)
  }
}

//接口继承类的时候也可以去掉类里面的方法
interface User extends Omit<UserBase, 'getName'> {
  age: number
}

// 最终只保留数据属性,不带有方法
const petter: User = {
  name: 'Petter',
  age: 18,
}
```

▶▶ 3.3.5 联合类型

至此,读者对 JavaScript 的数据和对象如何在 TypeScript 定义类型相信没有太大问题了。所以这里先插入一个知识点,在 3.3.3 小节介绍对象(接口)的类型定义时,提到 Omit 的帮助类型,它的类型里面有一个写法是 string | number | symbol,这其实是 TypeScript 的一个联合类型。当一个变量可能出现多种类型值的时候,可以使用联合类型来定义它,类型之间用 | 符号分隔。

举一个简单的例子。下面这个函数接收一个代表"计数"的入参,并拼接成一句话打印到控制台。因为最终打印出来的句子是字符串,所以参数没有必要非得是数值,传字符串也是可以的,所以就可以使用联合类型。

```
// TypeScript 代码片段
// 可以在 demo 里运行这段代码
function counter(count: number | string) {
  console.log(`The current count is: ${count}.`)
}

// 不论传数值还是字符串,都可以达到目的
counter(1)    // The current count is: 1.
counter('2')  // The current count is: 2.
```

注意在上面 counter 函数的 console.log 语句里,使用了 ` 符号来定义字符串,这是 ES6 语法里的模板字符串,它和传统的单引号和双引号相比更为灵活,特别是遇到字符串需要配合多变量拼接和换行的情况时。

如果读者对 JavaScript 后面推出的新语法不太熟悉的话,很容易和单引号混淆。在学名上,它也被称为"反引号"(Backquote),可以使用标准键盘的<ESC>键下方、也就是<1>键左边的那个按键打出来。

在实际的业务场景中，例如 Vue 的路由在不同的数据结构里也有不同的类型。有时候需要通过路由实例来判断是否符合要求的页面，也需要用到这种联合类型。

```TypeScript
// TypeScript 代码片段
// 注意:这不是完整的代码,只是一个使用场景示例
import type {RouteRecordRaw, RouteLocationNormalizedLoaded} from 'vue-router'

function isArticle(
  route: RouteRecordRaw | RouteLocationNormalizedLoaded
): boolean {
  // ...
}
```

再举个例子，用 Vue 做页面会涉及子组件或者 DOM 的操作，当它们还没有渲染出来时，获取到的是 null，渲染后才能拿到组件或者 DOM 结构，这种场景也可以使用联合类型。

```TypeScript
// TypeScript 代码片段
// querySelector 拿不到 DOM 的时候返回 null
const ele: HTMLElement | null = document.querySelector('.main')
```

最后这个使用场景在 Vue 单组件的 5.5.3 小节里有相关的详细讲解。

当决定使用联合类型的时候，大部分情况下可能需要对变量做一些类型判断再写逻辑，当然有时候也无所谓，就像第一个例子拼接字符串那样。

本节做简单了解即可，因为下面会继续配合不同的知识点把联合类型再次拿出来讲，比如 3.3.6 小节里关于函数的重载部分。

▶▶ 3.3.6 函数

函数是 JavaScript 里最重要的成员之一，所有的功能实现都是基于函数的。

1. 函数的基本写法

在 JavaScript，函数有很多种写法。

```JavaScript
// JavaScript 代码片段

// 写法一:函数声明
function sum1(x, y) {
  return x + y
}

// 写法二:函数表达式
const sum2 = function (x, y) {
  return x + y
}

// 写法三:箭头函数
```

```
const sum3 = (x, y) => x + y

// 写法四:对象上的方法
const obj = {
  sum4(x, y) {
    return x + y
  },
}

// 还有很多……
```

函数离不开两个最核心的操作:输入与输出,也就是对应函数的"入参"和"返回值"。在 TypeScript,函数本身和 TypeScript 类型有关系的也是这两个地方。

函数的入参是把类型写在参数后面,返回值是写在圆括号后面。把上面在 JavaScript 的几个写法,转换成 TypeScript 看看区别在哪里,代码如下。

```
// TypeScript 代码片段

// 写法一:函数声明
function sum1(x: number, y: number): number {
  return x + y
}

// 写法二:函数表达式
const sum2 = function(x: number, y: number): number {
  return x + y
}

// 写法三:箭头函数
const sum3 = (x: number, y: number): number => x + y

// 写法四:对象上的方法
const obj = {
  sum4(x: number, y: number): number {
    return x + y
  }
}

// 还有很多……
```

函数的类型定义也是非常简单的,掌握这个技巧可以解决大部分常见函数的类型定义问题。

2. 函数的可选参数

在实际业务中,会遇到有一些函数入参是可选的,和 3.3.3 小节的对象(接口)一样,可以用?号来定义。

```
// TypeScript 代码片段
// 注意 isDouble 这个入参后面有个 ? 号,表示可选
```

```
function sum(x: number, y: number, isDouble?: boolean): number {
  return isDouble ? (x + y) * 2 : x + y
}

// 这样传参不会报错，因为第三个参数是可选的
sum(1, 2) // 3
sum(1, 2, true) // 6
```

需要注意的是，可选参数必须排在必传参数的后面。

3. 无返回值的函数

除了有返回值的函数，更多时候是不带返回值的函数。例如下面这个例子，这种函数用 void 来定义它的返回，也就是空。

```
// TypeScript 代码片段
// 注意这里的返回值类型
function sayHi(name: string): void {
  console.log(`Hi, ${name}!`)
}

sayHi('Petter') // Hi, Petter!
```

需要注意的是，void 和 null、undefined 不可以混用，如果函数返回值类型是 null，那么是真的需要 return 一个 null 值的。

```
// TypeScript 代码片段
// 只有返回 null 值才能定义返回类型为 null
function sayHi(name: string): null {
  console.log(`Hi, ${name}!`)
  return null
}
```

有时候要判断参数是否合法，不符合要求时需要提前终止执行（比如在做一些表单校验的时候），这种情况下也可以用 void。

```
// TypeScript 代码片段
function sayHi(name: string): void {
  // 这里判断参数不符合要求则提前终止运行，但它没有返回值
  if (!name) return

  // 否则正常运行
  console.log(`Hi, ${name}!`)
}
```

4. 异步函数的返回值

对于异步函数，需要用 Promise<T> 类型来定义它的返回值。这里的 T 是泛型，取决于函数最终返回一个什么样的值（async/await 也适用这个类型）。

例如下面这个例子。这是一个异步函数，会 resolve 一个字符串，所以它的返回类型是 Promise <string>（假如没有 resolve 数据，那么就是 Promise<void>）。

```
// TypeScript 代码片段
// 注意这里的返回值类型
function queryData(): Promise<string> {
  return new Promise((resolve) => {
    setTimeout(() => {
      resolve('Hello World')
    }, 3000)
  })
}

queryData().then((data) => console.log(data))
```

5. 函数本身的类型

细心的读者可能会有个疑问，通过函数表达式或者箭头函数声明的函数，好像只对函数体的类型进行了定义，而左边的变量并没有指定。没错，确实没有为这个变量指定类型。

```
// TypeScript 代码片段
// 这里的 sum 确实没有指定类型
const sum = (x: number, y: number): number => x + y
```

这是因为，TypeScript 通常会根据函数体自动推导，所以可以省略这里的定义。如果确实有必要，可以用下面的方式来定义等号左边的类型。

```
// TypeScript 代码片段
const sum: (x: number, y: number) => number = (x: number, y: number): number =>
  x + y
```

这里出现了两个箭头=>，注意第一个箭头是 TypeScript 的，第二个箭头是 JavaScript ES6 的。实际上面这句代码分成了以下 3 部分。

1）const sum：(x: number, y: number) = > number：这里是函数的名称和类型。

2）= (x：number, y：number)：这里指明了函数的入参和类型。

3)：number => x + y：这里是函数的返回值和类型。

第 2）和 3）点相信从上面的例子已经能够理解了，所以下面重点解释第 1 点：

TypeScript 的函数类型是以() = > void 的形式来写的；左侧圆括号是函数的入参类型，如果没有参数，就只有一个圆括号，如果有参数，就按照参数的类型写进去；右侧则是函数的返回值。

事实上，由于 TypeScript 会自动推导函数类型，所以很少会显式地写出来，除非在给对象定义方法。

```
// TypeScript 代码片段
// 对象的接口
interface Obj {
  // 上面的方法就需要显式地定义出来
```

```
  sum: (x: number, y: number) => number
}

// 声明一个对象
const obj: Obj = {
  sum(x: number, y: number): number {
    return x + y
  }
}
```

6. 函数的重载

在实际开发中，可能会接触到一个 API 有多个 TypeScript 类型的情况，比如 5.9.1 小节里讲解的 Vue 的 watch API。

Vue 的 watch API 在被调用时，需要接收一个数据源参数。当侦听单个数据源时，它匹配了类型 1，当传入一个数组侦听多个数据源时，它匹配了类型 2。这个知识点其实就是 TypeScript 里的函数重载。

先来看不用重载时的代码应该怎么写。

```
// TypeScript 代码片段
// 对单人或者多人打招呼
function greet(name: string | string[]): string | string[] {
  if (Array.isArray(name)) {
    return name.map((n) => `Welcome, ${n}!`)
  }
  return `Welcome, ${name}!`
}

// 单个问候语
const greeting = greet('Petter')
console.log(greeting) // Welcome, Petter!

// 多个问候语
const greetings = greet(['Petter', 'Tom', 'Jimmy'])
console.log(greetings)
// [ 'Welcome, Petter!', 'Welcome, Tom!', 'Welcome, Jimmy!' ]
```

注意：这里的入参和返回值使用了 TypeScript 的联合类型。

虽然代码逻辑部分比较清晰，区分了入参的数组类型和字符串类型，返回了不同的结果，但是入参和返回值的类型却显得非常乱。并且这样写，下面在调用函数时，定义的变量也无法准确地获得它们的类型。

```
// TypeScript 代码片段
// 此时这个变量依然可能有多个类型
const greeting: string | string[]
```

如果要强制确认类型，需要使用 TypeScript 的类型断言（留意后面的 as 关键字）。

```
// TypeScript 代码片段
const greeting = greet('Petter') as string
const greetings = greet(['Petter', 'Tom', 'Jimmy']) as string[]
```

这无形增加了编码时的心智负担。此时，利用 TypeScript 的函数重载就非常有用。下面来看具体的实现。

```
// TypeScript 代码片段
// 这一次用了函数重载
function greet(name: string): string  // TypeScript 类型
function greet(name: string[]): string[]  // TypeScript 类型
function greet(name: string | string[]) {
  if (Array.isArray(name)) {
    return name.map((n) => `Welcome, ${n}!`)
  }
  return `Welcome, ${name}!`
}

// 单个问候语,此时只有一个类型 string
const greeting = greet('Petter')
console.log(greeting) // Welcome, Petter!

// 多个问候语,此时只有一个类型 string[]
const greetings = greet(['Petter', 'Tom', 'Jimmy'])
console.log(greetings)
// [ 'Welcome, Petter!', 'Welcome, Tom!', 'Welcome, Jimmy!' ]
```

上面是利用函数重载优化后的代码，可以看到一共写了 3 行 "function greet ……"，区别如下。

1）第 1 行是函数的 TypeScript 类型，告知 TypeScript，当入参为 string 类型时，返回值也是 string。

2）第 2 行也是函数的 TypeScript 类型，告知 TypeScript，当入参为 string[] 类型时，返回值也是 string[]。

3）第 3 行开始才是真正的函数体。这里的函数入参需要把可能涉及的类型都写出来，用以匹配前两行的类型。并且这种情况下，函数的返回值类型可以省略，因为在第 1、2 行里已经定义过返回类型了。

▶▶ 3.3.7 任意值

如果实在不知道应该如何定义一个变量的类型，TypeScript 也允许使用任意值。

还记得在 3.1 节为什么需要类型系统里用的那个例子吗？再次将其放到 src/ts/index.ts 里。

```
// TypeScript 代码片段
// 这段代码在 TypeScript 里运行会报错
function getFirstWord(msg) {
  console.log(msg.split('')[0])
```

```
}

getFirstWord('Hello World')

getFirstWord(123)
```

运行 npm run dev:ts 命令的时候，会得到一句报错 "Parameter 'msg' implicitly has an 'any' type."
提示，意思是这个参数带有隐式 any 类型。这里的 any 类型就是 TypeScript 任意值。

既然报错是"隐式"的，那"显式"指定就可以了。当然，为了程序能够正常运行，还需提高
一下函数体内代码的健壮性。

```
// TypeScript 代码片段
// 这里的入参显式指定了 any
function getFirstWord(msg: any) {
  // 这里使用了 String 来避免程序报错
  console.log(String(msg).split('')[0])
}

getFirstWord('Hello World')

getFirstWord(123)
```

这次就不会报错了，不论是传 string 或 number，还是其他类型，都可以正常运行。使用 any 类型
的目的是在开发的过程中，可以不必在无法确认类型的地方消耗太多时间，不过不代表不需要注意代
码的健壮性。

一旦使用了 any 类型，代码里的逻辑请务必考虑多种情况进行判断或者处理兼容。

▶▶ 3.3.8　npm 包

虽然目前 npm 安装包基本都自带了 TypeScript 类型，不过也存在一些包没有默认支持 TypeScript，
比如前面提到的 md5 包。在 TypeScript 文件里导入并使用这个包的时候，会编译失败。比如在 3.2 节
的 Hello TypeScript demo 里敲入以下代码。

```
// TypeScript 代码片段
// src/ts/index.ts
import md5 from 'md5'
console.log(md5('Hello World'))
```

在命令行执行 npm run dev:ts 命令之后，会得到一段报错信息。

```
src/ts/index.ts:1:17 - error TS7016:
Could not find a declaration file for module 'md5'.
'D:/Project/demo/hello-node/node_modules/md5/md5.js' implicitly has an 'any' type.
  Try `npm i --save-dev @types/md5` if it exists
  or add a new declaration (.d.ts) file
  containing `declare module 'md5';`
```

```
1 import md5 from 'md5'
  ~ ~ ~ ~ ~
```

这是因为缺少 md5 包的类型定义，根据命令行的提示，安装@types/md5 包。

这些包是早期用 JavaScript 编写的，因为功能够用包的作者也没有进行维护更新，所以缺少相应的 TypeScript 类型。因此，开源社区推出了一套 @types 类型包，专门处理这样的情况。

@types 类型包的命名格式为@types/<package-name>，也就是在原有的包名前面拼接@types。日常开发要用到的知名 npm 包都会有相应的类型包，只需要将其安装到 package.json 的 devDependencies 里即可解决该问题。

下面来安装一下 md5 的类型包。

```
npm install -D @types/md5
```

再次运行就不会报错了。

```
npm run dev:ts

> demo@1.0.0 dev:ts
> ts-node src/ts/index.ts

b10a8db164e0754105b7a99be72e3fe5
```

▶▶ 3.3.9　类型断言

在 3.3.6 节讲解函数的重载时，提到了一个用法：

```
// TypeScript 代码片段
const greeting = greet('Petter') as string
```

这里的"值 as 类型"就是 TypeScript 类型断言的语法，它还有另外一个语法是"<类型>值"。

当一个变量应用了联合类型时，在某些时候如果不显式地指明其中一种类型，可能会导致后续的代码运行报错。这个时候就可以通过类型断言强制指定其中一种类型，以便程序顺利运行下去。

1. 常见的使用场景

把函数重载时最开始用到的那个例子，也就是下面的代码放到 src/ts/index.ts 里。

```
// TypeScript 代码片段
// 对单人或者多人打招呼
function greet(name: string | string[]): string | string[] {
  if (Array.isArray(name)) {
    return name.map((n) => `Welcome, ${n}!`)
  }
  return `Welcome, ${name}!`
}
```

```
// 虽然已知此时应该是 string[]
// 但 TypeScript 还是会认为这是 string | string[]
const greetings = greet(['Petter', 'Tom', 'Jimmy'])

// 这样会导致无法使用 join 方法
const greetingSentence = greetings.join('')
console.log(greetingSentence)
```

执行 npm run dev:ts 命令，可以清楚地看到报错原因：因为 string 类型不具备 join 方法。

```
src/ts/index.ts:11:31 - error TS2339:
Property 'join' does not exist on type 'string | string[]'.
  Property 'join' does not exist on type 'string'.

11 const greetingStr = greetings.join('')
                                  ~~~~
```

此时利用类型断言就可以达到目的。

```
// TypeScript 代码片段
// 对单人或者多人打招呼
function greet(name: string | string[]): string | string[] {
  if (Array.isArray(name)) {
    return name.map((n) => `Welcome, ${n}!`)
  }
  return `Welcome, ${name}!`
}

// 已知此时应该是 string[]，所以用类型断言将其指定为 string[]
const greetings = greet(['Petter', 'Tom', 'Jimmy']) as string[]

// 现在可以正常使用 join 方法了
const greetingSentence = greetings.join('')
console.log(greetingSentence)
```

2. 需要注意的事项

不过不要滥用类型断言，建议在能够确保代码正确运行的情况下去使用它，下面来看一个反例。

```
// TypeScript 代码片段
// 原本要求 age 也是必需的属性之一
interface User {
  name: string
  age: number
}

// 但是在类型断言过程中遗漏了
const petter = {} as User
petter.name = 'Petter'
```

```
// TypeScript 依然可以运行下去,但实际上数据是不完整的
console.log(petter) // {name:'Petter'}
```

使用类型断言可以让 TypeScript 不检查代码,它会认为代码是对的。所以,务必保证自己的代码能正确运行。

▶▶ 3.3.10　类型推论

类型推论又称类型推导、类型推断,是指编程语言中在编译期自动推导出值的数据类型的能力,在 TypeScript 里也具备了这个能力。

还记得在 3.3.1 小节讲原始数据类型的时候,最后提到的"不过在实际的编程过程中,原始数据类型的类型定义是可以省略的,因为 TypeScript 会根据声明变量时赋值的类型,自动推导变量类型"。这其实是 TypeScript 的类型推论功能。当在声明变量的时候可以确认它的值,那么 TypeScript 也可以在这个时候自动推导它的类型,这种情况下就可以省略一些代码量。

下面这个变量这样声明是可以的,因为 TypeScript 会自动推导 msg 是 string 类型。

```
// TypeScript 代码片段
// 相当于 msg: string
let msg = 'Hello World'

// 所以赋值为 number 类型时会报错
msg = 3 // Type 'number' is not assignable to type 'string'
```

下面这段代码也是可以正常运行的。因为 TypeScript 会根据 return 的结果推导 getRandomNumber 的返回值是 number 类型,从而推导变量 num 也是 number 类型。

```
// TypeScript 代码片段
// 相当于 getRandomNumber(): number
function getRandomNumber() {
  return Math.round(Math.random() * 10)
}

// 相当于 num: number
const num = getRandomNumber()
```

类型推论的前提是变量在声明时有明确的值,如果一开始没有赋值,那么会被默认为 any 类型。

```
// TypeScript 代码片段
// 此时相当于 foo: any
let foo

// 所以可以任意改变类型
foo = 1 // 1
foo = true // true
```

类型推论可以帮助开发者节约很多代码书写工作量,在确保变量初始化有明确值的时候,可以省

略其类型，但必要的时候，该写上的还是要写上。

3.4 如何编译为 JavaScript 代码

前面学习的时候，一直是基于 dev:ts 命令，它调用的是 ts-node 来运行 TS 文件。

```json
// JSON 代码片段
{
  ...
  "scripts": {
    ...
    "dev:ts": "ts-node src/ts/index.ts"
  }
  ...
}
```

但最终可能需要的是一个 JavaScript 文件，比如要通过<script src>来放到 HTML 页面里，这就涉及对 TypeScript 的编译了。

下面来看如何把一个 TypeScript 文件编译成 JavaScript 文件，让其从 TypeScript 代码变成 JavaScript 代码。

▶▶ 3.4.1 编译单个文件

先在 package.json 里增加一个 build script。

```json
// JSON 代码片段
{
  "name": "hello-node",
  "version": "1.0.0",
  "description": "",
  "main": "index.js",
  "scripts": {
    "dev:cjs": "node src/cjs/index.cjs",
    "dev:esm": "node src/esm/index.mjs",
    "dev:ts": "ts-node src/ts/index.ts",
    "build": "tsc src/ts/index.ts --outDir dist",
    "compile": "babel src/babel --out-dir compiled",
    "serve": "node server/index.js"
  },
  "keywords": [],
  "author": "",
  "license": "ISC",
  "dependencies": {
    "md5": "^2.3.0"
  },
```

```
  "devDependencies": {
    "@types/md5": "^2.3.2",
    "ts-node": "^10.7.0",
    "typescript": "^4.6.3"
  }
}
```

在命令行运行 npm run build 命令的时候，就会把 src/ts/index.ts TypeScript 编译，并输出到项目里与 src 文件夹同级的 dist 目录下。

其中 tsc 是 TypeScript 用来编译文件的命令，--outDir 是它的一个选项，用来指定输出目录。如果不指定，则默认生成到源文件所在的目录下面。

把在 3.3.6 小节里关于函数的重载用过的例子放到 src/ts/index.ts 文件里，因为它是一段比较典型的、包含了多个知识点的 TypeScript 代码。

```
// TypeScript 代码片段
// 对单人或者多人打招呼
function greet(name: string): string
function greet(name: string[]): string[]
function greet(name: string | string[]) {
  if (Array.isArray(name)) {
    return name.map((n) => `Welcome, ${n}!`)
  }
  return `Welcome, ${name}!`
}

// 单个问候语
const greeting = greet('Petter')
console.log(greeting)

// 多个问候语
const greetings = greet(['Petter', 'Tom', 'Jimmy'])
console.log(greetings)
```

可以先执行 npm run dev:ts 命令测试它的可运行性。当然，如果期间代码运行有问题，在编译阶段也会报错。

现在来编译它，在命令行输入 npm run build 命令，并按回车键执行。可以看到多了一个 dist 文件夹，里面多了一个 index.js 文件。

```
hello-node
|  # 构建产物
├── dist
|  |  # 编译后的 JS 文件
|  └── index.js
|  # 依赖文件夹
├── node_modules
|  # 源码文件夹
```

```
├─src
│ # 锁定安装依赖的版本号
├─package-lock.json
│ # 项目清单
└─package.json
```

index.js 文件里面的代码如下。

```javascript
// JavaScript 代码片段
function greet(name) {
  if (Array.isArray(name)) {
    return name.map(function (n) {
      return 'Welcome, '.concat(n, '!')
    })
  }
  return 'Welcome, '.concat(name, '!')
}
// 单个问候语
var greeting = greet('Petter')
console.log(greeting)
// 多个问候语
var greetings = greet(['Petter', 'Tom', 'Jimmy'])
console.log(greetings)
```

可以看到已经成功把 TypeScript 代码编译成 JavaScript 代码了。

在命令行执行 node dist/index.js 命令，像之前测试 JavaScript 文件一样使用 node 命令，运行 dist 目录下的 index.js 文件，它可以正确运行。

```
node dist/index.js
Welcome, Petter!
[ 'Welcome, Petter!', 'Welcome, Tom!', 'Welcome, Jimmy!' ]
```

▶▶ 3.4.2 编译多个模块

3.4.1 小节只是编译一个 index.ts 文件，如果 index.ts 里引入了其他模块，此时 index.ts 将作为入口文件，入口文件导入的模块也会被 TypeScript 一并编译。

拆分一下模块，把 greet 函数单独抽离成一个模块文件 src/ts/greet.ts。

```typescript
// TypeScript 代码片段
// src/ts/greet.ts
function greet(name: string): string
function greet(name: string[]): string[]
function greet(name: string | string[]) {
  if (Array.isArray(name)) {
    return name.map((n) => `Welcome, ${n}!`)
  }
  return `Welcome, ${name}!`
```

```
}

export default greet
```

在 src/ts/index.ts 把这个模块导入。

```
// TypeScript 代码片段
// src/ts/index.ts
import greet from './greet'

// 单个问候语
const greeting = greet('Petter')
console.log(greeting)

// 多个问候语
const greetings = greet(['Petter', 'Tom', 'Jimmy'])
console.log(greetings)
```

原来的 build script 无须修改，依然只编译 index.ts，但因为导入了 greet.ts，所以 TypeScript 也会一并编译。接下来运行 npm run build 命令，现在 dist 目录下就有两个文件了。

```
hello-node
| # 构建产物
├──dist
| ├──greet.js  # 多了这个文件
| └──index.js
|
| # 其他文件这里省略
└──package.json
```

下面来看这一次的编译结果，先看 greet.js：

```
// JavaScript 代码片段
// dist/greet.js
'use strict'
exports.__esModule = true
function greet(name) {
  if (Array.isArray(name)) {
    return name.map(function (n) {
      return 'Welcome, '.concat(n, '!')
    })
  }
  return 'Welcome, '.concat(name, '!')
}
exports['default'] = greet
```

再看 index.js：

```
// JavaScript 代码片段
// dist/index.js
```

```
'use strict'
exports.__esModule = true
var greet_1 = require('./greet')
// 单个问候语
var greeting = (0, greet_1['default'])('Petter')
console.log(greeting)
// 多个问候语
var greetings = (0, greet_1['default'])(['Petter', 'Tom', 'Jimmy'])
console.log(greetings)
```

代码风格读者有没有觉得似曾相识？是的，就是前面 2.4.3 小节提到的 CJS 模块代码。其实在编译单个文件代码的时候，它也是 CJS。只不过因为只有一个文件，没有涉及模块化，所以第一眼看不出来。

还是在命令行执行 node dist/index.js 命令，虽然也是运行 dist 目录下的 index.js 文件，但这次它的作用是充当一个入口文件，引用到的 greet.js 模块文件也会被调用。

这次一样可以得到正确的结果。

```
node dist/index.js
Welcome, Petter!
[ 'Welcome, Petter!', 'Welcome, Tom!', 'Welcome, Jimmy!' ]
```

▶▶ 3.4.3 修改编译后的 JavaScript 版本

还可以修改编译配置，让 TypeScript 编译成不同的 JavaScript 版本。修改 package.json 里的 build script，在原有的命令后面增加一个--target 选项。

```
// JSON 代码片段
{
  ...
  "scripts": {
    ...
    "build": "tsc src/ts/index.ts --outDir dist --target es6"
  }
    ...
}
```

--target 选项的作用是控制编译后的 JavaScript 版本，可选的值目前有 es3，es5，es6，es2015，es2016，es2017，es2018，es2019，es2020，es2021，es2022，esnext 等，分别对应不同的 JavaScript 规范（所以未来的可选值会根据 JavaScript 规范一起增加）。

之前编译出来的 JavaScript 是 CJS，本次配置的是 es6，这是支持 ESM 规范的版本。通常还需要配置一个--module 选项，用于决定编译后是 CJS 规范还是 ESM 规范，但如果缺省，会根据--target 来决定。

再次在命令行运行 npm run build 命令，这次来看变成了什么，先看 greet.js：

```javascript
// JavaScript 代码片段
// dist/greet.js
function greet(name) {
  if (Array.isArray(name)) {
    return name.map((n) =>`Welcome, ${n}!`)
  }
  return`Welcome, ${name}!`
}
export default greet
```

再看 index.js：

```javascript
// JavaScript 代码片段
// dist/index.js
import greet from './greet'
// 单个问候语
const greeting = greet('Petter')
console.log(greeting)
// 多个问候语
const greetings = greet(['Petter', 'Tom', 'Jimmy'])
console.log(greetings)
```

这次编译出来的都是基于 ES6 的 JavaScript 代码。因为涉及 ESM 模块，所以不能直接在 node 运行它了，可以手动改一下扩展名，改成.mjs（包括 index 文件里导入的 greet 文件名也要改），然后再运行 node dist/index.mjs。

▶▶ 3.4.4 其他事项

在 3.4.1 小节编译单个文件和在 3.4.2 小节编译多个模块的时候，相信读者应该都能理解。但是来到 3.4.3 小节，事情就开始变得复杂起来，编译的选项和测试成本都相应地增加了很多。

事实上刚才编译的 JavaScript 文件，因为涉及 ESM 模块化，是无法通过普通的<script />标签在 HTML 页面里使用的（单个文件可以，因为没有涉及模块），不仅需要加上 ESM 模块所需的<script type = "module" />属性，本地开发还需要启动本地服务器通过 HTTP 协议访问页面，才允许在浏览器里使用 ESM 模块（详见 2.4.4 小节）。

因此在实际的项目开发中，需要借助构建工具来处理很多编译过程中的兼容性问题，以降低开发成本。

而刚才用到的诸如--target 这样的选项，可以用一个更简单的方式来管理，类似于 package.json 项目清单。TypeScript 也有一份适用于项目的配置清单，详见 3.5 节。

3.5 了解 tsconfig.json

TypeScript 项目一般都会有一个 tsconfig.json 文件，放置于项目的根目录下。这个文件的作用是用来管理 TypeScript 在编译过程中的一些选项配置。

在开始之前，需要全局安装一下 TypeScript。

```
npm install -g typescript
```

这样就可以使用 TypeScript 提供的全局功能了，可以直接在命令行里使用 tsc 命令（之前本地安装的时候，需要封装成 package.json 的 script 才能调用它）。

依然是用的 Hello TypeScript demo，记得先通过 cd 命令进入项目所在的目录。在命令行输入 tsc --init，这是 TypeScript 提供的初始化功能，会生成一个默认的 tsconfig.json 文件。

```
tsc --init

Created a new tsconfig.json with:
TS
    target: es2016
    module: commonjs
    strict: true
    esModuleInterop: true
    skipLibCheck: true
    forceConsistentCasingInFileNames: true


You can learn more at https://aka.ms/tsconfig.json
```

现在的目录结构多了一个 tsconfig.json 文件。

```
hello-node
| # 构建产物
├──dist
| # 依赖文件夹
├──node_modules
| # 源码文件夹
├──src
| # 锁定安装依赖的版本号
├──package-lock.json
| # 项目清单
├──package.json
| # TypeScript 配置,多出来的文件
└──tsconfig.json
```

每一个 tsc 命令行的选项，都可以作为这个 JSON 的一个字段来管理。例如刚才的 --outDir 和 --target 选项，在这个 JSON 文件里对应的就是：

```
// JSON 代码片段
{
  "compilerOptions": {
    "target": "es6",
    "module": "es6",
```

```
    "outDir": "./dist"
  }
}
```

可以直接在生成的 tsconfig.json 上面修改。下面来看效果，这一次不需要用到 package.json 里的 build script 了，直接在命令行运行 tsc 命令，它现在会根据配置的 tsconfig.json 文件，按照要求来编译。

可以看到它依然按照要求在 dist 目录下生成编译后的 JavaScript 文件，而且这一次的编译结果和在 build script 里使用 tsc src/ts/index.ts --outDir dist --target es6 这一长串命令是一样的。

所以正常工作中，都是使用 tsconfig.json 来管理 TypeScript 的配置的。完整的选项可以查看 TypeScript 官网的 tsconfig 配置文档（见附录）。不过实际工作中的项目都是通过一些脚手架创建的，例如 Vue CLI，或者现在的 Create Vue 和 Create Preset，都会在创建项目模板的时候提前配置好通用的选项，只需要在不满足条件的情况下去调整即可。

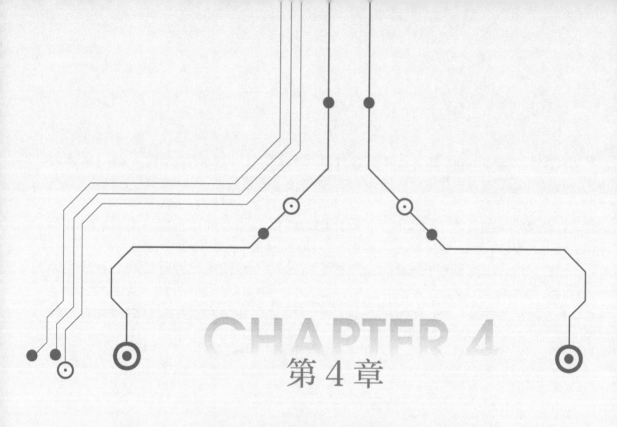

CHAPTER 4
第 4 章

脚手架的升级与配置

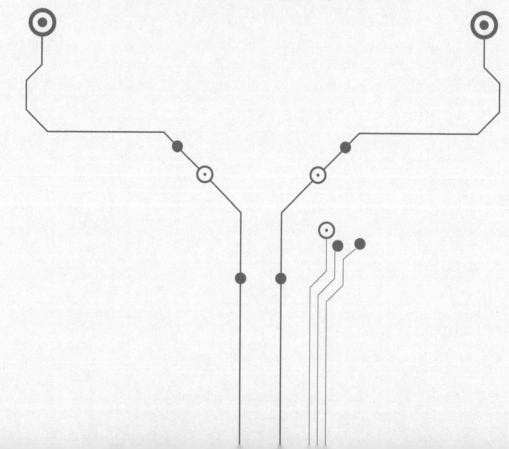

相信阅读过 1.3 节的读者可以轻松地想到本书接下来关于 Vue 3 的学习都将基于前端工程化展开。本章将介绍如何配置 Vue 3 的开发环境，并创建基于前端工程化的 Vue 3 项目。

读者如果还不熟悉 Node.js、npm 依赖管理等前端工程化工具链的使用，请先阅读第 2 章工程化的前期准备。

4.1 全新的 Vue 版本

在 2022 年 2 月 7 日，Vue 3 代替了 Vue 2 成为 Vue 的默认版本，有一些注意事项需要留意。

▶▶ 4.1.1 使用 Vue 3

在 npmjs 网站 Vue 主页的版本列表（见图 4-1）上面，可以看到当前已使用 3.x.x 的版本号作为 latest 这个 Tag 对应的版本，也就是运行 npm i vue 默认会安装 Vue 3 了，无须再和以前一样，需要指定 vue@next 才可以安装 Vue 3。

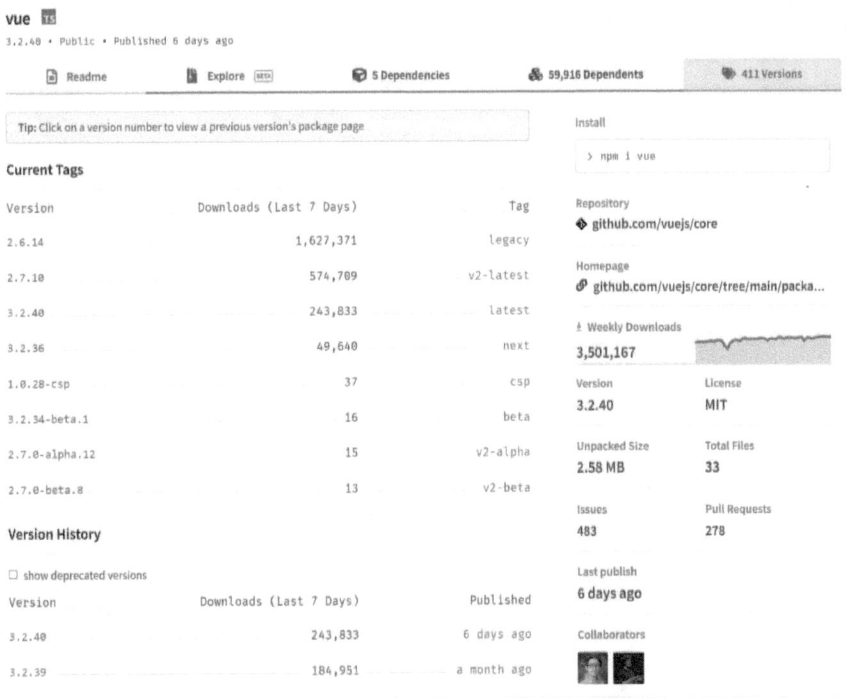

● 图 4-1　Vue 在 npmjs 上的版本列表

包括 vue-router、vuex、vue-loader 和@vue/test-utils 等相关的生态，同样不需要指定 next 版本了，都配合 Vue 3 指定了新的 latest 默认版本。

同时 Vue 生态的所有官方文档也都默认切换到 Vue 3 版本，可在本书附录了解最新的官方资源站点。

▶▶ 4.1.2　使用 Vue 2

如果还需要使用 Vue 2，则在安装的时候需要手动指定 Tag 为 legacy 或者 v2-latest 才能安装 Vue 2。

```
# 安装 2.6.x 的最新版本
npm i vue@legacy

# 安装 2.7.x 的最新版本
npm i vue@v2-latest
```

注意：Vue 2 配对了两个不同的 Tag，分别对应 2.7 系列和 2.6 系列。

Vue 2.7 系列是在 Vue 2 的基础上，对标 Vue 3 的功能支持所做的升级，主要是面向想使用 Vue 3 的新特性，但顾虑于产品对旧浏览器的支持而无法贸然升级的开发者。

对于一些没有打 Tag 的 Vue 2 相关生态（如 vuex 截止到撰写本书时还没有为旧版本打 Tag），则需要显式地指定版本号才可以安装配套的程序。

```
# 显式地指定具体版本号安装
npm i vuex@3.6.2
```

如果之前使用了 latest 标签或 * 从 npm 安装 Vue 或其他官方库，需确保项目下的 package.json 文件能够明确使用兼容 Vue 2 的版本。

```
# Diff 代码片段
{
  "dependencies": {
-  "vue": "latest",
+  "vue": "^2.6.14",
-  "vue-router": "latest",
+  "vue-router": "^3.5.3",
-  "vuex": "latest"
+  "vuex": "^3.6.2"
  },
  "devDependencies": {
-  "vue-loader": "latest",
+  "vue-loader": "^15.9.8",
-  "@vue/test-utils": "latest"
+  "@vue/test-utils": "^1.3.0"
  }
}
```

上面代码块里的–号代表移除，+号代表新增。这是一种 Diff 风格的排版，表明修改前后的变化，后文如有类似的代码风格也是同理。

4.2　Hello Vue 3

如果想早点开始 Vue 3 的世界，可以通过以下命令直接创建一个启动项目。

```
# 全局安装脚手架
npm install -g create-preset

# 使用 vue3-ts-vite 模板创建一个名为 hello-vue3 的项目
preset init hello-vue3 --template vue3-ts-vite
```

这是一个基于 Vite+TypeScript+Vue 3+Pinia 的项目启动模板，可以使用这个项目来练习后面的案例代码。创建完成后可以直接跳转到 4.7 节安装 VSCode 和 4.8 节添加 VSCode 插件继续学习。

如果网络问题下载失败，可以先执行 preset proxy on 开启加速镜像代理下载。

当然还是希望读者继续阅读 4.3 节使用 Vite 创建项目和 4.4 节使用@vue/cli 创建项目这两部分内容，了解 Vue 3 主流的项目创建方案。

4.3　使用 Vite 创建项目

Vite 是由 Vue 作者尤雨溪先生带领团队开发的一个构建工具，它利用浏览器原生支持 ES 模块的特点，极大提升了开发体验。自 2021 年 1 月发布 2.0 版本以来，发展非常快，笔者也在第一时间参与贡献了一些文档和插件。并且在 2021 年，个人项目已经全面切换到 Vite，公司业务也在 2021 年年底开始使用 Vite 创建新项目，整体情况非常稳定，前景非常乐观。笔者是非常推荐升级技术栈的。

在这里推荐以下几种创建 Vite 项目的方式：create-vite、create-vue 和 create-preset。

▶▶ 4.3.1　create-vite

create-vite 是 Vite 官方推荐的一个脚手架工具，可以创建基于 Vite 的不同技术栈基础模板。

运行以下命令创建模板项目，再按照命令行的提示操作（选择 vue 技术栈进入），即可创建一个基于 Vite 的基础空项目。

```
npm create vite
```

不过这个方式创建的项目非常基础，如果需要用到 Router、Pinia、ESLint 等程序，都需要再单独安装和配置，所以推荐使用 4.3.3 小节的 Create Preset 方式。

▶▶ 4.3.2　create-vue

create-vue 是 Vue 官方推出的一个新脚手架，用以代替基于 Webpack 的 Vue CLI，它可以创建基于 Vite 的 Vue 基础模板。

运行以下命令创建模板项目，然后根据命令行的提示操作即可。

```
npm init vue@3
```

▶▶ 4.3.3 create-preset

create-preset 是 Awesome Starter 的 CLI 脚手架，提供快速创建预设项目的能力，可以创建一些有趣实用的项目启动模板，也可以用来管理常用的项目配置。

1. 简单使用

可以通过包管理器直接创建配置，然后按照命令行的提示操作，即可创建开箱即用的模板项目。

```
npm create preset
```

在这里选择 vue 技术栈进入，选择 vue3-ts-vite 创建一个基于 Vite + Vue 3 + TypeScript 的项目启动模板。

如果下载失败，可以通过 npm create preset proxy on 开启加速镜像代理下载。

2. 全局安装

也可以像使用@vue/cli 一样，全局安装到本地，通过 preset init 命令来创建项目。笔者推荐全局安装它，用起来更方便，下面是全局安装的命令。

```
npm install -g create-preset
```

可以通过下面这个命令来检查安装是否成功，如果成功，将会得到一个版本号。

```
preset -v
```

然后可以通过--template 选项直接指定一个模板创建项目，在这里使用 vue3-ts-vite 模板创建一个名为 hello-vue3 的项目。

```
preset init hello-vue3 --template vue3-ts-vite
```

常用的项目模板也可以绑定为本地配置，可在 Create Preset 官方文档查看完整的使用教程。

▶▶ 4.3.4 管理项目配置

不论使用上面哪种方式创建项目，在项目的根目录下都会有一个名为 vite.config.js 或 vite.config.ts 的项目配置文件（其扩展名由项目使用 JavaScript 还是 TypeScript 决定）。

文件里面会有一些预设好的配置，可以在 Vite 官网的配置文档查阅更多的可配置选项。

4.4 使用@vue/cli 创建项目

如果不习惯 Vite，依然可以使用 Vue CLI 作为开发脚手架。

▶▶ 4.4.1　CLI 和 Vite 的区别

Vue CLI 使用的构建工具是基于 Webpack 的，可以在 1.8 节了解 Webpack 和 Vite 这两个构建工具的区别。

▶▶ 4.4.2　更新 CLI 脚手架

先全局安装，把脚手架更新到最新版本（最低版本要求在 4.5.6 以上才能支持 Vue 3 项目的创建）。

```javascript
// JavaScript 代码片段
npm install -g @vue/cli
```

▶▶ 4.4.3　使用 CLI 创建 3.x 项目

Vue CLI 全局安装后，可以在命令行输入 vue 进行操作，创建项目使用的是 create 命令。

```
vue create hello-vue3
```

由于要使用 TypeScript，所以需要选择最后一个选项来进行自定义搭配，通过键盘的上下箭头键进行切换选择。

```
Vue CLI v5.0.4
? Please pick a preset:
  Default ([Vue 3] babel, eslint)
  Default ([Vue 2] babel, eslint)
> Manually select features
```

多选菜单可以通过按空格键选中需要的依赖，总共选择了下面这些选项。

```
Vue CLI v5.0.4
? Please pick a preset: Manually select features
? Check the features needed for your project: (Press <space> to select,
<a> to toggle all, <i> to invert selection, and <enter> to proceed)
  (*) Babel
  (*) TypeScript
  ( ) Progressive Web App (PWA) Support
  (*) Router
  (*) Vuex
  (*) CSS Pre-processors
>(*) Linter/Formatter
  ( ) Unit Testing
  ( ) E2E Testing
```

选择 Vue 版本，要用 Vue 3 所以需要选择 3.x。

```
? Choose a version of Vue.js that you want to start the project with
  (Use arrow keys)
> 3.x
  2.x
```

是否选择 Class 语法的模板？在 Vue 2 版本为了更好地支持 TypeScript，通常需要使用 Class 语法，由于 Vue 3 有了对 TypeScript 支持度更高的 Composition API，因此选择 "n"，也就是 "否"。

```
? Use class-style component syntax? (y/N) n
```

Babel 可以把新版本的 JavaScript 语句转换为兼容性更好的低版本 Polyfill 写法，所以选 "y" 确认使用。

```
? Use Babel alongside TypeScript
  (required for modern mode, auto-detected polyfills, transpiling JSX)?
  (Y/n) y
```

接下来是选择路由模式，选 "y" 启用 History 模式，选 "n" 使用 Hash 模式，可根据项目情况选择。

建议先选 "y" 确认，如果遇到部署的问题可以在 6.15 节查看如何处理部署问题与服务端配置。

```
? Use history mode for router?
  (Requires proper server setup for index fallback in production)
  (Y/n) y
```

选择一个 CSS 预处理器，可以根据自己的喜好选择。不过鉴于目前开源社区组件常用的都是 Less，所以也建议选择 Less 作为入门的预处理器工具。

```
? Pick a CSS pre-processor (PostCSS, Autoprefixer and CSS Modules are supported
  by default):
  Sass/SCSS (with dart-sass)
> Less
  Stylus
```

Lint 规则用来代码检查，写 TypeScript 离不开 Lint，可以根据自己喜好选择，也可以先选择默认。在 4.6 节添加协作规范也有说明如何配置规则，这里先默认选择第一个。

```
? Pick a linter/formatter config: (Use arrow keys)
> ESLint with error prevention only
  ESLint + Airbnb config
  ESLint + Standard config
  ESLint + Prettier
```

Lint 的校验时机，一个是在保存时校验，另一个是在提交 commit 的时候才校验，这里也选默认选项。

```
? Pick additional lint features: (Press <space> to select,
  <a> to toggle all, <i> to invert selection, and <enter> to proceed)
>(* ) Lint on save
  ( ) Lint and fix on commit
```

笔者习惯将项目配置文件保存为独立文件。

```
? Where do you prefer placing config for Babel, ESLint, etc.?
  (Use arrow keys)
```

```
> In dedicated config files
  In package.json
```

是否保存为未来的项目配置？是的，存起来方便以后快速创建。

```
? Save this as a preset for future projects? Yes
? Save preset as: vue-3-ts-config
```

至此，项目创建完成。可以通过 npm run serve 开启热更进行开发调试，通过 npm run build 构建打包上线。

▶▶ 4.4.4　管理项目配置

Vue CLI 的配置文件是 vue.config.js，可以参考官网的说明文档调整各个选项配置。

4.5　调整 TypeScript Config

如果在 Vite 的配置文件 vite.config.ts 或者在 Vue CLI 的配置文件 vue.config.js 里设置了 alias 的话，因为 TypeScript 不认识里面配置的 alias 别名，所以需要再对 tsconfig.json 做一点调整，增加对应的 paths。否则在 VSCode 里可能会出现路径报红（代码出现错误的地方，以红色警告的方式报错），提示找不到模块或其相应的类型声明。

比如在 Vue 组件里引入路径为 @ cp/HelloWorld. vue 的时候，可以避免写出.../.../.../.../components/HelloWorld.vue 这样层级非常多的相对路径。但是默认情况下，TypeScript 并不知道这个 alias 等价于 src/components/HelloWorld.vue 文件路径，从而会报错找不到该模块并导致无法正确编译。

假设在 vite.config.ts 里配置了这些 alias。

```
// TypeScript 代码片段
export default defineConfig({
  ...
  resolve: {
    alias: {
      '@': resolve('src'), // 源码根目录
      '@img': resolve('src/assets/img'), // 图片
      '@less': resolve('src/assets/less'), // 预处理器
      '@libs': resolve('src/libs'), // 本地库
      '@plugins': resolve('src/plugins'), // 本地插件
      '@cp': resolve('src/components'), // 公共组件
      '@views': resolve('src/views'), // 路由组件
    },
  },
  ...
})
```

那么在该项目的 tsconfig.json 文件里就需要相应地加上这些 paths。

```
// JSON 代码片段
{
  "compilerOptions": {
    ...
    "paths": {
      "@/* ": ["src/* "],
      "@img/* ": ["src/assets/img/* "],
      "@less/* ": ["src/assets/less/* "],
      "@libs/* ": ["src/libs/* "],
      "@plugins/* ": ["src/plugins/* "],
      "@cp/* ": ["src/components/* "],
      "@views/* ": ["src/views/* "]
    },
    ...
  },
  ...
}
```

注意：paths 的配置全部要以 / * 结尾，代表该目录下的文件都可以被匹配，而不是指向某一个文件。

4.6 添加协作规范

考虑到实际工作中可能会有团队协作，最好是能够统一编码风格。

▶▶ 4.6.1 Editor Config

在项目根目录下再增加一个名为 .editorconfig 的文件。这个文件的作用是强制编辑器以该配置来进行编码，比如缩进统一为空格而不是 Tab，每次缩进都是 2 个空格而不是 4 个空格等。

文件内容如下。

```
// JavaScript 代码片段
# http://editorconfig.org
root = true

[*]
charset = utf-8
end_of_line = lf
indent_size = 2
indent_style = space
insert_final_newline = true
max_line_length = 80
trim_trailing_whitespace = true

[* .md]
```

```
max_line_length = 0
trim_trailing_whitespace = false
```

具体的参数说明可参考项目代码风格统一工具 editorconfig 的作用与配置说明（https://cheng-peiquan.com/article/editorconfig.html）。

部分编辑器可能需要安装对应的插件才可以支持该配置，例如 VSCode 需要安装 EditorConfig for VSCode 扩展。

▶▶ 4.6.2　Prettier

Prettier 是目前最流行的代码格式化工具之一，目前所知道的知名项目（如 Vue、Vite、React 等）和大厂团队（谷歌、微软、阿里、腾讯等）都在使用 Prettier 格式化代码。

通过脚手架创建的项目很多都内置了 Prettier 功能集成（例如 Create Preset），参考了主流的格式化规范，比如 2 个空格的缩进、无须写分号结尾、数组/对象每一项都带有尾逗号（终止逗号）等。

如果需要手动增加功能支持，可在项目根目录下创建一个名为.prettierrc 的文件，写入以下内容。

```json
// JSON 代码片段
{
  "semi": false,
  "singleQuote": true
}
```

这代表 JavaScript/TypeScript 代码一般情况下不需要加 ";" 分号结尾，然后使用 "''" 单引号来定义字符串等变量。

这里只需要写入与默认配置不同的选项即可，如果和默认配置一致，可以省略。完整的配置选项以及默认值可以在 Prettier 官网的 Options Docs 查看。配合 VSCode 的 VSCode Prettier 扩展，可以在编辑器里使用该规则格式化文件（此时无须在项目下安装 Prettier 依赖）。

如果开启了 ESLint，配合 ESLint 的代码提示，可以更方便地体验格式化排版，详见 4.6.3 节。配合 VSCode Prettier 扩展，这份配置直接在 VSCode 里生效，如果配合 ESLint 使用，需要安装 Prettier 依赖。

▶▶ 4.6.3　ESLint

ESLint 是一个查找 JavaScript/TypeScript 代码问题并提供修复建议的工具，换句话说就是可以约束代码不会写出一堆 BUG，它是代码健壮性的重要保障。

虽然大部分前端开发者都不愿意接受这些约束（当年笔者也是如此），但说实话，经过 ESLint 检查过的代码，质量真的高了很多。如果不愿意总是做一个 "游兵散勇"，建议努力让自己习惯被 ESLint 检查，大厂和大项目都是有 ESLint 检查的。特别是写 TypeScript 时，配合 ESLint 的检查实在是太有用了。

通过脚手架创建的项目通常都会配置好 ESLint 规则，如果有一些项目是一开始就没有，后面想增加 ESLint 检查，也可以手动配置具体规则。

下面以一个 Vite + TypeScript + Prettier 的 Vue 3 项目为例，在项目根目录下创建一个名为.eslintrc.js 文件，写入以下内容。

```javascript
// JavaScript 代码片段
module.exports = {
  root: true,
  env: {
    node: true,
    browser: true,
  },
  extends: ['plugin:vue/vue3-essential', 'eslint:recommended', 'prettier'],
  parser: 'vue-eslint-parser',
  parserOptions: {
    parser: '@typescript-eslint/parser',
    ecmaVersion: 2020,
    sourceType: 'module',
  },
  plugins: ['@typescript-eslint', 'prettier'],
  rules: {
    'no-console': process.env.NODE_ENV === 'production' ? 'warn' : 'off',
    'no-debugger': process.env.NODE_ENV === 'production' ? 'warn' : 'off',
    'prettier/prettier': 'warn',
    'vue/multi-word-component-names': 'off',
  },
  globals: {
    defineProps: 'readonly',
    defineEmits: 'readonly',
    defineExpose: 'readonly',
    withDefaults: 'readonly',
  },
}
```

然后安装对应的依赖（记得将-D 参数添加到 devDependencies，因为都是开发环境下使用的）。

```
- eslint
- eslint-config-prettie
- eslint-plugin-prettier
- eslint-plugin-vue
- @typescript-eslint/eslint-plugin
- @typescript-eslint/parser
- prettier
```

这样就可以在项目中生效了（如果 VSCode 未能立即生效，重启编辑器即可）。一旦代码有问题，ESLint 就会检查出来并反馈具体的报错原因，久而久之，代码就会越写越规范了。更多的选项可以在 ESLint 官网的配置文档查阅。

如果有一些文件需要排除检查，可以在项目根目录下再创建一个.eslintignore 文件，在里面添加要排除的文件或者文件夹名称即可。

```
dist/*
```

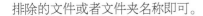 **安装 VSCode**

如果要问现在前端工程师用得最多的代码编辑器是哪个，肯定是 Visual Studio Code 了。与其他的编辑器相比，它有如下优点。

1）背靠 Microsoft，完全免费并且开源，开箱即用。

2）可以通过简单的配置调整来满足之前在其他编辑器上的习惯（如 Sublime Text）。

3）轻量级但功能强大，内置了对 JavaScript、TypeScript 和 Node.js 的支持。

4）丰富的插件生态，可以根据项目的需要，安装提高编码效率的功能支持，以及其他的语言扩展。

5）智能的代码补全、类型推导、代码检查提示、批量编辑、引用跳转、比对文件等功能支持。

6）登录 GitHub 账号即可实现配置，自动同步在其他计算机上直接使用的习惯配置和插件。

当然，还有其他非常多的优点可自行体验。

可在 Visual Studio Code 官网下载，一般情况下开箱即用，无门槛，也可以阅读官方的操作文档了解一些个性化的配置（见附录）。

4.8 添加 VSCode 插件

VSCode 本身是轻量级的，也就是只提供最基础的功能，更优秀或者个性化的体验是需要通过插件来启用的。

这里推荐几个非常实用的 VSCode 插件，可以通过插件中心安装，也可以通过官方应用市场下载。

▶▶ 4.8.1　Chinese（Simplified）

VSCode 安装后默认是英文版本，需要自己进行汉化配置。VSCode 的特色就是插件化处理各种功能，语言方面也一样。

通过插件市场安装该插件并启用，即可让 VSCode 显示为简体中文。

▶▶ 4.8.2　Volar

Volar 是 Vue 官方推荐的 VSCode 扩展，用以代替 Vue 2 时代的 Vetur，提供了 Vue 3 的语言支持、TypeScript 支持、基于 vue-tsc 的类型检查等功能，可通过插件市场安装该插件并启用。

Volar 取代了 Vetur 作为 Vue 3 的官方扩展，如果之前已经安装了 Vetur，需确保在 Vue 3 的项目中禁用它。

▶▶ 4.8.3　Vue VSCode Snippets

从实际使用 Vue 的角度提供 Vue 代码片段的生成，可以通过简单的命令，在.vue 文件里实现大篇幅的代码片段生成，例如：

1）输入 ts 可以快速创建一个包含了 template+script+style 的 Vue 组件模板（可选 2.x、3.x 以及 class 风格的模板）。

2）也可以通过输入带有 v3 开头的指令来快速生成 Vue 3 的 API。

下面是输入了 ts 之后，用箭头键选择 vbase-3-ts 自动生成的一个模板片段，这在开发过程中非常省事。

```
<!-- Vue 代码片段 -->
<template>
  <div></div>
</template>

<script lang="ts">
import {defineComponent} from 'vue'

export default defineComponent({
  setup() {
    return {}
  },
})
</script>

<style scoped></style>
```

可通过插件市场安装该插件并启用。

▶▶ 4.8.4　Auto Close Tag

Auto Close Tag 可以快速完成 HTML 标签的闭合，除非通过.jsx/.tsx 文件编写 Vue 组件，否则在.vue 文件里写 template 的时候肯定用得上。可通过插件市场安装该插件并启用。

▶▶ 4.8.5　Auto Rename Tag

假如要把 div 修改为 section，不需要先找到开始标签<div>然后找到代码尾部的结束标签</div>才能修改，只需要选中前面或后面的半个标签，插件会自动把闭合部分也同步修改了。对于篇幅比较长的代码调整非常有帮助，可通过插件市场安装该插件并启用。

▶▶ 4.8.6　EditorConfig for VSCode

EditorConfig for VSCode 是一个可以让编辑器遵守协作规范的插件，详见 4.6 节。可通过插件市场安装该插件并启用。

▶▶ 4.8.7　Prettier for VSCode

这是 Prettier 在 VSCode 的一个扩展，不论项目有没有安装 Prettier 依赖，安装该扩展之后，单纯在 VSCode 也可以使用 Prettier 进行代码格式化。可通过插件市场安装该插件并启用。

▶▶ 4.8.8　ESLint for VSCode

这是 ESLint 在 VSCode 的一个扩展，TypeScript 项目基本都开启了 ESLint 检查，编辑器也建议安装该扩展支持以便获得更好的代码提示。可通过插件市场安装该插件并启用。

▶▶ 4.8.9　其他插件

其他比如预处理器相关的、Git 相关的插件，可以根据自己的需求在 VSCode 的插件市场里搜索安装。

4.9　项目初始化

至此，通过脚手架已经搭建好了一个可直接运行的基础项目，可以正常执行 npm run dev 和 npm run build 命令了（具体命令取决于的项目脚本命令的配置，见 2.3.5 小节）。项目配置和编辑器也都弄好了，是不是可以开始写代码了？不要着急，还需要了解一点东西，就是如何初始化一个 Vue 3 项目。

因为在实际开发过程中，还会用到各种 npm 包，像很多 UI 框架、功能插件的引入都需要在 Vue 初始化阶段处理。甚至有时候还要脱离脚手架，采用 CDN 引入的方式来开发。所以开始写组件之前，还需要了解在 Vue 3 项目中，初始化阶段较 Vue 2 的一些变化。

▶▶ 4.9.1　入口文件

项目的初始化都是在入口文件集中处理的，Vue 3 的目录结构对比 Vue 2 没有变化，入口文件依然还是 main.ts 文件。

但是 Vue 3 在初始化的时候，做了不少的调整，代码写法和 Vue 2 完全不同。但是对于这次大改动，笔者认为是好的，因为统一了相关生态的启用方式，不再像 Vue 2 时期那样多方式共存，显得比较杂乱。

▶▶ 4.9.2　回顾 Vue 2 的入口文件

Vue 2 在导入各种依赖之后，通过 new Vue() 执行 Vue 的初始化。相关的 Vue 生态和插件，有的是使用 Vue.use() 来进行初始化，有的是作为 new Vue() 的入参。

```
// TypeScript 代码片段
import Vue from 'vue'
import App from './App.vue'
import router from './router'
import store from './store'
import pluginA from 'pluginA'
import pluginB from 'pluginB'
import pluginC from 'pluginC'

// 使用了 use 方法激活
Vue.use(pluginA)
Vue.use(pluginB)
Vue.use(pluginC)

Vue.config.productionTip = false

// 作为 new Vue() 的入参激活
new Vue({
  router,
  store,
  render: (h) => h(App),
}).$mount('#app')
```

▶▶ 4.9.3　了解 Vue 3 的入口文件

在 Vue 3，使用 createApp 执行 Vue 的初始化。另外不论是 Vue 生态里的东西，还是外部插件、UI 框架，统一都是由 use( )进行激活，非常统一和简洁。

```
// TypeScript 代码片段
import {createApp} from 'vue'
import App from './App.vue'
import router from './router'
import store from './store'
import pluginA from 'pluginA'
import pluginB from 'pluginB'
import pluginC from 'pluginC'

createApp(App)
  .use(store)
  .use(router)
  .use(pluginA)
  .use(pluginB)
  .use(pluginC)
  .mount('#app')
```

4.10　Vue Devtools

Vue Devtools 是一个浏览器扩展，支持 Chrome、Firefox 等浏览器，需要先安装才能使用（官网地址见附录）。

当在 Vue 项目通过 npm run dev 等命令启动开发环境服务后，访问本地页面（如 http：//localhost：3000/），在页面上按<F12>键唤起浏览器的控制台，会发现多了一个名为 vue 的面板。

面板的顶部有一个菜单可以切换不同的选项卡，菜单数量会根据不同项目有所不同，例如没有安装 Pinia 则不会出现 Pinia 选项卡，这里以其中一部分选项卡为例。

在 Components 选项卡可以查看以结构化的方式显示组件的调试信息，可以查看组件的父子关系，并检查组件的各种内部状态，见图 4-2。

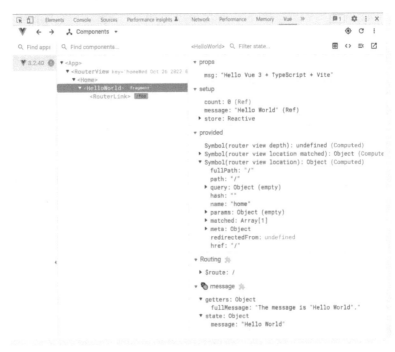

● 图 4-2　Vue Devtools 的 Components 界面

在 Routes 选项卡可以查看当前所在路由的配置信息，见图 4-3。

● 图 4-3　Vue Devtools 的 Routes 界面

在 Timeline 选项卡可以查看以时间线的方式追踪不同类型的数据，见图 4-4。

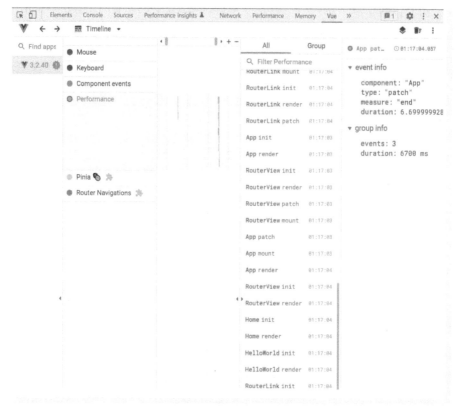

● 图 4-4　Vue Devtools 的 Timeline 界面

在 Pinia 选项卡可以查看当前组件引入的全局状态情况，见图 4-5。

● 图 4-5　Vue Devtools 的 Pinia 界面

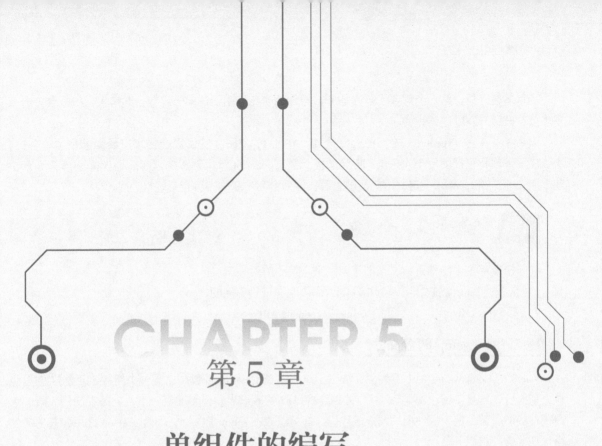

CHAPTER 5

第 5 章

单组件的编写

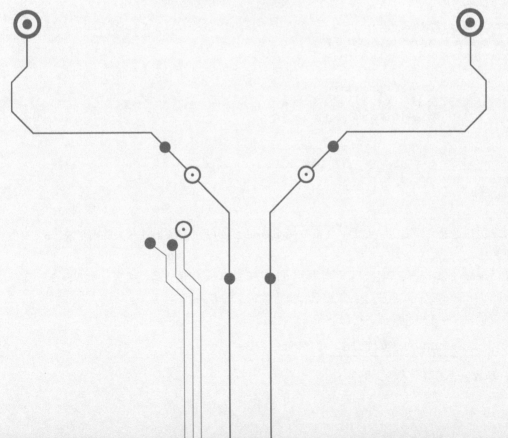

项目搭建好后，第一个需要了解的是 Vue 组件的变化。由于这部分篇幅会非常大，所以会分成很多小节，按照开发顺序逐步讲解。

因为 Vue 3 对 TypeScript 的支持程度很高，并且 TypeScript 的发展趋势和市场需求也越来越高，所以接下来都将直接使用 TypeScript 进行编程。对 TypeScript 不太熟悉的读者，建议先阅读第 3 章快速上手 TypeScript，有了一定的语言基础之后，再来学习本章的内容会更轻松一些。

5.1 全新的 setup 函数

在开始编写 Vue 组件之前，需要了解两个全新的前置知识点。

1）全新的 setup 函数，关系到组件的生命周期和渲染等问题。

2）写 TypeScript 组件离不开的 defineComponent API。

▶▶ 5.1.1 setup 的含义

Vue 3 的 Composition API 系列里，推出了一个全新的 setup 函数。它是一个组件选项，在创建组件之前执行，一旦 props 被解析，将作为组合式 API 的入口点。说得通俗一点，就是在使用 Vue 3 生命周期的情况下，整个组件相关的业务代码，都可以放在 setup 里执行。因为在 setup 之后，其他的生命周期才会被启用。

基本语法如下。

```
// TypeScript 代码片段
// 这是一个基于 TypeScript 的 Vue 组件
import {defineComponent} from 'vue'

export default defineComponent({
  setup(props, context) {
    // 在这里声明数据或者编写函数,并在这里执行它

    return {
      // 需要给<template />用的数据或函数,在这里 return 出去
    }
  },
})
```

可以发现在这段代码里还导入了一个 defineComponent API，也是 Vue 3 带来的新功能，5.1.3 小节将介绍其用法。

在使用 setup 的情况下，需注意：不能再用 this 来获取 Vue 实例，也就是无法和 Vue 2 一样，通过 this.foo、this.bar( ) 来获取实例上的数据或者执行实例上的方法。

关于全新的 Vue 3 组件编写，将在下文逐步说明。

▶▶ 5.1.2 setup 的参数使用

setup 函数包含了两个入参，见表 5-1。

表 5-1 setup 函数的入参说明

参 数	类 型	含 义	是 否 必 传
props	object	由父组件传递下来的数据	否
context	object	组件的执行上下文	否

第一个参数 props 是响应式的，当父组件传入新的数据时，它将被更新。注意不要解构它，这样会让数据失去响应性，一旦父组件发生数据变化，解构后的变量将无法同步更新为最新的值。可以使用 Vue 3 全新的响应式 API toRef 和 toRefs 进行响应式数据转换（见 5.7 节），后文将会介绍全新的响应式 API 的用法。

第二个参数 context 只是一个普通的对象，它有 3 个组件的属性，见表 5-2。

表 5-2 context 的 3 个组件的属性说明

属 性	类 型	作 用
attrs	非响应式对象	未在 Props 里定义的属性都将变成 attrs
slots	非响应式对象	组件插槽，用于接收父组件传递进来的模板内容
emit	方法	触发父组件绑定下来的事件

因为 context 只是一个普通对象，所以可以直接使用 ES6 解构。平时使用可以通过直接传入 {emit}，即可用 emit（'xxx'）来代替使用 context.emit（'xxx'），另外两个功能也是如此。但是 attrs 和 slots 需保持 attrs.xxx、slots.xxx 的方式来使用其数据，不要进行解构。虽然这两个属性不是响应式对象，但对应的数据会随组件本身的更新而更新。

两个参数的具体使用，可查阅第 8 章组件之间的通信进行详细了解。

▶▶ 5.1.3 defineComponent 的作用

defineComponent 是 Vue 3 推出的一个全新 API，可用于对 TypeScript 代码的类型推导，帮助开发者简化很多编码过程中的类型声明。比如，原本需要下面这样才可以使用 setup 函数。

```
// TypeScript 代码片段
import {Slots} from 'vue'

// 声明 props 和 return 的数据类型
interface Data {
  [key: string]: unknown
}

// 声明 context 的类型
interface SetupContext {
  attrs: Data
  slots: Slots
  emit: (event: string, ...args: unknown[]) => void
```

```
}

// 使用的时候入参要加上声明, return 也要加上声明
export default {
  setup(props: Data, context: SetupContext): Data {
    ...

    return {
      ...
    }
  },
}
```

每个组件都这样进行类型声明，会非常烦琐。如果使用了 defineComponent，就可以省略这些类型声明。

```
// TypeScript 代码片段
import {defineComponent} from 'vue'

// 使用 defineComponent 包裹组件的内部逻辑
export default defineComponent({
  setup(props, context) {
    ...

    return {
      ...
    }
  },
})
```

代码量瞬间大幅度减少，只要是 Vue 本身的 API，defineComponent 都可以自动推导其类型。这样开发者在编写组件的过程中，只需要维护自己定义的数据类型就可以了，可专注于业务。

5.2 组件的生命周期

在了解了 Vue 3 组件的两个前置知识点后，编写组件前还需要了解组件的生命周期。这个知识点非常重要，只有理解并记住组件的生命周期，才能够灵活地把控好每一处代码的执行，使程序的运行结果可以达到预期。

▶▶ 5.2.1 升级变化

从 Vue 2 升级到 Vue 3，在保留对 Vue 2 的生命周期支持的同时，Vue 3 也带来了一定的调整。

Vue 2 的生命周期写法名称是 Options API（选项式 API），Vue 3 新的生命周期写法名称是 Composition API（组合式 API）。

Vue 3 组件默认支持 Options API, 而 Vue 2 可以通过@vue/composition-api 插件获得 Composition API 的功能支持（其中 Vue 2.7 版本内置了该插件, Vue 2.6 及以下的版本需要单独安装）。

为了减少理解成本, 笔者将从读者的使用习惯上, 使用 "Vue 2 的生命周期" 代指 Options API 写法, 用 "Vue 3 的生命周期" 代指 Composition API 写法。

关于 Vue 生命周期的变化, 可以从表 5-3 直观地了解到。

表 5-3　Vue 生命周期的变化

Vue 2 生命周期	Vue 3 生命周期	执行时间说明
beforeCreate	setup	组件创建前执行
created	setup	组件创建后执行
beforeMount	onBeforeMount	组件挂载到节点之前执行
mounted	onMounted	组件挂载完成后执行
beforeUpdate	onBeforeUpdate	组件更新前执行
updated	onUpdated	组件更新完成后执行
beforeDestroy	onBeforeUnmount	组件卸载前执行
destroyed	onUnmounted	组件卸载完成后执行
errorCaptured	onErrorCaptured	当捕获一个来自子孙组件的异常时, 激活钩子函数

可以看到 Vue 2 生命周期里的 beforeCreate 和 created, 在 Vue 3 里已被 setup 替代。

熟悉 Vue 2 的开发者应该都知道 Vue 有一个全局组件<KeepAlive />, 用于在多个组件间动态切换时缓存被移除的组件实例。当组件被包含在<KeepAlive />组件里时, 会多出两个生命周期钩子函数, 见表 5-4。

表 5-4　KeepAlive 下的生命周期

Vue 2 生命周期	Vue 3 生命周期	执行时间说明
activated	onActivated	被激活时执行
deactivated	onDeactivated	切换组件后, 原组件消失前执行

虽然 Vue 3 依然支持 Vue 2 的生命周期, 但是不建议混搭使用。前期可以继续使用 Vue 2 的生命周期作为过渡阶段慢慢适应, 但还是建议尽快熟悉并完全使用 Vue 3 的生命周期编写组件。

▶▶ 5.2.2　使用 3.x 的生命周期

在 Vue 3 的 Composition API 写法里, 每个生命周期函数都要先导入才可以使用, 并且所有生命周期函数统一放在 setup 里运行。

如果需要达到 Vue 2 的 beforeCreate 和 created 生命周期的执行时机, 直接在 setup 里执行函数即可。

以下是几个生命周期的执行顺序对比。

```
// TypeScript 代码片段
import {defineComponent, onBeforeMount, onMounted} from 'vue'

export default defineComponent({
  setup() {
    console.log(1)

    onBeforeMount(() => {
      console.log(2)
    })

    onMounted(() => {
      console.log(3)
    })

    console.log(4)
  },
})
```

最终将按照生命周期的顺序输出。

```
// JavaScript 代码片段
// 1
// 4
// 2
// 3
```

5.3 组件的基本写法

如果想在 Vue 2 里使用 TypeScript 编写组件，需要通过 Options API 的 Vue.extend 语法或者是 Class Component 语法声明组件。其中为了更好地进行类型推导，Class Component 语法更受开发者欢迎。

但是 Class Component 语法和默认的组件语法相差较大，带来了一定的学习成本。对于平时编写 JavaScript 代码很少使用 Class 的开发者来说，适应时间应该也会比较长。因此 Vue 3 在保留对 Class Component 支持的同时，推出了全新的 Function-based Component，更贴合 JavaScript 的函数式编程风格。这也是接下来要讲解并贯穿全文使用的 Composition API 新写法。

Composition API 的组件结构并没有特别大的变化，区别比较大的地方在于组件生命周期和响应式 API 的使用上，只要掌握了这些核心功能，上手 Vue 3 非常容易。

看到这里可能有开发者心里在想："这几种组件写法，加上视图部分又有 Template 和 TSX 的写法之分，生命周期方面 Vue 3 对 Vue 2 的写法又保持了兼容。在 Vue 里写 TypeScript 的组合方式一只手数不过来了，入门时选择合适的编程风格就遇到了困难，可怎么办？"

不用担心，笔者将 9 种常见的组合方式以表格的形式进行了对比，Vue 3 组件最好的写法一目了然，详见 5.3.1 小节和 5.3.2 小节。

▶▶ 5.3.1　回顾 Vue 2 中组件的基本写法

在 Vue 2，常用以下 3 种写法声明 TypeScript 组件，见表 5-5。

表 5-5　Vue 2 的 TypeScript 组件写法

适 用 版 本	基 本 写 法	视 图 写 法
Vue 2	Vue.extend	Template
Vue 2	Class Component	Template
Vue 2	Class Component	TSX

其中最接近 Options API 的写法是使用 Vue.extend API 声明组件。

```
// TypeScript 代码片段
// 这是一段摘选自 Vue 2 官网的代码演示
import Vue from 'vue'

// 推荐使用 Vue.extend 声明组件
const Component = Vue.extend({
  // 类型推断已启用
})

// 不推荐以下这种方式声明
const Component = {
  // 这里不会有类型推断
  // 因为 TypeScript 不能确认这是 Vue 组件的选项
}
```

为了更好地获得 TypeScript 类型推导支持，通常使用 Class Component 的写法，这是 Vue 官方推出的一个装饰器插件（需要单独安装）。

```
// TypeScript 代码片段
// 这是一段摘选自 Vue 2 官网的代码演示
import Vue from 'vue'
import Component from 'vue-class-component'

// @Component 修饰符注明了此类为一个 Vue 组件
@Component({
  // 所有的组件选项都可以放在这里
  template: '<button @click="onClick">Click!</button>',
})

// 使用 Class 声明一个组件
export default class MyComponent extends Vue {
  // 初始数据可以直接声明为实例的 property
```

```
message: string = 'Hello!'

  // 组件方法也可以直接声明为实例的方法
  onClick(): void {
    window.alert(this.message)
  }
}
```

▶▶ 5.3.2 了解 Vue 3 中组件的基本写法

Vue 3 从设计初期就考虑了 TypeScript 的支持，其中 defineComponent API 就是为了解决 Vue 2 对 TypeScript 类型推导不完善等问题而推出的。

在 Vue 3，至少有以下 6 种写法可以声明 TypeScript 组件，见表 5-6。

表 5-6　Vue 3 的 TypeScript 组件写法

适 用 版 本	基 本 写 法	视 图 写 法	生命周期版本	官方是否推荐
Vue 3	Class Component	Template	Vue 2	×
Vue 3	defineComponent	Template	Vue 2	×
Vue 3	defineComponent	Template	Vue 3	√
Vue 3	Class Component	TSX	Vue 2	×
Vue 3	defineComponent	TSX	Vue 2	×
Vue 3	defineComponent	TSX	Vue 3	√

其中 defineComponent + Composition API + Template 的组合是 Vue 官方最为推荐的组件声明方式。本书接下来的内容会以这种写法作为示范案例，也推荐开发者在学习的过程中，使用该组合进行入门。

下面来看如何使用 Composition API 编写一个简单的 Hello World 组件。

```
<!-- Vue 代码片段 -->
<!-- Template 代码和 Vue 2 一样 -->
<template>
  <p class="msg">{{msg}}</p>
</template>

<!-- Script 代码需要使用 Vue 3 的新写法-->
<script lang="ts">
// Vue 3 的 API 需要导入才能使用
import {defineComponent} from 'vue'

// 使用 defineComponent 包裹组件代码
// 即可获得完善的 TypeScript 类型推导支持
export default defineComponent({
  setup() {
```

```
    // 在 setup 方法里声明变量
    const msg = 'Hello World!'

    // 将需要在<template />里使用的变量 return 出去
    return {
      msg,
    }
  },
})
</script>

<!-- CSS 代码和 Vue 2 一样 -->
<style scoped>
.msg {
  font-size: 14px;
}
</style>
```

可以看到 Vue 3 的组件也是<template />+<script />+<style />的三段式组合。其中 Template 沿用了 Vue 2 时期类似 HTML 风格的模板写法，Style 则是使用原生 CSS 语法或者 Less 等 CSS 预处理器编写。

但需要注意的是，在 Vue 3 的 Composition API 写法里，数据或函数如果需要在<template />中使用，就必须在 setup 里将其 return 出去。而仅在<script />里被调用的函数或变量，不需要渲染到模板则无须 return。

5.4 响应式数据的变化

响应式数据是 MVVM⊖数据驱动编程的特色，Vue 的设计也是受 MVVM 模型的启发，相信大部分开发者选择 MVVM 框架都是因为数据驱动编程比传统的事件驱动编程要来得方便，而选择 Vue，则是为了更加的方便。

▶▶ 5.4.1 设计上的变化

Vue 3 的响应式数据作为最重要的一个亮点，在设计上和 Vue 2 有着很大的不同。

1. 回顾 Vue 2 的设计

Vue 2 是使用了 Object.defineProperty API 的 getter/setter 实现数据响应性的。下面使用 Object.defineProperty实现一个简单的双向绑定 demo，建议读者亲自敲代码试一下可以有更多的理解。

⊖ Model-View-ViewModel（MVVM）是一种软件架构模式，将视图 UI 和业务逻辑分开，通过对逻辑数据的修改即可驱动视图 UI 的更新。因此常将这种编程方式称为"数据驱动"，与之对应的需要操作 DOM 才能完成视图更新的编程方式则称为"事件驱动"。

```
<!-- HTML 代码片段 -->
<!DOCTYPE html>
<html lang="en">
  <head>
    <meta charset="UTF-8" />
    <meta http-equiv="X-UA-Compatible" content="IE=edge" />
    <meta name="viewport" content="width=device-width, initial-scale=1.0" />
    <title>DefineProperty Demo</title>
  </head>
  <body>
    <!-- 输入框和按钮 -->
    <div>
      <input type="text" id="input" />
      <button onclick="vm.text = 'Hello World'">设置为 Hello World</button>
    </div>
    <!-- 输入框和按钮 -->

    <!--文本展示 -->
    <div id="output"></div>
    <!--文本展示 -->

    <script>
      // 声明一个响应式数据
      const vm = {}
      Object.defineProperty(vm, 'text', {
        set(value) {
          document.querySelector('#input').value = value
          document.querySelector('#output').innerText = value
        },
      })

      // 处理输入行为
      document.querySelector('#input').oninput = function (e) {
        vm.text = e.target.value
      }
    </script>
  </body>
</html>
```

这个 demo 实现了以下两个功能。

1）输入框的输入行为只修改 vm.text 的数据，但会同时更新 output 标签的文本内容。

2）单击按钮修改 vm.text 的数据，也会触发输入框和 output 文本的更新。

当然 Vue 做了非常多的工作，而非只是简单地调用了 Object.defineProperty。

2. 了解 Vue 3 的设计

Vue 3 是使用了 Proxy API 的 getter/setter 实现数据响应性的。同样地，下面也来实现一个简单的

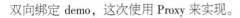

双向绑定 demo，这次使用 Proxy 来实现。

```html
<!-- HTML 代码片段 -->
<!DOCTYPE html>
<html lang="en">
  <head>
    <meta charset="UTF-8" />
    <meta http-equiv="X-UA-Compatible" content="IE=edge" />
    <meta name="viewport" content="width=device-width, initial-scale=1.0" />
    <title>Proxy Demo</title>
  </head>
  <body>
    <!-- 输入框和按钮 -->
    <div>
      <input type="text" id="input" />
      <button onclick="vm.text = 'Hello World'">设置为 Hello World</button>
    </div>
    <!-- 输入框和按钮 -->

    <!--文本展示 -->
    <div id="output"></div>
    <!--文本展示 -->

    <script>
      // 声明一个响应式数据
      const vm = new Proxy(
        {},
        {
          set(obj, key, value) {
            document.querySelector('#input').value = value
            document.querySelector('#output').innerText = value
          },
        }
      )

      // 处理输入行为
      document.querySelector('#input').oninput = function (e) {
        vm.text = e.target.value
      }
    </script>
  </body>
</html>
```

这个 demo 实现的功能和使用 Object.defineProperty 的 demo 是完全一样的，也都是基于 setter 的行为完成数据更新的实现。那么为什么 Vue 3 要舍弃 Object.defineProperty，换成 Proxy？主要原因在于 Object.defineProperty 有以下的不足。

1）无法侦听数组下标的变化，通过 arr[i] = newValue 的操作无法实时响应。

2）无法侦听数组长度的变化，例如通过 arr.length = 10 去修改数组长度，无法响应。

3）只能侦听对象的属性，对于整个对象需要遍历，特别是多级对象更是要通过嵌套来深度侦听。

4）使用 Object.assign() 等方法给对象添加新属性时，也不会触发更新。

5）还有其他更多细节上的问题。

这也是为什么 Vue 2 要提供一个 Vue.set API 的原因，而这些问题在 Proxy 里都可以得到解决。

▶▶ 5.4.2 用法上的变化

本书只使用 Composition API 编写组件，这是使用 Vue 3 的最大优势。虽然官方文档在各个 API 的使用上都配备了一定的案例，但在实际使用过程中可能还会遇到一些问题。常见的情况就是有些数据用着用着就失去了响应，或者在 TypeScript 里出现类型不匹配的报错等。

当然，一般遇到这种情况并不一定是框架的 BUG，而可能是使用方式不对。本章将结合笔者最初入门 Vue 3 时遇到的问题和解决问题的心得，复盘这些响应式 API 的使用方法。

相对于 Vue 2 在 data 里声明后即可通过 this.xxx 调用响应式数据，在 Vue 3 的生命周期里没有了 Vue 实例的 this 指向，需要导入 ref、reactive 等响应式 API 才能声明并使用响应式数据。

```TypeScript
// TypeScript 代码片段
// 这里导入的 ref 是一个响应式 API
import {defineComponent, ref} from 'vue'

export default defineComponent({
  setup() {
    // 通过响应式 API 创建的变量具备了响应性
    const msg = ref<string>('Hello World!')
  },
})
```

由于 Vue 3 新的 API 非常多，但有些 API 的使用场景却不多，因此本书当前只对常用的部分 API 的使用和常见问题进行说明。

5.5 响应式 API： ref

ref 是最常用的一个响应式 API，它可以用来定义所有类型的数据，包括 Node 节点和组件。

在 Vue 2 常用 this. $refs.xxx 方法取代使用 document.querySelector（'.xxx'）获取页面上的 DOM 元素的方式，在 Vue 3 里也是使用这个 ref API 来取代。

▶▶ 5.5.1 类型声明

在开始使用 API 之前，需要先了解在 TypeScript 中如何声明 Ref 变量的类型。

1. API 本身的类型

先看 API 本身，ref API 是一个函数，通过接收一个泛型入参，返回一个响应式对象，所有的值

都通过.value 属性获取，这是 API 本身的 TypeScript 类型。

```
// TypeScript 代码片段
// ref API 的 TypeScript 类型
function ref<T>(value: T): Ref<UnwrapRef<T>>

// ref API 返回值的 TypeScript 类型
interface Ref<T> {
  value: T
}
```

因此在声明变量时，使用尖括号<>包裹其 TypeScript 类型，紧跟在 ref API 之后。

```
// TypeScript 代码片段
// 显式指定 msg.value 是 string 类型
const msg = ref<string>('Hello World!')
```

再回看该 API 本身的类型，其中使用了 T 泛型，这表示在传入函数的入参时，可以不需要手动指定其 TypeScript 类型，TypeScript 会根据 API 所返回响应式对象的.value 属性的类型确定当前变量的类型。因此也可以省略显式的类型指定，像下面这样声明变量，其类型交给 TypeScript 去自动推导。

```
// TypeScript 代码片段
// TypeScript 会推导 msg.value 是 string 类型
const msg = ref('Hello World')
```

对于声明时会赋予初始值，并且在使用过程中不会改变其类型的变量，是可以省略类型的显式指定的。而如果有显式地指定类型，那么在一些特殊情况下，初始化时可以不必赋值，这样 TypeScript 会自动添加 undefined 类型。

```
// TypeScript 代码片段
const msg = ref<string>()
console.log(msg.value) // undefined

msg.value = 'Hello World!'
console.log(msg.value) // Hello World!
```

因为入参留空时，虽然指定了 string 类型，但实际上此时的值是 undefined。因此，实际上这个时候的 msg.value 是一个 string | undefined 的联合类型。

对于声明时不知道是什么值，在某种条件下才进行初始化的情况就可以省略其初始值，但是切记在调用该变量的时候需对.value 值进行有效性判断。而如果既不显式指定类型，也不赋予初始值，那么会被默认为 any 类型，除非真的无法确认类型，否则不建议这么做。

2. API 返回值的类型

细心的读者会留意到 ref API 类型里面还标注了一个返回值的 TypeScript 类型。

```
// TypeScript 代码片段
interface Ref<T> {
```

```
  value: T
}
```

它是代表整个 Ref 变量的完整类型，具体解析如下。

1）上文声明 Ref 变量时，提到的 string 类型都是指 msg.value 的.value 属性的类型。

2）而 msg 响应式变量，其本身是 Ref<string>类型。

如果在开发过程中需要在函数里返回一个 Ref 变量，那么其 TypeScript 类型如下所示（请留意
Calculator 里的 num 变量的类型）。

```typescript
// TypeScript 代码片段
// 导入 ref API
import {ref} from 'vue'
// 导入 ref API 的返回值类型
import type {Ref} from 'vue'

// 声明 useCalculator 函数的返回值类型
interface Calculator {
  // 这里包含了一个 Ref 变量
  num: Ref<number>
  add: () => void
}

// 声明一个"使用计算器"的函数
function useCalculator(): Calculator {
  const num = ref<number>(0)

  function add() {
    num.value++
  }

  return {
    num,
    add,
  }
}

// 在执行使用计算器函数时,可以获取到一个 Ref 变量和其他方法
const {num, add} = useCalculator()
add()
console.log(num.value) // 1
```

上面这个简单的例子演示了如何手动指定 Ref 变量的类型，对于逻辑复用时的函数代码抽离、插件开发等场景非常有用。当然大部分情况下可以交给 TypeScript 自动推导，但掌握其用法，在必要的时候就派得上用场了。

▶▶ 5.5.2 变量的定义

在了解了如何对 Ref 变量进行类型声明之后，面对不同的数据类型，相信都能得心应手了。但不

同类型的值之间还是有少许差异，例如上文提及该 API 可以用来定义所有类型的数据，包括 Node 节点和组件，具体可以参考下文的示例。

1. 基本类型

对于字符串、布尔值等基本类型的定义方式比较简单，具体如下。

```
// TypeScript 代码片段
// 字符串
const msg = ref<string>('Hello World!')

// 数值
const count = ref<number>(1)

// 布尔值
const isVip = ref<boolean>(false)
```

2. 引用类型

对于对象、数组等引用类型也适用，比如要定义一个对象，如下所示。

```
// TypeScript 代码片段
// 先声明对象的格式
interface Member {
  id: number
  name: string
}

// 在定义对象时指定该类型
const userInfo = ref<Member>({
  id: 1,
  name: 'Tom',
})
```

定义一个普通数组。

```
// TypeScript 代码片段
// 数值数组
const uids = ref<number[]>([1, 2, 3])

// 字符串数组
const names = ref<string[]>(['Tom', 'Petter', 'Andy'])
```

定义一个对象数组。

```
// TypeScript 代码片段
// 声明对象的格式
interface Member {
  id: number
  name: string
```

```
}

// 定义一个对象数组
const memberList = ref<Member[]>([
  {
    id: 1,
    name: 'Tom',
  },
  {
    id: 2,
    name: 'Petter',
  },
])
```

5.5.3 DOM 元素与子组件

除了可以定义数据，ref 也有熟悉的用途，就是用来挂载节点，也可以挂载在子组件上，也就是对应在 Vue 2 时常用的 this.$refs.xxx 获取 DOM 元素信息的作用。

模板部分依然是熟悉的用法，在要引用的 DOM 上添加一个 ref 属性。

```
<!-- Vue 代码片段 -->
<template>
  <!-- 给 DOM 元素添加 ref 属性 -->
  <p ref="msg">请留意该节点,有一个 ref 属性</p>

  <!-- 子组件也是同样的方式添加 -->
  <Child ref="child" />
</template>
```

在<script />部分有以下 3 个基本的注意事项。

1）在<template />代码里添加的 ref 属性的值，是对应<script />里使用 ref API 声明的变量的名称。

2）请保证视图渲染完毕后再执行 DOM 或组件的相关操作（需要放到生命周期的 onMounted 或者 nextTick 函数里，这一点在 Vue 2 也是一样）。

3）该 Ref 变量必须 return 出去才可以给到<template />使用，这一点是 Vue 3 生命周期的硬性要求，子组件的数据和方法如果要给父组件操作，也要 return 出来才可以。

配合上面的<template />，下面来看<script />部分的具体例子。

```
// TypeScript 代码片段
import {defineComponent, onMounted, ref} from 'vue'
import Child from '@cp/Child.vue'

export default defineComponent({
  components: {
    Child,
  },
```

```
setup() {
  // 定义挂载节点,声明的类型遵循 DOM 元素类型或使用 typeof 操作符推导
  const msg = ref<HTMLElement>()
  const child = ref<InstanceType<typeof Child>>()

  // 请保证视图渲染完毕后再执行节点操作,如 onMounted`/`nextTick
  onMounted(() => {
    // 比如获取 DOM 的文本
    console.log(msg.value.innerText)

    //或者操作子组件里的数据
    child.value.isShowDialog = true
  })

  // 必须 return 出去才可以给到<template />使用
  return {
    msg,
    child,
  }
},
})
```

关于 DOM 和子组件的 TypeScript 类型声明, 可参考以下规则。

1) DOM 元素: 使用 HTML 元素接口。

2) 子组件: 使用 InstanceType 配合 typeof 获取子组件的类型。

单纯使用 typeof Child 虽然可以获得 Child. vue 组件的 Props 和方法等提示, 但在 VSCode 的类型推导还不够智能, 缺乏更有效的代码补全支持。

上文使用的 InstanceType<T> 是 TypeScript 提供的一个工具类型, 可以获取构造函数类型的实例类型。因此, 将组件的类型声明为 InstanceType<typeof Child> , 不仅可以得到更完善的类型提示, 在编程过程中还可以让编辑器提供更完善的代码补全功能。

另外, 本节有一个可能会引起 TypeScript 编译报错的情况是, 一些脚手架创建出来的项目会默认启用--strictNullChecks 选项, 这样会导致案例中的代码无法正常编译, 出现如下报错。

```
> npm run build

> hello-vue3@0.0.0 build
> vue-tsc --noEmit && vite build

src/views/home.vue:27:7 - error TS2532: Object is possibly 'undefined'.

27        child.value.isShowDialog = true
          ~~~~~~~~~~~


Found 1 error in src/views/home.vue:27
```

这是因为在默认情况下 null 和 undefined 是所有类型的子类型，但开启了 strictNullChecks 选项之后，会使 null 和 undefined 只能赋值给 void 和它们自身。这是一个更为严谨的选项，可以保障程序代码的健壮性，但对于刚接触 TypeScript 不久的开发者而言可能不太友好。

有以下几种解决方案可以参考。

1）在涉及相关操作的时候，对节点变量增加一个判断。

```TypeScript
// TypeScript 代码片段
// 添加 if 分支,判断.value 存在时才执行相关代码
if (child.value) {
  // 读取子组件的数据
  console.log(child.value.num)

  // 执行子组件的方法
  child.value.sayHi('Use`if`in`onMounted`API.')
}
```

2）通过 TypeScript 的可选符？将目标设置为可选，避免出现错误（这种方式不能直接修改子组件数据的值）。

```TypeScript
// TypeScript 代码片段
// 读取子组件的数据(留意.num 前面有一个？问号)
console.log(child.value?.num)

// 执行子组件的方法(留意.sayHi 前面有一个？问号)
child.value?.sayHi('use ? in onMounted')
```

3）在项目根目录下的 tsconfig.json 文件里，显式地关闭 strictNullChecks 选项。关闭后，需要开发者在写代码的时候，自行把控好是否需要对 null 和 undefined 进行判断。

```JSON
// JSON 代码片段
{
  "compilerOptions": {
    ...
    "strictNullChecks": false
  }
  ...
}
```

4）使用 any 类型代替，但是写 TypeScript 代码还是尽量不要使用 any 类型，满屏的 AnyScript 不如直接使用 JavaScript。

▶▶ 5.5.4 变量的读取与赋值

前面在介绍 API 类型的时候已经了解，通过 ref 声明的变量会全部变成对象，不管定义的是什么类型的值，都会转化为一个 Ref 对象，其中 Ref 对象具有指向其内部值的单个属性 value。也就是说，任何 Ref 对象的值都必须通过 xxx.value 才可以正确获取。

请牢记前面这句话，初拥 Vue 3 的开发者很多 BUG 都是由于这个问题引起的（包括笔者刚开始使用 Vue 3 的那段时间）。

1. 读取变量

对于普通变量的值的读取都是直接调用其变量名即可。

```typescript
// TypeScript 代码片段
// 读取一个字符串
const msg: string = 'Hello World!'
console.log(msg)

// 读取一个数组
const uids: number[] = [1, 2, 3]
console.log(uids[1])
```

而对于 Ref 对象的值的读取，必须通过.value。

```typescript
// TypeScript 代码片段
// 读取一个字符串
const msg = ref<string>('Hello World!')
console.log(msg.value)

// 读取一个数组
const uids = ref<number[]>([1, 2, 3])
console.log(uids.value[1])
```

2. 为变量赋值

普通变量需要使用 let 声明才可以修改其值，由于 Ref 对象是引用类型，所以可以使用 const 声明，直接通过.value 修改。

```typescript
// TypeScript 代码片段
// 声明一个字符串变量
const msg = ref<string>('Hi!')

// 等待 1s 后修改它的值
setTimeout(() => {
  msg.value = 'Hello!'
}, 1000)
```

因此日常业务中，在对接服务端 API 的接口数据时，可以自由地使用 forEach、map、filter 等方法操作 Ref 数组，或者直接重置它，而不必担心数据失去响应性。

```typescript
// TypeScript 代码片段
const data = ref<string[]>([])

// 提取接口的数据
data.value = api.data.map((item: any) => item.text)

// 重置数组
data.value = []
```

5.6 响应式 API：reactive

reactive 是继 ref 之后最常用的一个响应式 API 了。相对于 ref，它的局限性在于只适合对象、数组。使用 reactive 的好处就是写法跟平时写对象、数组几乎一模一样，但它也带来了一些特殊注意点，读者需留意 5.6.2 节关于赋值部分的特殊说明。

▶▶ 5.6.1 类型声明与定义

reactive 变量的声明方式没有 ref 的变化那么大，和普通变量基本一样，它的 TypeScript 类型如下。

```TypeScript
// TypeScript 代码片段
function reactive<T extends object>(target: T): UnwrapNestedRefs<T>
```

可以看到其用法还是比较简单，下面是一个 Reactive 对象的声明方式。

```TypeScript
// TypeScript 代码片段
// 声明对象的类型
interface Member {
  id: number
  name: string
}

// 定义一个对象
const userInfo: Member = reactive({
  id: 1,
  name: 'Tom',
})
```

下面是 Reactive 数组的声明方式。

```TypeScript
// TypeScript 代码片段
const uids: number[] = reactive([1, 2, 3])
```

还可以声明一个 Reactive 对象数组。

```TypeScript
// TypeScript 代码片段
// 对象数组也是先声明其中的对象类型
interface Member {
  id: number
  name: string
}

// 再定义一个为对象数组
const userList: Member[] = reactive([
  {
    id: 1,
    name: 'Tom',
  },
  {
```

```
      id: 2,
      name:'Petter',
    },
    {
      id: 3,
      name:'Andy',
    },
  ])
```

▶▶ 5.6.2 变量的读取与赋值

虽然 reactive API 在使用上没有像 ref API 一样有 value 的心智负担，但也有一些注意事项要留意。

1. 处理对象

Reactive 对象在读取字段的值或者修改值的时候，与普通对象是一样的。

```
// TypeScript 代码片段
// 声明对象的类型
interface Member {
  id: number
  name: string
}

// 定义一个对象
const userInfo: Member = reactive({
  id: 1,
  name:'Tom',
})

// 读取用户名
console.log(userInfo.name)

// 修改用户名
userInfo.name ='Petter'
```

2. 处理数组

Reactive 数组和普通数组会有一些区别。普通数组在"重置"或者"修改值"时都是可以直接操作的。

```
// TypeScript 代码片段
// 定义一个普通数组
let uids: number[] = [1, 2, 3]

// 从另外一个对象数组里提取数据
uids = api.data.map((item: any) => item.id)

// 合并另外一个数组
let newUids: number[] = [4, 5, 6]
uids = [...uids, ...newUids]
```

```
// 重置数组
uids = []
```

Vue 2 在操作数组的时候，也可以和普通数组那样处理数据的变化，依然能够保持响应性。但在 Vue 3，如果使用 reactive 定义数组，则不能这么处理，必须只使用那些不会改变引用地址的操作。

笔者刚开始接触时，按照原来的思维去处理 reactive 数组，于是遇到了"数据变了，但模板不会更新的问题"。如果开发者在学习的过程中也遇到了类似的情况，可以从这里入手排查问题所在。

举个例子，如要从服务端 API 接口获取翻页数据，通常要先重置数组，再异步添加数据，如果使用常规的重置，会导致这个变量失去响应性。

```typescript
// TypeScript 代码片段
let uids: number[] = reactive([1, 2, 3])

/* *
 * 不推荐使用这种方式,会丢失响应性
 * 异步添加数据后,模板不会响应更新
 */
uids = []

// 异步获取数据后,模板依然是空数组
setTimeout(() => {
  uids.push(1)
}, 1000)
```

要想让数据依然保持响应性，则必须在关键操作时，不破坏响应性 API。以下是推荐的操作方式，通过重置数组的 length 长度来实现数据的重置。

```typescript
// TypeScript 代码片段
const uids: number[] = reactive([1, 2, 3])

/* *
 * 推荐使用这种方式,不会破坏响应性
 */
uids.length = 0

// 异步获取数据后,模板可以正确地展示
setTimeout(() => {
  uids.push(1)
}, 1000)
```

▶▶ 5.6.3 特别注意事项

不要对 Reactive 数据进行 ES6 的解构操作，因为解构后得到的变量会失去响应性。比如下面这些情况，在 2s 后都得不到新的 name 信息。

```typescript
// TypeScript 代码片段
import {defineComponent, reactive} from 'vue'
```

```
interface Member {
  id: number
  name: string
}

export default defineComponent({
  setup() {
    // 定义一个带有响应性的对象
    const userInfo: Member = reactive({
      id: 1,
      name: 'Petter',
    })

    // 在 2s 后更新 userInfo
    setTimeout(() => {
      userInfo.name = 'Tom'
    }, 2000)

    // 这个变量在 2s 后不会同步更新
    const newUserInfo: Member = {...userInfo}

    // 这个变量在 2s 后不会再同步更新
    const {name} = userInfo

    // 这样 return 出去给模板用,在 2s 后也不会同步更新
    return {
      ...userInfo,
    }
  },
})
```

5.7 响应式 API：toRef 与 toRefs

相信各位开发者看到这里时，应该已经对 ref 和 reactive API 都有所了解了。为了方便开发者使用，Vue 3 还推出了两个与之相关的 API：toRef 和 toRefs，都是用于 reactive 向 ref 转换的。

▶▶ 5.7.1 它们各自的作用

这两个 API 在拼写上非常接近，toRef 只转换一个字段，toRefs 转换所有字段。转换后将得到新的变量，并且新变量和原来的变量可以保持同步更新。

1）toRef：创建一个新的 Ref 变量，转换 Reactive 对象的某个字段为 Ref 变量。

2）toRefs：创建一个新的对象，它的每个字段都是 Reactive 对象各字段的 Ref 变量。

光看概念可能不容易理解，来看下面的例子，先声明一个 reactive 变量。

```typescript
// TypeScript 代码片段
interface Member {
  id: number
  name: string
}


const userInfo: Member = reactive({
  id: 1,
  name: 'Petter',
})
```

接下来分别看看这两个 API 应该怎么使用。

▶▶ 5.7.2 使用 toRef

先看转换单个字段的 toRef API。了解了它的用法之后，再去看 toRefs 就很容易理解了。

1. API 类型和基本用法

toRef API 的 TypeScript 类型如下。

```typescript
// TypeScript 代码片段
// toRef API 的 TypeScript 类型
function toRef<T extends object, K extends keyof T>(
  object: T,
  key: K,
  defaultValue?: T[K]
): ToRef<T[K]>

// toRef API 返回值的 TypeScript 类型
type ToRef<T> = T extends Ref ? T : Ref<T>
```

通过接收两个必传的参数（第一个是 reactive 对象，第二个是要转换的 key），返回一个 Ref 变量，在适当的时候也可以传递第三个参数，为该变量设置默认值。

以 5.7.2 节声明好的 userInfo 为例，如果想转换 name 字段为 Ref 变量，只需要如下操作。

```typescript
// TypeScript 代码片段
const name = toRef(userInfo, 'name')
console.log(name.value) // Petter
```

等号左侧的 name 字段此时是一个 Ref 变量。这里因为 TypeScript 可以对其自动推导，因此声明时可以省略 TypeScript 类型的显式指定，实际上该变量的类型是 Ref<string>。所以之后在读取和赋值时，就需要使用 name.value 来操作，在重新赋值时会同时更新 name 和 userInfo.name 的值。

```typescript
// TypeScript 代码片段
// 修改前，先查看初始值
const name = toRef(userInfo, 'name')
```

```
console.log(name.value) // Petter
console.log(userInfo.name) // Petter

// 修改 Ref 变量的值,两者同步更新
name.value = 'Tom'
console.log(name.value) // Tom
console.log(userInfo.name) // Tom

// 修改 Reactive 对象上该属性的值,两者也同步更新
userInfo.name = 'Jerry'
console.log(name.value) // Jerry
console.log(userInfo.name) // Jerry
```

这个 API 也可以接收一个 Reactive 数组，此时第二个参数应该传入数组的下标。

```
// TypeScript 代码片段
// 这一次声明的是数组
const words = reactive(['a', 'b', 'c'])

// 通过下标 0 转换第一个数组元素
const a = toRef(words, 0)
console.log(a.value) // a
console.log(words[0]) // a

// 通过下标 2 转换第三个数组元素
const c = toRef(words, 2)
console.log(c.value) // c
console.log(words[2]) // c
```

2. 设置默认值

如果 Reactive 对象上有一个属性本身没有初始值，也可以传递第三个参数进行设置（默认值仅对 Ref 变量有效）。

```
// TypeScript 代码片段
interface Member {
  id: number
  name: string
  // 类型里新增一个属性,因为是可选的,因此默认值会是 undefined
  age?: number
}

// 声明变量时省略 age 属性
const userInfo: Member = reactive({
  id: 1,
  name: 'Petter',
})
```

```
// 此时为了避免程序运行错误,可以指定一个初始值
// 但初始值仅对 Ref 变量有效,不会影响 Reactive 字段的值
const age = toRef(userInfo, 'age', 18)
console.log(age.value)  // 18
console.log(userInfo.age) // undefined

// 除非重新赋值,才会使两者同时更新
age.value = 25
console.log(age.value)  // 25
console.log(userInfo.age) // 25
```

数组也是同理，对于可能不存在的下标，可以传入默认值以避免项目的逻辑代码出现问题。

```
// TypeScript 代码片段
const words = reactive(['a', 'b', 'c'])

// 当下标对应的值不存在时,也是返回 undefined
const d = toRef(words, 3)
console.log(d.value) // undefined
console.log(words[3]) // undefined

// 设置了默认值之后,就会对 Ref 变量使用默认值,Reactive 数组此时不影响
const e = toRef(words, 4, 'e')
console.log(e.value) // e
console.log(words[4]) // undefined
```

3. 其他用法

这个 API 还有一个特殊用法，但不建议在 TypeScript 里使用。在 toRef 的过程中，如果使用了原对象上面不存在的 key，那么定义出来的 Ref 变量的.value 值将会是 undefined。

```
// TypeScript 代码片段
const girlfriend = toRef(userInfo, 'girlfriend')
console.log(girlfriend.value) // undefined
console.log(userInfo.girlfriend) // undefined

// 此时 Reactive 对象上只有两个 Key
console.log(Object.keys(userInfo)) // ['id', 'name']
```

如果对这个不存在的 key 的 Ref 变量进行赋值，那么原来的 Reactive 对象也会同步增加这个 key，其值也会同步更新。

```
// TypeScript 代码片段
// 赋值后,不仅 Ref 变量得到了 Marry,Reactive 对象也得到了 Marry
girlfriend.value = 'Marry'
console.log(girlfriend.value) //'Marry'
console.log(userInfo.girlfriend) //'Marry'
```

```
// 此时 Reactive 对象上有了 3 个 Key
console.log(Object.keys(userInfo)) // ['id', 'name', 'girlfriend']
```

为什么强调不要在 TypeScript 里使用？因为在编译时，无法通过 TypeScript 的类型检查。

```
> npm run build

> hello-vue3@0.0.0 build
> vue-tsc --noEmit && vite build

src/views/home.vue:37:40 - error TS2345: Argument of type '"girlfriend"'
is not assignable to parameter of type 'keyof Member'.

37    const girlfriend = toRef(userInfo, 'girlfriend')
                                          ~~~~~~~~~~~~~

src/views/home.vue:39:26 - error TS2339: Property 'girlfriend' does not exist
on type 'Member'.

39    console.log(userInfo.girlfriend) // undefined
                           ~~~~~~~~~~

src/views/home.vue:45:26 - error TS2339: Property 'girlfriend' does not exist
on type 'Member'.

45    console.log(userInfo.girlfriend) // 'Marry'
                           ~~~~~~~~~~


Found 3 errors in the same file, starting at: src/views/home.vue:37
```

如果不得不使用这种情况，可以考虑使用 any 类型。

```
// TypeScript 代码片段
// 将该类型直接指定为 any
type Member = any
// 当然一般都是 const userInfo: any

//或者保持接口类型的情况下,允许任意键值
interface Member {
  [key: string]: any
}

// 使用 Record 也是同理
type Member = Record<string, any>
```

但笔者还是建议保持良好的类型声明习惯，尽量避免这种用法。

▶▶ 5.7.3 使用 toRefs

在了解了 toRef API 之后，下面来看 toRefs 的用法。

1. API 类型和基本用法

先看它的 TypeScript 类型。

```
// TypeScript 代码片段
function toRefs<T extends object>(
  object: T
): {
  [K in keyof T]: ToRef<T[K]>
}

type ToRef = T extends Ref ? T : Ref<T>
```

与 toRef 不同，toRefs 只接收了一个参数，是一个 reactive 变量。

```
// TypeScript 代码片段
interface Member {
  id: number
  name: string
}

// 声明一个 reactive 变量
const userInfo: Member = reactive({
  id: 1,
  name: 'Petter',
})

// 传给 toRefs 作为入参
const userInfoRefs = toRefs(userInfo)
```

此时这个新的 userInfoRefs 变量，它的 TypeScript 类型就不再是 Member 了，而应该是：

```
// TypeScript 代码片段
// 导入 toRefs API 的类型
import type {ToRefs} from 'vue'

// 上下文代码省略

// 将原来的类型传给 API 的类型
const userInfoRefs: ToRefs<Member> = toRefs(userInfo)
```

也可以重新编写一个新的类型来指定它，因为每个字段都是与原来关联的 Ref 变量，所以也可以像下面这样声明。

```
// TypeScript 代码片段
// 导入 ref API 的类型
import type {Ref} from 'vue'

// 上下文代码省略
```

```
// 新声明的类型的每个字段都是一个 Ref 变量的类型
interface MemberRefs {
  id: Ref<number>
  name: Ref<string>
}

// 使用新的类型进行声明
const userInfoRefs: MemberRefs = toRefs(userInfo)
```

当然，实际工作使用时并不需要手动指定其类型，TypeScript 会自动推导，可以节约非常多的开发工作量。和 toRef API 一样，toRefs API 也可以对数组进行转换。

```
// TypeScript 代码片段
const words = reactive(['a','b','c'])
const wordsRefs = toRefs(words)
```

此时新数组的类型是 Ref<string>[]，不再是原来的 string[] 类型。

2. 解构与赋值

转换后的 Reactive 对象或数组支持 ES6 的解构，并且不会失去响应性，因为解构后的每一个变量都具备响应性。

```
// TypeScript 代码片段
// 为了提高开发效率,可以将 Ref 变量直接解构出来使用
const {name} = toRefs(userInfo)
console.log(name.value) // Petter

// 此时对解构出来的变量重新赋值,原来的变量也可以同步更新
name.value = 'Tom'
console.log(name.value) // Tom
console.log(userInfo.name) // Tom
```

这一点和直接解构 Reactive 变量有非常大的不同，直接解构 Reactive 变量得到的是一个普通的变量，不再具备响应性。

这个功能在使用 Hooks 函数（在 Vue 3 里也叫可组合函数（Composable Functions））时非常好用。还是以一个计算器函数为例，这一次将其修改为内部有一个 Reactive 的数据状态中心，在函数返回时解构为多个 Ref 变量。

```
// TypeScript 代码片段
import {reactive, toRefs} from 'vue'

// 声明 useCalculator 数据状态类型
interface CalculatorState {
  // 这是要用来计算操作的数据
  num: number
  // 这是每次计算时要增加的幅度
  step: number
```

```
  }

  // 声明一个"使用计算器"的函数
  function useCalculator() {
    // 通过数据状态中心的形式,集中管理内部变量
    const state: CalculatorState = reactive({
      num: 0,
      step: 10,
    })

    // 功能函数也是通过数据中心变量去调用
    function add() {
      state.num += state.step
    }

    return {
      ...toRefs(state),
      add,
    }
  }
```

这样在调用 useCalculator 函数时，可以通过解构直接获取 Ref 变量，不需要再进行额外的转换工作。

```
  // TypeScript 代码片段
  // 解构出来的 num 和 step 都是 Ref 变量
  const {num, step, add} = useCalculator()
  console.log(num.value) // 0
  console.log(step.value) // 10

  // 调用计算器的方法,数据也是会得到响应式更新
  add()
  console.log(num.value) // 10
```

▶▶ 5.7.4 为什么要进行转换

关于为什么要推出这两个 API，官方文档没有特别说明，不过通过笔者在业务中的一些实际使用感受，以及 5.6.3 小节关于 reactive 的特别注意说明，可能知道一些使用理由。

关于 ref 和 reactive 这两个 API 的好处就不重复了，但是在使用的过程中，各自都有需要注意的地方。

ref API 虽然在\<template /\>里使用起来方便，但是在\<script /\>里进行读取/赋值的时候，要记得加上.value，否则 BUG 就来了。

reactive API 在使用的时候，因为知道它本身是一个对象，所以不会忘记通过 foo.bar 的格式去操作。但是在\<template /\>渲染的时候，又不得不每次都使用 foo.bar 的格式去渲染。

那么有没有办法，既可以在编写<script />的时候不容易出错，又可以在写<template />的时候比较简单呢？

于是，toRef 和 toRefs 就诞生了。

▶▶ 5.7.5 什么场景下比较适合使用它们

从便利性和可维护性的角度来说，最好只在功能单一、代码量少的组件里使用，比如一个表单组件，通常表单的数据都放在一个对象里。

当然也可以把所有的数据都定义到一个 data 里，再去 data 里面取值，但是没有必要为了转换而转换，否则不如使用 Options API 风格。

▶▶ 5.7.6 在业务中的具体运用

继续使用上文的 userInfo 来当案例，以一个用户信息表的 demo 做演示。

（1）在<script />部分

1）先用 reactive 定义一个源数据，所有的数据更新都是修改这个对象对应的值，按照对象的写法维护数据。

2）再通过 toRefs 定义一个给<template />使用的对象，这样可以得到一个每个字段都是 Ref 变量的新对象。

3）在 return 的时候，对步骤 2）里的 toRefs 对象进行解构，这样导出去就是各个字段对应的 Ref 变量了，而不是一整个对象。

```typescript
// TypeScript 代码片段
import {defineComponent, reactive, toRefs} from 'vue'

interface Member {
  id: number
  name: string
  age: number
  gender: string
}

export default defineComponent({
  setup() {
    // 定义一个 reactive 对象
    const userInfo = reactive({
      id: 1,
      name: 'Petter',
      age: 18,
      gender: 'male',
    })

    // 定义一个新的对象,它本身不具备响应性,但是它的字段全部都是 Ref 变量
```

```
    const userInfoRefs = toRefs(userInfo)

    // 在 2s 后更新 userInfo
    setTimeout(() => {
      userInfo.id = 2
      userInfo.name = 'Tom'
      userInfo.age = 20
    }, 2000)

    // 在这里解构 toRefs 对象才能继续保持响应性
    return {
      ...userInfoRefs,
    }
  },
})
```

（2）在<template />部分

由于 return 出来的都是 Ref 变量，所以在模板里可以直接使用 userInfo 各个字段的 key，不再需要写很长的 userInfo.name 了。

```
<!-- Vue 代码片段 -->
<template>
  <ul class="user-info">
    <li class="item">
      <span class="key">ID:</span>
      <span class="value">{{id}}</span>
    </li>

    <li class="item">
      <span class="key">name:</span>
      <span class="value">{{name}}</span>
    </li>

    <li class="item">
      <span class="key">age:</span>
      <span class="value">{{age}}</span>
    </li>

    <li class="item">
      <span class="key">gender:</span>
      <span class="value">{{gender}}</span>
    </li>
  </ul>
</template>
```

▶▶ 5.7.7 需要注意的问题

需注意是否有相同命名的变量存在，比如上面在 return 给<template />使用时，在解构 userInfoRefs

的时候已经包含了一个 name 字段，此时如果还有一个单独的变量也叫 name，就会出现渲染上的数据
显示问题。

此时它们在<template />里哪个会生效，取决于谁排在后面，因为 return 出去的其实是一个对象。
在对象里，如果存在相同的 key，则后面的会覆盖前面的。

下面这种情况，会以单独的 name 为渲染数据。

```typescript
// TypeScript 代码片段
return {
  ...userInfoRefs,
  name,
}
```

而下面这种情况，则是以 userInfoRefs 里的 name 为渲染数据。

```typescript
// TypeScript 代码片段
return {
  name,
  ...userInfoRefs,
}
```

所以当决定使用 toRef API 和 toRefs API 的时候，需注意这个特殊情况。

5.8 函数的声明和使用

在了解了响应式数据如何使用之后，接下来就要开始学习函数了。

在 Vue 2，函数通常是作为当前组件实例上的方法在 methods 里声明，然后在 mounted 等生命周期
里调用，或者是在模板里通过 Click 等行为触发。由于组件内部经常需要使用 this 获取组件实例，因
此不能使用箭头函数。

```javascript
// JavaScript 代码片段
export default {
  data: () => {
    return {
      num: 0,
    }
  },
  mounted: function () {
    this.add()
  },
  methods: {
    // 不可以使用 add: () => this.num++
    add: function () {
      this.num++
    },
  },
}
```

在 Vue 3 则灵活了很多，可以使用普通函数、Class 类、箭头函数、匿名函数等进行声明，可以将其写在 setup 里直接使用，也可以抽离在独立的.js/.ts 文件里再导入使用。

需要在组件创建时自动执行的函数，其执行时机需要遵循 Vue 3 的生命周期，需要在模板里通过 @click、@change 等行为触发。和变量一样，需要把函数名在 setup 里进行 return 出去。

下面是一个简单的例子，方便开发者更直观地了解。

```
<!-- Vue 代码片段 -->
<template>
  <p>{{msg}}</p>

  <!-- 在这里单击执行 return 出来的方法 -->
  <button @click="updateMsg">修改 MSG</button>
</template>

<script lang="ts">
import {defineComponent, onMounted, ref} from 'vue'

export default defineComponent({
  setup() {
    const msg = ref<string>('Hello World!')

    // 这个要暴露给模板使用,必须 return 才可以使用
    function updateMsg() {
      msg.value = 'Hi World!'
    }

    // 这个要在页面载入时执行,无须 return 出去
    const init = () => {
      console.log('init')
    }

    onMounted(() => {
      init()
    })

    return {
      msg,
      changeMsg,
    }
  },
})
</script>
```

5.9 数据的侦听

侦听（watch）数据变化也是组件里的一项重要工作，比如侦听路由变化、侦听参数变化等。

Vue 3 在保留原来的 watch 功能之外，还新增了一个 watchEffect 帮助更简单地进行侦听。

▶▶ 5.9.1　watch

Vue 3 的新版 watch 和 Vue 2 的旧版对比，在使用方式上变化非常大。

1. 回顾 Vue 2 的 watch

在 Vue 2，watch 和 data、methods 都在同级配置。

```typescript
// TypeScript 代码片段
export default {
  data() {
    return {
      ...
    }
  },
  // 注意这里,放在 data、methods 同个级别
  watch: {
    ...
  },
  methods: {
    ...
  },
}
```

并且类型繁多，选项式 API 的类型如下。

```typescript
// TypeScript 代码片段
watch: {[key: string]: string |Function |Object |Array}
```

联合类型过多，意味着用法复杂，下面是个很好的例子。虽然出自官网的用法介绍，但过于繁多的用法也反映出对初学者不太友好，初次接触可能会觉得一头雾水。

```typescript
// TypeScript 代码片段
export default {
  data() {
    return {
      a: 1,
      b: 2,
      c: {
        d: 4,
      },
      e: 5,
      f: 6,
    }
  },
  watch: {
    // 侦听顶级属性
    a(val, oldVal) {
```

```
      console.log(`new: ${val}, old: ${oldVal}`)
    },
    // 字符串方法名
    b: 'someMethod',
    // 该回调会在任何被侦听的对象的 Property 改变时被调用,不论其被嵌套多深
    c: {
      handler(val, oldVal) {
        console.log('c changed')
      },
      deep: true,
    },
    // 侦听单个嵌套属性
    'c.d': function (val, oldVal) {
      // do something
    },
    // 该回调将会在侦听开始之后被立即调用
    e: {
      handler(val, oldVal) {
        console.log('e changed')
      },
      immediate: true,
    },
    // 可以传入回调数组,它们会被逐一调用
    f: [
      'handle1',
      function handle2(val, oldVal) {
        console.log('handle2 triggered')
      },
      {
        handler: function handle3(val, oldVal) {
          console.log('handle3 triggered')
        },
        /* ...* /
      },
    ],
  },
  methods: {
    someMethod() {
      console.log('b changed')
    },
    handle1() {
      console.log('handle 1 triggered')
    },
  },
}
```

　　当然肯定也有开发者会觉得这样选择多是个好事，选择适合自己的就好。但笔者还是认为这种写法对于初学者来说不是那么友好，有些过于复杂化，如果一个用法可以适应各种各样的场景，岂不是

更妙？

另外需要注意的是，不能使用箭头函数来定义侦听器函数（例如 searchQuery：newValue => this. updateAutocomplete（newValue））。因为箭头函数绑定了父级作用域的上下文，所以 this 将不会按照期望指向组件实例，this.updateAutocomplete 将是 undefined。

Vue 2 也可以通过 this. $watch（）这个 API 的用法来实现对某个数据的侦听，它接收 3 个参数 source、callback 和 options。

```
// TypeScript 代码片段
export default {
  data() {
    return {
      a: 1,
    }
  },
  // 生命周期钩子
  mounted() {
    this.$watch('a', (newVal, oldVal) => {
      ...
    })
  },
}
```

由于 this. $watch 的用法和 Vue 3 比较接近，所以这里不做过多的介绍，可直接看下文的了解 Vue 3 部分。

2. 了解 Vue 3 的 watch

在 Vue 3 的组合式 API 写法，watch 是一个可以接收 3 个参数的函数（保留了 Vue 2 的 this. $watch 的用法），在使用层面上简单了很多。

```
// TypeScript 代码片段
import {watch} from 'vue'

// 单一用法
watch(
  source, // 必传,要侦听的数据源
  callback // 必传,侦听到变化后要执行的回调函数
  // options // 可选,一些侦听选项
)
```

下面的内容都将基于 Vue 3 的组合式 API 用法展开讲解。

3. API 的 TypeScript 类型

在了解用法之前，先对它的 TypeScript 类型声明做一个简单的介绍。watch 作为组合式 API，根据使用方式有两种类型声明。

基础用法的 TypeScript 类型，详见下面的基础用法部分。

```
// TypeScript 代码片段
// watch 部分的 TypeScript 类型
...
export declare function watch<T, Immediate extends Readonly<boolean> = false>(
  source: WatchSource<T>,
  cb: WatchCallback<T, Immediate extends true ? T | undefined : T>,
  options?: WatchOptions<Immediate>
): WatchStopHandle
...
```

批量侦听的 TypeScript 类型，详见下面的批量侦听部分。

```
// TypeScript 代码片段
// watch 部分的 TypeScript 类型
...
export declare function watch<
  T extends MultiWatchSources,
  Immediate extends Readonly<boolean> = false
>(
  sources: [...T],
  cb: WatchCallback<MapSources<T, false>, MapSources<T, Immediate>>,
  options?: WatchOptions<Immediate>
): WatchStopHandle

// MultiWatchSources 是一个数组
declare type MultiWatchSources = (WatchSource<unknown> | object)[]
...
```

但不管是基础用法还是批量侦听，可以看到这个 API 都是接收 3 个入参，见表 5-7。

表 5-7　watch API 的 3 个入参

参　　数	是 否 可 选	含　　义
source	必传	数据源
callback	必传	侦听到变化后要执行的回调函数
options	可选	一些侦听选项

同时返回一个可以用来停止侦听的函数。

4. 要侦听的数据源

前面对 watch API 的组成进行了一定的介绍，下面对数据源的类型和使用限制做下说明。

如果不提前了解，在使用的过程中可能会遇到"侦听了但没有反应"的情况出现。另外，这部分内容会先围绕基础用法展开说明，批量侦听会在后文单独说明。

watch API 的第 1 个参数 source 是要侦听的数据源，它的 TypeScript 类型如下。

```
// TypeScript 代码片段
// watch 第 1 个入参的 TypeScript 类型
```

```
...
export declare type WatchSource<T = any> = Ref<T> | ComputedRef<T> | (() => T)
...
```

可以看到，能够用于侦听的数据是通过响应式 API 定义的变量（Ref<T>），或者是一个计算数据（ComputedRef<T>），或者是一个 getter 函数（() = > T）。所以要想定义的 watch 能够做出预期的行为，数据源必须具备响应性或者是一个 getter 函数。如果只是通过 let 定义一个普通变量，然后去改变这个变量的值，这样是无法侦听的。

如果要侦听响应式对象里面的某个值（这种情况下，对象本身是响应式，但它的 property 不是），需要写成 getter 函数，简单地说就是需要写成有返回值的函数。这个函数 return 要侦听的数据，如( ) = > foo.bar，可以结合下文基础用法的例子一起理解。

5. 侦听后的回调函数

下面介绍一下回调函数的定义。和介绍数据源部分一样，回调函数的内容也是会先围绕基础用法展开说明，批量侦听会在后文单独说明。

watch API 的第 2 个参数 callback 是侦听到数据变化时要做出的行为，它的 TypeScript 类型如下。

```
// TypeScript 代码片段
// watch 第 2 个入参的 TypeScript 类型
...
export declare type WatchCallback<V = any, OV = any> = (
  value: V,
  oldValue: OV,
  onCleanup: OnCleanup
) => any
...
```

乍一看它有 3 个参数，但实际上这些参数不是它自己定义的，而是 watch API 传递过的，所以不管用还是不用，它们都在那里，具体参数说明如下。

1）value：变化后的新值，类型和数据源保持一致。

2）oldValue：变化前的旧值，类型和数据源保持一致。

3）onCleanup：注册一个清理函数，详见"13.侦听效果清理"部分。

注意：第一个参数是新值，第二个参数才是原来的旧值。

如同其他 JavaScript 函数，在使用 watch 的回调函数时，可以对这 3 个参数任意命名，比如把 value 命名为觉得更容易理解的 newValue。

如果侦听的数据源是一个引用类型时（如 Object、Array、Date 等），value 和 oldValue 的值是完全相同的，因为指向同一个对象。

另外，默认情况下，watch 是惰性的，也就是只有当被侦听的数据源发生变化时才执行回调。

6. 基础用法

至此，对两个必传的参数都有一定的了解了。下面来看基础的用法，也就是日常编写的方案，只需要关注前两个必传的参数即可。

```typescript
// TypeScript 代码片段
// 不要忘了导入要用的 API
import {defineComponent, reactive, watch} from 'vue'

export default defineComponent({
  setup() {
    // 定义一个响应式数据
    const userInfo = reactive({
      name: 'Petter',
      age: 18,
    })

    // 2s 后改变数据
    setTimeout(() => {
      userInfo.name = 'Tom'
    }, 2000)

    /* *
     * 可以直接侦听这个响应式对象
     * 回调函数的参数如果不用可以不写
     * /
    watch(userInfo, () => {
      console.log('侦听整个 userInfo', userInfo.name)
    })

    /* *
     * 也可以侦听对象里面的某个值
     * 此时数据源需要写成 getter 函数
     * /
    watch(
      // 数据源,getter 形式
      () => userInfo.name,
      // 回调函数 callback
      (newValue, oldValue) => {
        console.log('只侦听 name 的变化', userInfo.name)
        console.log('打印变化前后的值', {oldValue, newValue})
      }
    )
  },
})
```

一般的业务场景，基础用法足以应对。

如果有多个数据源要侦听，并且侦听到变化后要执行的行为一样，那么可以使用批量侦听。特殊的情况下，可以搭配侦听的选项做一些特殊的用法，详见下面部分的内容。

7. 批量侦听

如果有多个数据源要侦听，并且侦听到变化后要执行的行为一样，第一反应可能是下面这样来写。

1）先抽离相同的处理行为为公共函数。

2）然后定义多个侦听操作，传入这个公共函数。

```typescript
// TypeScript 代码片段
import {defineComponent, ref, watch} from 'vue'

export default defineComponent({
  setup() {
    const message = ref<string>('')
    const index = ref<number>(0)

    // 2s 后改变数据
    setTimeout(() => {
      // 来到这个位置才会触发 watch 的回调
      message.value = 'Hello World!'
      index.value++
    }, 2000)

    // 先抽离相同的处理行为为公共函数
    const handleWatch = (
      newValue: string | number,
      oldValue: string | number
    ): void => {
      console.log({newValue, oldValue})
    }

    // 然后定义多个侦听操作,传入这个公共函数
    watch(message, handleWatch)
    watch(index, handleWatch)
  },
})
```

这样写其实没什么问题，不过除了抽离公共代码的写法之外，watch API 还提供了一个批量侦听的方法。批量侦听和基础用法的区别在于，数据源和回调参数都变成了数组的形式。

数据源：以数组的形式传入，里面每一项都是一个响应式数据。

回调参数：原来的 value 和 newValue 也都变成了数组，每个数组里面的顺序和数据源数组排序一致。

下面这个例子显得更为直观。

```typescript
// TypeScript 代码片段
import {defineComponent, ref, watch} from 'vue'

export default defineComponent({
```

```
setup() {
  // 定义多个数据源
  const message = ref<string>('')
  const index = ref<number>(0)

  // 2s 后改变数据
  setTimeout(() => {
    message.value = 'Hello World!'
    index.value++
  }, 2000)

  watch(
    // 数据源变成了数组
    [message, index],
    // 回调的入参也变成了数组，每个数组里面的顺序和数据源数组排序一致
    ([newMessage, newIndex], [oldMessage, oldIndex]) => {
      console.log('message 的变化', {newMessage, oldMessage})
      console.log('index 的变化', {newIndex, oldIndex})
    }
  )
},
})
```

什么情况下可能会用到批量侦听呢？比如一个子组件有多个 prop，当有任意一个 prop 发生变化时，都需要执行初始化函数重置组件的状态，那么这个时候就可以用上这个功能了。

在适当的业务场景，也可以使用 watchEffect API 来完成批量侦听，但需留意功能区别部分的说明。

8. 侦听的选项

在 API 的 TypeScript 类型里提到，watch API 还接收第 3 个参数 options（可选的一些侦听选项），它的 TypeScript 类型如下。

```
// TypeScript 代码片段
// watch 第 3 个入参的 TypeScript 类型
...
export declare interface WatchOptions<Immediate = boolean>
  extends WatchOptionsBase {
  immediate?: Immediate
  deep?: boolean
}
...

// 继承的 base 类型
export declare interface WatchOptionsBase extends DebuggerOptions {
  flush?:'pre' |'post' |'sync'
}
```

```
...

// 继承的 debugger 选项类型
export declare interface DebuggerOptions {
  onTrack?: (event: DebuggerEvent) => void
  onTrigger?: (event: DebuggerEvent) => void
}
...
```

options 是以一个对象的形式传入的，其有以下几个选项，见表 5-8。

表 5-8　watch API 的选项

选　项	类　型	默　认　值	可　选　值	作　用
deep	boolean	false	true ｜ false	是否进行深度侦听
immediate	boolean	false	true ｜ false	是否立即执行侦听回调
flush	string	'pre'	'pre' ｜ 'post' ｜ 'sync'	控制侦听回调的调用时机
onTrack	(e) => void			在数据源被追踪时调用
onTrigger	(e) => void			在侦听回调被触发时调用

其中 onTrack 和 onTrigger 的 e 是 debugger 事件，建议在回调内放置一个 debugger 语句以调试依赖，这两个选项仅在开发模式下生效。deep 默认是 false，但是在侦听 reactive 对象或数组时，会默认为 true，详见 "9. 侦听选项之 deep"。

9. 侦听选项之 deep

deep 选项接收一个布尔值，可以设置为 true 开启深度侦听，或者设置为 false 关闭深度侦听。默认情况下这个选项是 false 关闭深度侦听的，但也存在特例。设置为 false 的情况下，如果直接侦听一个响应式的引用类型数据（如 Object、Array 等），虽然它的属性值有变化，但对其本身来说是不变的，所以不会触发 watch 的回调函数。

下面是一个关闭了深度侦听的例子。

```
// TypeScript 代码片段
import {defineComponent, ref, watch} from 'vue'

export default defineComponent({
  setup() {
    // 定义一个响应式数据,注意用的是 ref 来定义
    const nums = ref<number[]>([])

    // 2s 后给这个数组添加项目
    setTimeout(() => {
      nums.value.push(1)

      // 可以打印一下,确保数据确实发生变化了
```

```
    console.log('修改后', nums.value)
  }, 2000)

  // 但是这个 watch 不会按预期执行
  watch(
    nums,
    // 这里的回调函数不会被触发
    () => {
      console.log('触发侦听', nums.value)
    },
    // 因为关闭了 deep
    {
      deep: false,
    }
  )
  },
})
```

类似上述这种情况，需要把 deep 设置为 true 才可以触发侦听。

可以看到，上面的例子特地用了 ref API，这是因为通过 reactive API 定义的对象无法将 deep 成功设置为 false（这一点在目前的官网文档未找到说明，最终是在 watch API 的源码上找到了答案）。

```
// TypeScript 代码片段
...
if (isReactive(source)) {
  getter = () => source
  deep = true // 被强制开启了
}
...
```

上述这个例子就是前文所说的特例，可以通过 isReactive API 来判断是否需要手动开启深度侦听。

```
// TypeScript 代码片段
// 导入 isReactive API
import {defineComponent, isReactive, reactive, ref} from 'vue'

export default defineComponent({
  setup() {
    // 侦听这个数据时,会默认开启深度侦听
    const foo = reactive({
      name: 'Petter',
      age: 18,
    })
    console.log(isReactive(foo)) // true

    // 侦听这个数据时,不会默认开启深度侦听
    const bar = ref({
      name: 'Petter',
```

```
    age: 18,
  })
  console.log(isReactive(bar)) // false
  },
})
```

10. 侦听选项之 immediate

在前文了解到 watch 默认是惰性的，也就是只有当被侦听的数据源发生变化时才执行回调。这句话是什么意思呢？先来看下面这段代码，为了减少 deep 选项的干扰，换成 string 数据来演示（读者需留意代码注释）。

```typescript
// TypeScript 代码片段
import {defineComponent, ref, watch} from 'vue'

export default defineComponent({
  setup() {
    // 这个时候不会触发 watch 的回调
    const message = ref<string>('')

    // 2s 后改变数据
    setTimeout(() => {
      // 来到这里才会触发 watch 的回调
      message.value = 'Hello World!'
    }, 2000)

    watch(message, () => {
      console.log('触发侦听', message.value)
    })
  },
})
```

可以看到，数据在初始化的时候并不会触发侦听回调，如果有需要的话，通过 immediate 选项来让它直接触发。immediate 选项接收一个布尔值，默认是 false，可以设置为 true 让回调立即执行。

代码修改如下（读者需留意代码注释）。

```typescript
// TypeScript 代码片段
import {defineComponent, ref, watch} from 'vue'

export default defineComponent({
  setup() {
    // 在这里可以触发 watch 的回调了
    const message = ref<string>('')

    // 2s 后改变数据
    setTimeout(() => {
      // 这里是第二次触发 watch 的回调
```

```
    message.value = 'Hello World!'
  }, 2000)

  watch(
    message,
    () => {
      console.log('触发侦听', message.value)
    },
    // 设置 immediate 选项
    {
      immediate: true,
    }
  )
 },
})
```

注意，在带有 immediate 选项时，不能在第一次回调时取消该数据源的侦听，具体原因详见停止侦听部分。

11. 侦听选项之 flush

flush 选项是用来控制"侦听回调"（侦听后的回调函数）的调用时机，接收指定的字符串，可选值见表 5-9，默认是' pre '。

表 5-9　flush 选项的可选值

可 选 值	回调的调用时机	使 用 场 景
' pre '	将在渲染前被调用	在模板渲染前就要更新数据
' sync '	在渲染时被同步调用	目前来说没什么好处，可以了解但不建议用
' post '	推迟到渲染之后调用	如果要通过 ref 操作 DOM 元素与子组件，需要使用这个值来启用该选项，以达到预期的执行效果

对于' pre '和' post '选项，回调使用队列进行缓冲，回调只被添加到队列中一次。即使观察值变化了多次，值的中间变化将被跳过，不会传递给回调，这样做不仅可以提高性能，还有助于保证数据的一致性。

12. 停止侦听

如果在 setup 里使用 watch 的话，组件被卸载的时候也会一起被停止，一般情况下不太需要关心如何停止侦听。不过有时候可能想要手动取消，Vue 3 也提供了相关方法。

随着组件被卸载一起停止的前提是，侦听器必须是同步语句创建的，这种情况下侦听器会绑定在当前组件上。如果放在 setTimeout 等异步函数里面创建，则不会绑定到当前组件。因此，组件卸载的时候不会一起停止该侦听器，这种情况就需要手动停止侦听。

在 API 的 TypeScript 类型有提到，当在定义一个 watch 行为的时候，它会返回一个用来停止侦听的函数。这个函数的 TypeScript 类型如下。

```typescript
// TypeScript 代码片段
export declare type WatchStopHandle = () => void
```

用法很简单，简单了解即可。

```typescript
// TypeScript 代码片段
// 定义一个取消侦听的变量,它是一个函数
const unwatch = watch(message, () => {
  ...
})

// 在合适的时期调用它,可以取消这个侦听
unwatch()
```

但有一点需要注意的是，如果启用了 immediate 选项，则不能在第一次触发侦听回调时执行它。

```typescript
// TypeScript 代码片段
// 注意:这是一段错误的代码,运行会报错
const unwatch = watch(
  message,
  // 侦听的回调
  () => {
    ...
    // 在这里调用会有问题
    unwatch()
  },
  // 启用 immediate 选项
  {
    immediate: true,
  }
)
```

上述代码运行后会收获一段报错，告诉 unwatch 这个变量在初始化前无法被访问。

```
Uncaught ReferenceError: Cannot access 'unwatch' before initialization
```

目前有两种方案可以实现这个操作。

方案一：使用 var 并判断变量类型，利用 var 的变量提升[⊖]来实现目的。

```typescript
// TypeScript 代码片段
// 这里改成 var,不要用 const 或 let
var unwatch = watch(
  message,
  // 侦听回调
  () => {
    // 这里加一个判断,是函数才执行它
```

⊖ 变量提升（Hoisting）是指在声明一个变量或函数之前，就可以调用该变量或函数，通过 var 声明的变量会受到此行为的影响，而使用 let 或 const 声明则会遵循先声明后调用的原则。

```
    if (typeof unwatch === 'function') {
      unwatch()
    }
  },
  // 侦听选项
  {
    immediate: true,
  }
)
```

不过 var 已经属于过时的语句了，建议用方案二的 let。

方案二：使用 let 并判断变量类型。

```
// TypeScript 代码片段
// 如果不想用 any，可以导入 TypeScript 类型
import type {WatchStopHandle} from 'vue'

// 这里改成 let，但是要另起一行。先定义，再赋值
let unwatch: WatchStopHandle
unwatch = watch(
  message,
  // 侦听回调
  () => {
    // 这里加一个判断，是函数才执行它
    if (typeof unwatch === 'function') {
      unwatch()
    }
  },
  // 侦听选项
  {
    immediate: true,
  }
)
```

13. 侦听效果清理

在侦听后的回调函数部分提及一个参数 onCleanup，它可以用来注册一个清理函数。有时 watch 的回调会执行异步操作，当侦听到数据变更的时候，需要取消这些操作。这个函数的作用就用于此，会在以下情况调用这个清理函数。

1）侦听器即将重新运行的时候。

2）侦听器被停止（组件被卸载或者被手动停止侦听）。

该函数的 TypeScript 类型如下。

```
// TypeScript 代码片段
declare type OnCleanup = (cleanupFn: () => void) => void
```

用法方面比较简单，传入一个回调函数运行即可。不过需要注意的是，需要在停止侦听之前注册

好清理函数，否则不会生效。

在停止侦听里的最后一个 immediate 例子的基础上继续添加代码，读者需注意注册的时机。

```
// TypeScript 代码片段
let unwatch: WatchStopHandle
unwatch = watch(
  message,
  (newValue, oldValue, onCleanup) => {
    // 需要在停止侦听之前注册好清理函数
    onCleanup(() => {
      console.log('侦听清理 ing')
      // 根据实际的业务情况定义一些清理操作
    })
    // 然后再停止侦听
    if (typeof unwatch === 'function') {
      unwatch()
    }
  },
  {
    immediate: true,
  }
)
```

▶▶ 5.9.2　watchEffect

如果一个函数里包含了多个需要侦听的数据，逐个数据去侦听太麻烦了。在 Vue 3，可以直接使用 watchEffect API 来简化相关的操作。

1. API 的 TypeScript 类型

这个 API 使用的时候需要传入一个副作用函数（相当于 watch 的侦听后的回调函数），也可以根据的实际情况传入一些可选的侦听选项。和 watch API 一样，它也会返回一个用于停止侦听的函数。该 API 的 TypeScript 类型如下。

```
// TypeScript 代码片段
// watchEffect 部分的 TypeScript 类型
...
export declare type WatchEffect = (onCleanup: OnCleanup) => void

export declare function watchEffect(
  effect: WatchEffect,
  options?: WatchOptionsBase
): WatchStopHandle
...
```

副作用函数也会传入一个清理回调作为参数，和 watch 的侦听效果清理的用法一样。可以理解为它是一个简化版的 watch，具体简化在哪里，请看下面的用法示例。

2. 用法示例

watchEffect API 和 watch API 需要指定 immediate 选项为 true 才可以立即执行侦听回调不同，它默认会立即执行传入的回调函数，同时响应式追踪其依赖，并在其依赖变更时重新运行该函数。

```typescript
// TypeScript 代码片段
import {defineComponent, ref, watchEffect} from 'vue'

export default defineComponent({
  setup() {
    // 单独定义两个数据,后面用来分开改变数值
    const name = ref<string>('Petter')
    const age = ref<number>(18)

    // 定义一个调用这两个数据的函数
    const getUserInfo = (): void => {
      console.log({
        name: name.value,
        age: age.value,
      })
    }

    // 2s 后改变第一个数据
    setTimeout(() => {
      name.value = 'Tom'
    }, 2000)

    // 4s 后改变第二个数据
    setTimeout(() => {
      age.value = 20
    }, 4000)

    // 直接侦听调用函数,在每个数据产生变化的时候,它都会自动执行
    watchEffect(getUserInfo)
  },
})
```

3. 和 watch 的区别

虽然理论上 watchEffect 是 watch 的一个简化操作，可以用来代替批量侦听，但它们也有一定的区别：

1）watch 可以访问侦听状态变化前后的值，而 watchEffect 不能。

2）watch 是在属性改变的时候才执行，而 watchEffect 则默认会执行一次，然后在属性改变的时候也会执行。

通过下面这段代码可以有更直观地理解第 2 点的区别。

使用 watch：

```typescript
// TypeScript 代码片段
export default defineComponent({
  setup() {
    const foo = ref<string>('')

    setTimeout(() => {
      foo.value = 'Hello World!'
    }, 2000)

    function bar() {
      console.log(foo.value)
    }

    // 使用 watch 需要先手动执行一次
    bar()

    // 然后当 foo 有变动时,才会通过 watch 来执行 bar()
    watch(foo, bar)
  },
})
```

使用 watchEffect:

```typescript
// TypeScript 代码片段
export default defineComponent({
  setup() {
    const foo = ref<string>('')

    setTimeout(() => {
      foo.value = 'Hello World!'
    }, 2000)

    function bar() {
      console.log(foo.value)
    }

    // 可以通过 watchEffect 实现 bar() + watch(foo, bar) 的效果
    watchEffect(bar)
  },
})
```

4. 可用的侦听选项

虽然用法和 watch 类似，但也简化了一些选项，它的侦听选项 TypeScript 类型如下。

```typescript
// TypeScript 代码片段
// 只支持 base 类型
export declare interface WatchOptionsBase extends DebuggerOptions {
  flush?: 'pre' | 'post' | 'sync'
```

```
}
...

// 继承的 debugger 选项类型
export declare interface DebuggerOptions {
  onTrack?: (event: DebuggerEvent) => void
  onTrigger?: (event: DebuggerEvent) => void
}
...
```

对比 watch API，它不支持 deep 和 immediate，需记住这一点，其他的用法是一样的。

▶▶ 5.9.3　watchPostEffect

watchPostEffect 是 watchEffect API 使用 flush：' post '选项时的别名，具体区别详见 5.9.1 小节 watch API 侦听选项之 flush 部分。Vue v3.2.0 及以上版本才支持该 API。

▶▶ 5.9.4　watchSyncEffect

watchSyncEffect 是 watchEffect API 使用 flush：' sync '选项时的别名，具体区别详见 5.9.1 小节 watch API 侦听选项之 flush 部分。Vue v3.2.0 及以上版本才支持该 API。

5.10　数据的计算

和 Vue 2 一样，数据的计算也是使用 computed API，它可以通过现有的响应式数据的计算得到新的响应式变量，用过 Vue 2 的开发者应该不会太陌生，但是在 Vue 3，在使用方式上变化也非常大。

这里的响应式数据，可以简单理解为通过 ref API、reactive API 定义出来的数据。当然 Vuex、Vue Router 等 Vue 数据也都具备响应式，详见 5.4 节。

▶▶ 5.10.1　用法变化

先通过一个简单的用例来看看数据的计算在 Vue 新旧版本的用法区别。

假设定义了两个分开的数据 firstName（名字）和 lastName（姓氏），但是在 template 展示时，需要展示完整的姓名，那么就可以通过 computed 来计算一个新的数据。

1. 回顾 Vue 2 的用法

在 Vue 2，computed 和 data 在同级配置，并且不可以和 data 里的数据同名重复定义。

```
// TypeScript 代码片段
// 在 Vue 2 的写法
export default {
  data() {
    return {
```

```
    firstName: 'Bill',
    lastName: 'Gates',
  }
},
// 注意这里定义的变量都要通过函数的形式来返回它的值
computed: {
  // 普通函数可以直接通过 this 来读取 data 里的数据
  fullName() {
    return `${this.firstName} ${this.lastName}`
  },
  // 箭头函数则需要通过参数来读取实例上的数据
  fullName2: (vm) => `${vm.firstName} ${vm.lastName}`,
},
}
```

这样在需要用到全名的地方，只需要通过 this.fullName 就可以得到 Bill Gates。

2. 了解 Vue 3 的用法

在 Vue 3，跟其他 API 的用法一样，需要先导入 computed 才能使用。

```
// TypeScript 代码片段
// 在 Vue 3 的写法
import {defineComponent, ref, computed} from 'vue'

export default defineComponent({
  setup() {
    // 定义基本的数据
    const firstName = ref<string>('Bill')
    const lastName = ref<string>('Gates')

    // 定义需要计算拼接结果的数据
    const fullName = computed(() => `${firstName.value} ${lastName.value}`)

    // 2s 后改变某个数据的值
    setTimeout(() => {
      firstName.value = 'Petter'
    }, 2000)

    // 在<template/>的视图显示 2s 后也会显示为 Petter Gates
    return {
      fullName,
    }
  },
})
```

可以把这个用法简单地理解为：传入一个回调函数，并 return 一个值。

需要注意的是：

1) 定义出来的 computed 变量，和 Ref 变量的用法一样，也需要通过.value 才能读取它的值。

2) 默认情况下 computed 的 value 是只读的。

▶▶ 5.10.2 类型声明

前文说过，在 defineComponent 里会自动推导 Vue API 的类型，所以一般情况下，是不需要显式地去定义 computed 出来的变量类型的。在确实需要手动指定的情况下，也可以导入它的类型然后定义。

```
// TypeScript 代码片段
import {computed} from 'vue'
import type {ComputedRef} from 'vue'

// 注意这里添加了类型声明
const fullName: ComputedRef<string> = computed(
  () => `${firstName.value} ${lastName.value}`
)
```

如果要返回一个字符串，就写 ComputedRef<string>；要返回布尔值，就写 ComputedRef<boolean>；要返回一些复杂对象信息，可以先定义好类型，再使用诸如 ComputedRef<UserInfo>的方式去写。

```
// TypeScript 代码片段
// 这是 ComputedRef 的类型声明
export declare interface ComputedRef<T = any> extends WritableComputedRef<T> {
  readonly value: T
  [ComoutedRefSymbol]: true
}
```

▶▶ 5.10.3 优势对比和注意事项

本节来了解一下这个 API 的一些优势和注意事项（如果读者在 Vue 2 已经有接触过的话，可以跳过这一节，因为优势和需要注意的事项在新旧版本中比较一致）。

1. 优势对比

至此，相信刚接触的开发者可能会有疑问，既然 computed 也是通过一个函数来返回值，那么和普通的 function 有什么区别或者说优势？

（1）性能优势

这一点在官网文档的"计算属性缓存 vs 方法"一章其实是有提到的：数据的计算是基于它们的响应依赖关系缓存的，只在相关响应式依赖发生改变时它们才会重新求值。也就是说，只要原始数据没有发生改变，多次访问 computed，都会立即返回之前的计算结果，而不是再次执行函数；而普通的 function 调用多少次就执行多少次，每调用一次就计算一次。

至于为何要如此设计，官网文档也给出了原因：假设有一个性能开销比较大的计算数据 list，它需要遍历一个巨大的数组并做大量的计算。然后可能有其他的计算数据依赖于 list。如果没有缓存，将不可避免地多次执行 list 的 getter。如果不希望有缓存，则用 function 来替代。

（2）书写统一

假定 foo1 是 Ref 变量，foo2 是 Computed 变量，foo3 是普通函数返回值。

看到这里的开发者应该都已经清楚 Vue 3 的 ref 是通过 foo1.value 来读取值的，而 computed 也是通过 foo2.value 读取的，并且在 <template /> 里都可以省略 .value，在读取方面，它们有一致的风格和简洁性。

而 foo3 不管是在 <script /> 还是在 <template />，都需要通过 foo3 ( ) 才能读取结果，相对来说会有一些别扭。

当然，关于这一点，如果涉及的数据不是响应式数据，建议还是用函数返回值，原因请见下面的注意事项。

2. 注意事项

有优势也有一定的劣势，当然这也是 Vue 框架有意而为之的，所以在使用上也需要注意以下一些问题。

（1）只会更新响应式数据的计算

假设要获取当前的时间信息，因为不是响应式数据，所以这种情况下就需要用普通的函数去获取返回值，才能获得最新的时间。

```typescript
// TypeScript 代码片段
const nowTime = computed(() => new Date())
console.log(nowTime.value)
// 输出 Sun Nov 14 2021 21:07:00 GMT+0800 (GMT+08:00)

// 2s 后依然是跟上面的结果一样
setTimeout(() => {
  console.log(nowTime.value)
  // 还是输出 Sun Nov 14 2021 21:07:00 GMT+0800 (GMT+08:00)
}, 2000)
```

（2）数据是只读的

通过 computed 定义的数据，它是只读的，这一点在类型声明已经有所了解。如果直接赋值，不仅无法变更数据，而且会出现一个报错。

```
TS2540: Cannot assign to 'value' because it is a read-only property.
```

虽然无法直接赋值，但是在必要的时候，依然可以通过 computed 的 setter 来更新数据。

▶▶ 5.10.4　setter 的使用

通过 computed 定义的变量默认都是只读的形式（只有一个 getter），但是在必要的时候，也可以使用其 setter 属性来更新数据。

1. 基本格式

当需要用到 setter 的时候，computed 就不再是一个传入回调函数的形式了，而是传入一个带有两个方法的对象。

```
// TypeScript 代码片段
// 注意这里 computed 接收的入参已经不再是函数
const foo = computed({
  // 这里需要明确的返回值
  get() {
    ...
  },
  // 这里接收一个参数,代表修改 foo 时,赋值下来的新值
  set(newValue) {
    ...
  },
})
```

这里的 get 就是 computed 的 getter，跟原来传入回调函数的形式一样，是用于 foo.value 的读取的，所以这里必须有明确的返回值。

这里的 set 就是 computed 的 setter，它会接收一个参数，代表新的值。当通过 foo.value = xxx 赋值的时候，赋入的值就会通过这个入参传递进来，可以根据业务的需要，把这个值赋给相关的数据源。

请注意，必须使用 get 和 set 这两个方法名，也只接受这两个方法。

在了解了基本格式后，可以通过下面的例子来了解具体的用法。

2. 使用示范

官网提供的是一个 Options API 的案例，下面改成 Composition API 的写法来演示。

```
// TypeScript 代码片段
// 还是这两个数据源
const firstName = ref<string>('Bill')
const lastName = ref<string>('Gates')

// 这里配合 setter 的需要,改成了另外一种写法
const fullName = computed({
  // getter 还是返回一个拼接起来的全名
  get() {
    return `${firstName.value} ${lastName.value}`
  },
  // setter 这里改成只更新 firstName,注意参数也定义 TypeScript 类型
  set(newFirstName: string) {
    firstName.value = newFirstName
  },
})
console.log(fullName.value) // 输出 Bill Gates

// 2s 后更新一下数据
setTimeout(() => {
  // 对 fullName 赋值,其实更新的是 firstName
```

```
fullName.value = 'Petter'

// 此时 firstName 已经得到了更新
console.log(firstName.value) // 会输出 Petter

// 当然,由于 firstName 变化了,所以 fullName 的 getter 也会得到更新
console.log(fullName.value) // 会输出 Petter Gates
}, 2000)
```

▶▶ 5. 10. 5　应用场景

关于计算 API 的作用,官网文档只举了一个非常简单的例子。那么在实际项目中,什么情况下用它会让更方便呢?

下面简单举几个比较常见的例子,使读者能加深对 computed 的理解。

1. 数据的拼接和计算

如前面的案例,与其每个用到的地方都要用 "firstName + ' ' + lastName" 这样的多变量拼接,不如用一个 fullName 来得简单。

当然,不只是字符串拼接,数据的求和等操作更是合适。比如说设计一个购物车,购物车里有商品列表,同时还要显示购物车内的商品总金额,这种情况就非常适合用计算数据 API。

2. 复用组件的动态数据

在一个项目里,很多时候组件会涉及复用,比如 "首页的文章列表" "列表页的文章列表" "作者详情页的文章列表",特别常见于新闻网站等内容资讯站点。这种情况下,往往并不需要每次都重新写 UI、数据渲染等代码,仅仅是接口 URL 的区别。

这种情况就可以通过路由名称来动态获取要调用的列表接口。

```
// TypeScript 代码片段
const route = useRoute()

// 定义一个根据路由名称来获取接口 URL 的计算数据 API
const apiUrl = computed(() => {
  switch (route.name) {
    // 首页
    case 'home':
      return '/api/list1'
    // 列表页
    case 'list':
      return '/api/list2'
    // 作者页
    case 'author':
      return '/api/list3'
    // 默认是随机列表
```

```
    default:
      return '/api/random'
  }
})

// 请求列表
const getArticleList = async (): Promise<void> => {
  ...
  articleList.value = await axios({
    method: 'get',
    url: apiUrl.value,
    ...
  })
  // ...
}
```

当然，这种情况也可以在父组件通过 props 传递接口 URL，详见第 8 章。

3. 获取多级对象的值

经常会遇到要在 <template /> 显示一些多级对象的字段，但是有时候又可能存在某些字段不一定有，需要做一些判断的情况。虽然有 v-if，但是嵌套层级多的模板会难以维护。

如果把这些工作量转移给计算数据 API，结合 try/catch，就无须在 <template /> 里处理很多判断了。

```
// TypeScript 代码片段
// 例子比较极端,但在 Vuex 这种大型数据树上,也不是完全不可能存在的
const foo = computed(() => {
  // 正常情况下返回需要的数据
  try {
    return store.state.foo3.foo2.foo1.foo
  } catch (e) {
    // 处理失败则返回一个默认值
    return "
  }
})
```

这样在 <template /> 里要读取 foo 的值，完全不需要关心中间级的字段是否存在，只需要区分是不是默认值即可。

4. 不同类型的数据转换

有时候会遇到一些需求类似于，让用户在输入框里按一定的格式填写文本，比如用英文逗号 "," 隔开每个词，然后保存的时候，是用数组的格式提交给接口的。

这个时候 computed 的 setter 就可以妙用了，只需要一个简单的 computed，就可以代替 input 的 change 事件或者 watch 侦听，可以减少很多业务代码的编写。

```
<!-- Vue 代码片段 -->
<template>
```

```
  <input
    type="text"
    v-model="tagsStr"
    placeholder="请输入标签,多个标签用英文逗号隔开"
  />
</template>

<script lang="ts">
import {defineComponent, computed, ref} from 'vue'

export default defineComponent({
  setup() {
    // 这个是最终要用到的数组
    const tags = ref<string[]>([])

    // 因为 input 必须绑定一个字符串
    const tagsStr = computed({
      // 所以通过 getter 来转换成字符串
      get() {
        return tags.value.join(',')
      },
      // 然后在用户输入的时候,切割字符串转换回数组
      set(newValue: string) {
        tags.value = newValue.split(',')
      },
    })

    return {
      tagsStr,
    }
  },
})
</script>
```

5.11 指令

指令是 Vue 模板语法里的特殊标记,在使用上和 HTML 的 data-* 属性十分相似,统一以 v-开头(如 v-html)。它以简单的方式实现了常用的 JavaScript 表达式功能,当表达式的值改变的时候,响应式地作用到 DOM 上,不需要刷新页面也能看到。

▶▶ 5.11.1　内置指令

Vue 提供了一些内置指令可以直接使用,例如:

```
<!-- Vue 代码片段 -->
<template>
  <!-- 渲染一段文本 -->
  <span v-text="msg"></span>

  <!-- 渲染一段 HTML -->
  <div v-html="html"></div>

  <!-- 循环创建一个列表 -->
  <ul v-if="items.length">
    <li v-for="(item, index) in items" :key="index">
      <span>{{item}}</span>
    </li>
  </ul>

  <!-- 一些事件(@等价于 v-on)-->
  <button @click="hello">Hello</button>
</template>

<script lang="ts">
import {defineComponent, ref} from 'vue'

export default defineComponent({
  setup() {
    const msg = ref<string>('Hello World!')
    const html = ref<string>('<p>Hello World!</p>')
    const items = ref<string[]>(['a', 'b', 'c', 'd'])

    function hello() {
      console.log(msg.value)
    }

    return {
      msg,
      html,
      items,
      hello,
    }
  },
})
</script>
```

内置指令在使用上都非常的简单，可以在官方文档的内置指令部分查询完整的指令列表和用法。在模板上使用时，需了解指令的模板语法。其中有两个指令可以使用别名：

1）v-on 的别名是@，使用@click 等价于 v-on:click。

2）v-bind 的别名是:，使用:src 等价于 v-bind:src。

▶▶ 5.11.2 自定义指令

如果 Vue 的内置指令不能满足业务需求, 还可以自定义指令。

1. 相关的 TypeScript 类型

在开始编写代码之前, 先了解一下自定义指令相关的 TypeScript 类型。自定义指令有两种实现形式, 一种是作为一个对象, 对象式写法比较接近于 Vue 组件。除了 getSSRProps 和 deep 选项外, 其他的每一个属性都是一个钩子函数。

```TypeScript
// TypeScript 代码片段
// 对象式写法的 TypeScript 类型
...
export declare interface ObjectDirective<T = any, V = any> {
  created?: DirectiveHook<T, null, V>
  beforeMount?: DirectiveHook<T, null, V>
  mounted?: DirectiveHook<T, null, V>
  beforeUpdate?: DirectiveHook<T, VNode<any, T>, V>
  updated?: DirectiveHook<T, VNode<any, T>, V>
  beforeUnmount?: DirectiveHook<T, null, V>
  unmounted?: DirectiveHook<T, null, V>
  getSSRProps?: SSRDirectiveHook
  deep?: boolean
}
...
```

另一种是函数式写法, 只需要定义成一个函数。但这种写法只在 mounted 和 updated 这两个钩子函数生效, 并且触发一样的行为。

```TypeScript
// TypeScript 代码片段
// 函数式写法的 TypeScript 类型
...
export declare type FunctionDirective<T = any, V = any> = DirectiveHook<
  T,
  any,
  V
>
...
```

下面是每个钩子函数对应的类型, 它有 4 个入参。

```TypeScript
// TypeScript 代码片段
// 钩子函数的 TypeScript 类型
...
export declare type DirectiveHook<
  T = any,
  Prev = VNode<any, T> |null,
  V = any
```

```
> = (
  el: T,
  binding: DirectiveBinding<V>,
  vnode: VNode<any, T>,
  prevVNode: Prev
) => void
...
```

钩子函数第二个参数的类型：

```
// TypeScript 代码片段
// 钩子函数第二个参数的 TypeScript 类型
...
export declare interface DirectiveBinding<V = any> {
  instance: ComponentPublicInstance |null
  value: V
  oldValue: V |null
  arg?: string
  modifiers: DirectiveModifiers
  dir: ObjectDirective<any, V>
}
...
```

可以看到自定义指令最核心的就是钩子函数了，接下来学习这部分的知识点。

2. 钩子函数

自定义指令里的逻辑代码也有一些特殊的调用时机，在这里称之为钩子函数，见表 5-10。

表 5-10　指令的钩子函数

钩 子 函 数	调 用 时 机
created	在绑定元素的 attribute 或事件侦听器被应用之前调用
beforeMount	当指令第一次绑定到元素并且在挂载父组件之前调用
mounted	在绑定元素的父组件被挂载后调用
beforeUpdate	在更新包含组件的 VNode 之前调用
updated	在包含组件的 VNode 及其子组件的 VNode 更新后调用
beforeUnmount	在卸载绑定元素的父组件之前调用
unmounted	当指令与元素解除绑定且父组件已卸载时，只调用一次

因为自定义指令的默认写法是一个对象，所以在代码风格上是遵循 Options API 的生命周期命名，而非 Vue 3 的 Composition API 风格。

钩子函数在用法上如下所示。

```
// TypeScript 代码片段
const myDirective = {
  created(el, binding, vnode, prevVnode) {
```

```
    ...
  },
  mounted(el, binding, vnode, prevVnode) {
    ...
  },
  ...// 其他钩子
}
```

每个钩子函数都有 4 个入参, 入参说明见表 5-11。

表 5-11 钩子函数的入参说明

参　　数	作　　用
el	指令绑定的 DOM 元素, 可以直接操作它
binding	一个对象数据, 详见表 5-12 的单独说明
vnode	el 对应在 Vue 里的虚拟节点信息
prevVNode	Update 时的上一个虚拟节点信息, 仅在 beforeUpdate 和 updated 可用

其中用得最多是 el 和 binding。

1) el 的值就是通过 document.querySelector 读取的 DOM 元素。

2) binding 是一个对象, 里面包含了以下属性, 见表 5-12。

表 5-12 binding 的属性说明

属　　性	作　　用
value	传递给指令的值, 例如 v-foo="bar" 里的 bar, 支持任意有效的 JavaScript 表达式
oldValue	指令的上一个值, 仅对 beforeUpdate 和 updated 可用
arg	传给指令的参数, 例如 v-foo:bar 里的 bar
modifiers	传给指令的修饰符, 例如 v-foo.bar 里的 bar
instance	使用指令的组件实例
dir	指令定义的对象 (如上面的 const myDirective = {/*...*/} 这个对象)

在了解了指令的写法和参数作用之后, 下面来看如何注册一个自定义指令。

3. 局部注册

自定义指令可以在单个组件内定义并使用, 通过和 setup 函数同级别的 directives 选项进行定义, 可以参考下面的例子和注释进行学习。

```
<!-- Vue 代码片段 -->
<template>
  <!-- 这个使用默认值 unset-->
  <div v-highlight>{{msg}}</div>

  <!-- 这个使用传进去的黄色 -->
```

```
    <div v-highlight="`yellow`">{{msg}}</div>
</template>

<script lang="ts">
import {defineComponent, ref} from 'vue'

export default defineComponent({
  // 自定义指令在这里编写,和 setup 同级别
  directives: {
    // directives 下的每个字段名就是指令名称
    highlight: {
      // 钩子函数
      mounted(el, binding) {
        el.style.backgroundColor =
          typeof binding.value === 'string' ? binding.value : 'unset'
      },
    },
  },
  setup() {
    const msg = ref<string>('Hello World!')

    return {
      msg,
    }
  },
})
</script>
```

上面是对象式的写法，也可以写成函数式，如下所示。

```
// TypeScript 代码片段
export default defineComponent({
  directives: {
    highlight(el, binding) {
      el.style.backgroundColor =
        typeof binding.value === 'string' ? binding.value : 'unset'
    },
  },
})
```

局部注册的自定义指令，默认在子组件内生效，子组件内无须重新注册即可使用父组件的自定义指令。

4. 全局注册

自定义指令也可以注册成全局，这样就无须在每个组件里定义了，只要在入口文件 main.ts 里启用它，任意组件里都可以使用自定义指令，详见 7.4.4 节。

5. deep 选项

除了钩子函数，在相关的 TypeScript 类型里还可以看到有一个 deep 选项。它是一个布尔值，作用

是：如果自定义指令用于一个有嵌套属性的对象，并且需要在嵌套属性更新的时候触发 beforeUpdate
和 updated 钩子，那么需要将这个选项设置为 true 才能够生效。

```vue
<!-- Vue 代码片段 -->
<template>
  <div v-foo="foo"></div>
</template>

<script lang="ts">
import {defineComponent, reactive} from 'vue'

export default defineComponent({
  directives: {
    foo: {
      beforeUpdate(el, binding) {
        console.log('beforeUpdate', binding)
      },
      updated(el, binding) {
        console.log('updated', binding)
      },
      mounted(el, binding) {
        console.log('mounted', binding)
      },
      // 需要设置为 true,如果是 false 则不会触发
      deep: true,
    },
  },
  setup() {
    // 定义一个有嵌套属性的对象
    const foo = reactive({
      bar: {
        baz: 1,
      },
    })

    // 2s 后修改其中一个值,会触发 beforeUpdate 和 updated
    setTimeout(() => {
      foo.bar.baz = 2
      console.log(foo)
    }, 2000)

    return {
      foo,
    }
  },
})
</script>
```

5.12 插槽

Vue 在使用子组件的时候，子组件在<template />里类似一个 HTML 标签，可以在这个子组件标签里传入任意模板代码以及 HTML 代码，这个功能就叫作插槽。

▶▶ 5.12.1 默认插槽

默认情况下，子组件使用<slot />标签即可渲染父组件传下来的插槽内容，例如在父组件这边：

```
<!-- Vue 代码片段 -->
<template>
  <Child>
    <!-- 注意这里,子组件标签里面传入了 HTML 代码 -->
    <p>这是插槽内容</p>
  </Child>
</template>

<script lang="ts">
import {defineComponent} from 'vue'
import Child from '@cp/Child.vue'

export default defineComponent({
  components: {
    Child,
  },
})
</script>
```

在子组件这边：

```
<!-- Vue 代码片段 -->
<template>
  <slot />
</template>
```

默认插槽非常简单，一个<slot />就可以了。

▶▶ 5.12.2 具名插槽

有时候可能需要指定多个插槽，例如一个子组件里有"标题""作者""内容"等预留区域可以显示对应的内容，这时候就需要用到具名插槽来指定不同的插槽位。

子组件通过 name 属性来指定插槽名称。

```
<!-- Vue 代码片段 -->
<template>
  <!-- 显示标题的插槽内容 -->
```

```
  <div class="title">
    <slot name="title" />
  </div>

  <!-- 显示作者的插槽内容 -->
  <div class="author">
    <slot name="author" />
  </div>

  <!-- 其他插槽内容放到这里 -->
  <div class="content">
    <slot />
  </div>
</template>
```

父组件通过<template />标签绑定 v-slot:name 格式的属性，来指定传入哪个插槽里。

```
<!-- Vue 代码片段 -->
<template>
  <Child>
    <!-- 传给标题插槽 -->
    <template v-slot:title>
      <h1>这是标题</h1>
    </template>

    <!-- 传给作者插槽 -->
    <template v-slot:author>
      <h1>这是作者信息</h1>
    </template>

    <!-- 传给默认插槽 -->
    <p>这是插槽内容</p>
  </Child>
</template>
```

v-slot:name 有一个别名#name 语法，上面父组件的代码也相当于：

```
<!-- Vue 代码片段 -->
<template>
  <Child>
    <!-- 传给标题插槽 -->
    <template #title>
      <h1>这是标题</h1>
    </template>

    <!-- 传给作者插槽 -->
    <template #author>
      <h1>这是作者信息</h1>
```

```
      </template>

      <!-- 传给默认插槽 -->
      <p>这是插槽内容</p>
    </Child>
  </template>
```

在使用具名插槽的时候，子组件如果不指定默认插槽，那么在具名插槽之外的内容将不会被渲染。

▶▶ 5.12.3 默认内容

可以给 slot 标签添加内容，例如 "<slot>默认内容</slot>"。当父组件没有传入插槽内容时，会使用默认内容来显示，默认插槽和具名插槽均支持该功能。

▶▶ 5.12.4 注意事项

插槽的使用注意事项如下。

1）父组件里的所有内容都是在父级作用域中编译的。

2）子组件里的所有内容都是在子作用域中编译的。

5.13 CSS 样式与预处理器

Vue 组件的 CSS 样式部分，Vue 3 保留着和 Vue 2 完全一样的写法。

▶▶ 5.13.1 编写组件样式表

基础的写法就是在.vue 文件里添加一个<style />标签，即可在里面写 CSS 代码了。

```
<!-- Vue 代码片段 -->
<template>
  <div>
    <!-- HTML 代码 -->
  </div>
</template>

<script lang="ts">
  // TypeScript 代码
</script>

<style>
/* CSS 代码 * /
.msg {
  width: 100%;
```

```
}
.msg p {
  color: #333;
  font-size: 14px;
}
</style>
```

▶▶ 5.13.2　动态绑定 CSS

动态绑定 CSS 在 Vue 2 就已经存在了，如常用的是:class 和:style。在 Vue 3，还可以通过 v-bind 来动态修改。

1. 使用:class 动态修改样式名

它（:class）是绑定在 DOM 元素上面的一个属性，跟 class = "class-name" 这样的属性同级别。使用:class 是用来动态修改样式名的，也就意味着必须提前把样式名对应的样式表先写好。

假设已经提前定义好了以下这几个变量。

```
<!-- Vue 代码片段 -->
<script lang="ts">
import {defineComponent} from 'vue'

export default defineComponent({
  setup() {
    const activeClass = 'active-class'
    const activeClass1 = 'active-class1'
    const activeClass2 = 'active-class2'
    const isActive = true

    return {
      activeClass,
      activeClass1,
      activeClass2,
      isActive,
    }
  },
})
</script>
```

如果只想绑定一个单独的动态样式，可以传入一个字符串。

```
<!-- Vue 代码片段 -->
<template>
  <p :class="activeClass">Hello World!</p>
</template>
```

如果想绑定多个动态样式，也可以传入一个数组。

```
<!-- Vue 代码片段 -->
<template>
  <p :class="[activeClass1, activeClass2]">Hello World!</p>
</template>
```

还可以对动态样式做一些判断，这时候传入一个对象。

```
<!-- Vue 代码片段 -->
<template>
  <p :class="{'active-class': isActive}">Hello World!</p>
</template>
```

多个判断的情况下，记得也用数组套起来。

```
<!-- Vue 代码片段 -->
<template>
  <p :class="[{activeClass1: isActive}, {activeClass2: !isActive}]">
    Hello World!
  </p>
</template>
```

那么什么情况下会用到 :class 呢？最常见的场景应该就是导航、选项卡了。比如要给当前选中的一个选项卡做一个突出高亮的状态，那么就可以使用 :class 来动态绑定一个样式。

```
<!-- Vue 代码片段 -->
<template>
  <ul class="list">
    <li
      class="item"
      :class="{cur: index === curIndex}"
      v-for="(item, index) in 5"
      :key="index"
      @click="curIndex = index"
    >
      {{item}}
    </li>
  </ul>
</template>

<script lang="ts">
import {defineComponent, ref} from 'vue'

export default defineComponent({
  setup() {
    const curIndex = ref<number>(0)

    return {
      curIndex,
    }
```

```
  },
})
</script>

<style scoped>
.cur {
  color: red;
}
</style>
```

这样就简单实现了一个单击切换选项卡高亮的功能。

2. 使用 :style 动态修改内联样式

如果觉得使用 :class 需要提前先写样式，再去绑定样式名有点烦琐，有时候只想简单地修改几个样式，那么可以通过 :style 来处理。

默认情况下，都是传入一个对象去绑定。

1）key 是符合 CSS 属性名的"小驼峰式"写法或者套上引号的短横线分隔写法（原写法），例如在 CSS 里，定义字号是 font-size，那么需要写成 fontSize 或者' font-size '作为它的键。

2）value 是 CSS 属性对应的"合法值"，比如要修改字号大小，可以传入 13px、0.4rem 这种带合法单位的字符串值，但不可以是 13 这种缺少单位的值，无效的 CSS 值会被过滤不渲染。

```
<!-- Vue 代码片段 -->
<template>
  <p
    :style="{
      fontSize: '13px',
      'line-height': 2,
      color: '#ff0000',
      textAlign: 'center',
    }"
  >
    Hello World!
  </p>
</template>
```

如果有些特殊场景需要绑定多套 style，需要在<script />先定义好各自的样式变量（也是符合上面说到的那几个要求的对象），然后通过数组来传入。

```
<!-- Vue 代码片段 -->
<template>
  <p :style="[style1, style2]">Hello World!</p>
</template>

<script lang="ts">
import {defineComponent} from 'vue'
```

```
export default defineComponent({
  setup() {
    const style1 = {
      fontSize: '13px',
      'line-height': 2,
    }
    const style2 = {
      color:'#ff0000',
      textAlign:'center',
    }

    return {
      style1,
      style2,
    }
  },
})
</script>
```

3. 使用 v-bind 动态修改 style

当然，以上两种形式都是关于\<script /\>和\<template /\>部分的操作。如果觉得会给模板带来一定的维护成本的话，不妨考虑这个新方案：将变量绑定到\<style /\>部分中。

注意：这是一个在 Vue 3.2.0 版本之后才被归入正式队列的新功能。如果需要使用它，需确保的 Vue 的版本号在 3.2.0 以上，最好是保持最新版本。

先来看看基本的用法：

```
<!-- Vue 代码片段 -->
<template>
  <p class="msg">Hello World!</p>
</template>

<script lang="ts">
import {defineComponent, ref} from'vue'

export default defineComponent({
  setup() {
    const fontColor = ref<string>('#ff0000')

    return {
      fontColor,
    }
  },
})
</script>
```

```
<style scoped>
.msg {
  color: v-bind(fontColor);
}
</style>
```

上面的代码执行后，将渲染出一句红色文本的 "Hello World!" 这其实是利用了现代浏览器支持的 CSS 变量来实现的一个功能（所以如果打算用它的话，需要注意 CSS Variables 的兼容情况）。

它渲染到 DOM 上，其实也是通过绑定 style 来实现的，可以看到渲染出来的样式是：

```
<!-- HTML 代码片段 -->
<p class="msg" data-v-7eb2bc79="" style="--7eb2bc79-fontColor:#ff0000;">
  Hello World!
</p>
```

对应的 CSS 变成了：

```
/* CSS 代码片段 */
.msg[data-v-7eb2bc79] {
  color: var(--7eb2bc79-fontColor);
}
```

理论上 v-bind 函数可以在 Vue 内部支持任意的 JavaScript 表达式，但由于可能包含在 CSS 标识符中无效的字符，因此官方建议在大多数情况下，用引号括起来，如：

```
/* CSS 代码片段 */
.text {
  font-size: v-bind('theme.font.size');
}
```

由于 CSS 变量的特性，因此对 CSS 响应式属性的更改不会触发模板的重新渲染（这也是和 :class 与 :style 的最大不同）。

不管有没有开启 <style scoped>，使用 v-bind 渲染出来的 CSS 变量，都会带上 scoped 的随机 Hash 前缀，以避免样式污染（永远不会意外泄漏到子组件中），所以可以放心使用。

▶▶ 5.13.3 样式表的组件作用域

CSS 不像 JavaScript，是没有作用域的概念的，一旦写了某个样式，直接就是全局污染。所以 BEM 命名法等规范才应运而生。

但在 Vue 组件里，有两种方案可以避免出现这种污染问题：一个是 Vue 2 本来就有的 <style scoped>，另一个是 Vue 3 新推出的 <style module>。

1. Style Scoped

Vue 组件在设计的时候，就想到了一个很优秀的解决方案，通过 scoped 来支持创建一个 CSS 作用域，使这部分代码只运行在这个组件渲染出来的虚拟 DOM 上。使用方式很简单，只需要在 <style />

上添加 scoped 属性。

```
<!-- Vue 代码片段 -->
<!-- 注意这里多了一个 scoped-->
<style scoped>
.msg {
  width: 100%;
}
.msg p {
  color: #333;
  font-size: 14px;
}
</style>
```

编译后，虚拟 DOM 都会带有一个 data-v-xxxxx 的属性，其中 xxxxx 是一个随机生成的 Hash，同一个组件的 Hash 是相同并且唯一的。

```
<!-- HTML 代码片段 -->
<div class="msg" data-v-7eb2bc79>
  <p data-v-7eb2bc79>Hello World!</p>
</div>
```

而 CSS 也会带上与 HTML 相同的属性，从而达到样式作用域的目的。

```
/* CSS 代码片段 * /
.msg[data-v-7eb2bc79] {
  width: 100%;
}
.msg p[data-v-7eb2bc79] {
  color: #333;
  font-size: 14px;
}
```

使用 scoped 可以有效地避免全局样式污染，可以在不同的组件里面使用相同的 className，而不必担心会相互覆盖，也不必再定义很长的样式名来防止冲突了。

添加 scoped 生成的样式，只作用于当前组件中的元素，并且权重高于全局 CSS，可以覆盖全局样式。

2. Style Module

这是在 Vue 3 才推出的一个新方案，和<style scoped>不同，scoped 是通过给 DOM 元素添加自定义属性的方式来避免冲突，而<style module>则更为激进，将会编译成 CSS Modules。

对于 CSS Modules 的处理方式，可以通过下面这个小例子来直观地了解它。

```
/* CSS 代码片段 * /
/* 案例来自阮一峰老师的博文《CSS Modules 用法教程》* /
/* https://www.ruanyifeng.com/blog/2016/06/css_modules.html * /

/* 编译前 * /
```

```css
.title {
  color: red;
}

/* 编译后 */
._3zyde4l1yATCOkgn-DBWEL {
  color: red;
}
```

可以看出，该方法是通过比较"暴力"的方式，把编写的"好看的"样式名，直接改写成一个随机 Hash 样式名，以避免样式互相污染。

现在回到 Vue 这边，来看<style module>是怎么操作的。

```html
<!-- Vue 代码片段 -->
<template>
  <p :class="$style.msg">Hello World!</p>
</template>

<style module>
.msg {
  color: #ff0000;
}
</style>
```

上述代码执行后，将渲染出一句红色文本的"Hello World!"。

使用这个方案，需要了解如何使用:class 动态修改样式名，如果单纯只使用<style module>，那么在绑定样式的时候，是默认使用 $style 对象来操作的。另外还需要指定绑定到某个样式，比如 $style.msg 等，才能生效。

如果单纯地绑定 $style，并不能得到"把全部样式名直接绑定"的期望结果，如果指定的 className 是短横杆命名，比如.user-name，那么需要通过 $style['user-name']去绑定。也可以给 module 进行命名，然后就可以通过命名的"变量名"来操作了。

```html
<!-- Vue 代码片段 -->
<template>
  <p :class="classes.msg">Hello World!</p>
</template>

<style module="classes">
.msg {
  color: #ff0000;
}
</style>
```

需要注意的一点是，一旦开启<style module>，那么在<style module>里所编写的样式都必须手动绑定才能生效，没有被绑定的样式会被编译，但不会主动生效到的 DOM 上。原因是编译出来的样式名已经变化，而 DOM 未指定对应的样式名，或者指定的是编译前的命名，所以并不能匹配到正确的样式。

3. useCssModule

这是一个全新的 API，面向在 script 部分操作 CSS Modules。

在上面的 CSS Modules 部分可以知道，可以在 style 定义好样式，然后在<template />部分通过变量名来绑定样式。

如果需要通过 v-html 来渲染 HTML 代码，那这里的样式是不是就没用了？当然不会。

Vue 3 提供了一个 Composition API useCssModule 来帮助在 setup 函数里操作 CSS Modules。

先看基本用法，绑定多几个样式，再来操作。

```
<!-- Vue 代码片段 -->
<template>
  <p :class="$style.msg">
    <span :class="$style.text">Hello World!</span>
  </p>
</template>

<script lang="ts">
import {defineComponent, useCssModule} from 'vue'

export default defineComponent({
  setup() {
    const style = useCssModule()
    console.log(style)
  },
})
</script>

<style module>
.msg {
  color: #ff0000;
}
.text {
  font-size: 14px;
}
</style>
```

可以看到打印输出来的 style 是一个对象。

1）key 是在<style modules>里定义的原始样式名。

2）value 则是编译后的新样式名。

```
// JavaScript 代码片段
{
  msg: 'home_msg_37Xmr',
  text: 'home_text_2woQJ'
}
```

下面来看要通过 v-html 渲染出来的内容应该如何绑定样式：

```
<!-- Vue 代码片段 -->
<template>
  <div v-html="content"></div>
</template>

<script lang="ts">
import {defineComponent, useCssModule} from 'vue'

export default defineComponent({
  setup() {
    // 获取样式
    const style = useCssModule()

    // 编写模板内容
    const content = `<p class="${style.msg}">
      <span class="${style.text}">Hello World!—— from v-html</span>
    </p>`

    return {
      content,
    }
  },
})
</script>

<style module>
.msg {
  color: #ff0000;
}
.text {
  font-size: 14px;
}
</style>
```

用法非常简单，可能刚开始不太习惯，但多写几次后就熟悉了。

另外，需要注意的是，如果指定了 modules 的名称，那么必须传入对应的名称作为入参才可以正确读取这些样式，比如指定了一个 classes 作为名称。

```
<!-- Vue 代码片段 -->
<style module="classes">
/* ...* /
</style>
```

那么需要通过传入 classes 这个名称才能读取样式，否则会是一个空对象。

```
// TypeScript 代码片段
const style = useCssModule('classes')
```

在 const style = useCssModule() 的时候，命名是随意的，与在<style module="classes">这里指定的

命名没有关系。

▶▶ 5.13.4 深度操作符

在 5.13.3 节了解到，使用 scoped 后，父组件的样式将不会渗透到子组件中，但也不能直接修改子组件的样式。

如果确实需要修改子组件的样式，必须通过::v-deep（完整写法）或者:deep（快捷写法）操作符来实现。旧版的深度操作符是>>>、/deep/和::v-deep，现在>>>和/deep/已进入弃用阶段（暂时还没完全移除）。

同时需要注意的是，旧版::v-deep 的写法是作为组合器的方式，写在样式或者元素前面，如::v-deep .class-name {/*...*/}，现在这种写法也废弃了。

现在不论是::v-deep 还是:deep，使用方法非常统一。下面假设 .b 是子组件的样式名：

```
<!-- Vue 代码片段 -->
<style scoped>
.a :deep(.b) {
 /* ...*/
}
</style>
```

编译后：

```
/* CSS 代码片段 */
.a[data-v-f3f3eg9] .b {
 /* ...*/
}
```

可以看到，新的 deep 写法是作为一个类似 JavaScript "函数" 那样去使用的，需要深度操作的样式或者元素名作为 "入参" 去传入。

同理，如果使用 Less 或者 Stylus 这种支持嵌套写法的预处理器，也是可以这样去深度操作的。

```
// LESS 代码片段
.a {
 :deep(.b) {
  /* ...*/
 }
}
```

另外，除了操作子组件的样式，那些通过 v-html 创建的 DOM 内容，也不受作用域内的样式影响，也可以通过深度操作符来实现样式修改。

▶▶ 5.13.5 使用 CSS 预处理器

在工程化开发中，可以说前端都几乎不写 CSS 了，都是通过 sass、less、stylus 等 CSS 预处理器来完成样式的编写的。

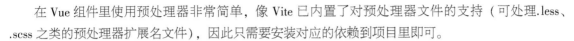

在 Vue 组件里使用预处理器非常简单，像 Vite 已内置了对预处理器文件的支持（可处理.less、.scss 之类的预处理器扩展名文件），因此只需要安装对应的依赖到项目里即可。

这里以 Less 为例，先安装该预处理器。

```
# 因为是在开发阶段使用,所以添加到 devDependencies
npm i -D less
```

接下来在 Vue 组件里，只需要在<style />标签上，通过 lang="less" 属性指定使用哪个预处理器，即可直接编写对应的代码。

```
<!-- Vue 代码片段 -->
<style lang="less" scoped>
// 定义颜色变量
@color-black: #333;
@color-red: #ff0000;

// 父级标签
.msg {
  width: 100%;
  // 其子标签可以使用嵌套写法
  p {
    color: @color-black;
    font-size: 14px;
    // 支持多级嵌套
    span {
      color: @color-red;
    }
  }
}
</style>
```

编译后的 CSS 代码：

```
/* CSS 代码片段 */
.msg {
  width: 100%;
}
.msg p {
  color: #333333;
  font-size: 14px;
}
.msg p span {
  color: #ff0000;
}
```

预处理器也支持 scoped，详见 5.13.3 小节。

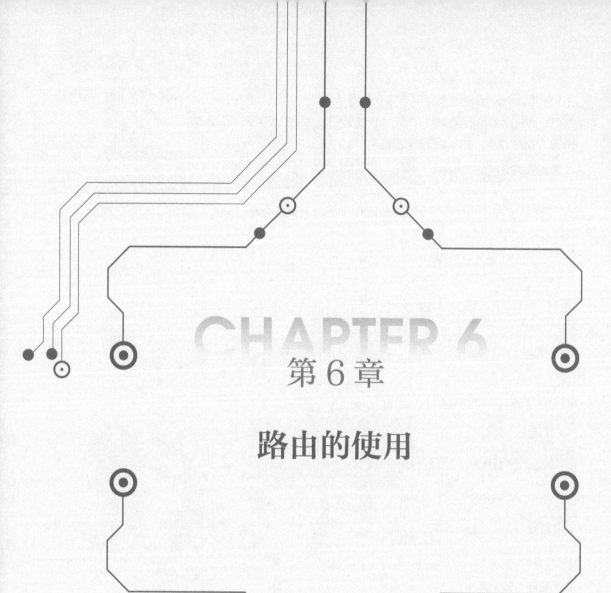

CHAPTER 6

第 6 章

路由的使用

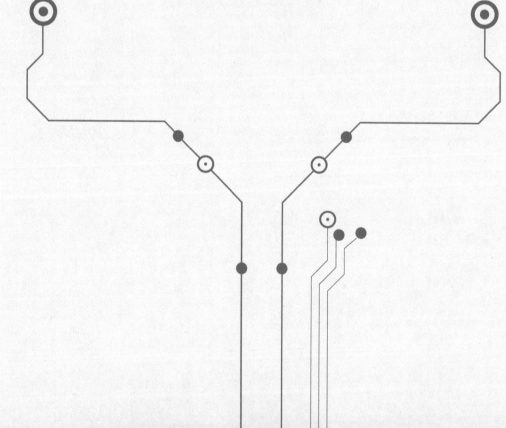

在传统的 Web 开发过程中，当需要实现多个站内页面时，需要写很多个 HTML 页面，然后通过 <a /> 标签来实现互相跳转。在如今工程化模式下的前端开发，像 Vue 工程，可以轻松实现只用一个 HTML 文件，却能够完成多个站内页面渲染、跳转的功能，这就是路由。

从这里开始，所有涉及引入 Vue 组件的地方，可能会看到@xx/xx.vue 这样的写法。@views 是 src/views 的路径别名，@cp 是 src/components 的路径别名。路径别名可以在 vite.config.ts 等构建工具配置文件里添加 alias，详见 4.3.4 小节和 4.4.4 小节。

6.1 路由的目录结构

Vue 3 引入路由的方式和 Vue 2 一样，路由的管理也是放在 src/router 目录下的。

```
src
| #路由目录
├──router
|   #路由入口文件
├────index.ts
|   #路由配置,如果路由很多,可以再拆分模块文件
├────routes.ts
| #项目入口文件
└──main.ts
```

其中 index.ts 是路由的入口文件，如果路由很少，那么可以只在这个文件里维护。但对复杂项目来说，往往需要配置二级、三级路由，逻辑和配置都放到一个文件里的话，太臃肿了。

所以如果项目稍微复杂一些，可以像上面这个结构一样拆分成两个文件：index.ts 和 routes.ts。在 routes.ts 里维护路由树的结构，在 index.ts 里导入路由树结构并激活路由，同时可以在该文件里配置路由钩子。

如果项目更加复杂，例如做一个 Admin 后台，可以按照业务模块把 routes 拆分得更细，例如 game.ts/member.ts/order.ts 等业务模块，再统一导入到 index.ts 文件里。

需要注意的是，与 Vue 3 配套的路由版本是 vue-router 4.x 以上才可以正确适配项目。

6.2 在项目里引入路由

不管是 Vue 2 还是 Vue 3，引入路由都是在 src/router/index.ts 文件里。但是版本升级带来的变化很大，由于本书关于 Vue 3 都是使用 TypeScript 编写，所以这里只做一个 TypeScript 的变化对比。

下文可能会出现多次 import.meta.env.BASE_URL 这个变量，它是由 Vite 提供的环境变量，使用其他构建工具时需自行替换为对应构建工具提供的环境变量。例如使用@vue/cli 创建的项目因为是基于 Webpack，所以使用的是 process.env.BASE_URL。

▶▶ 6.2.1 回顾 Vue 2 的路由

Vue 2 的路由引入方式如下（其中 RouteConfig 是路由项目的 TypeScript 类型）。

```
// TypeScript 代码片段
import Vue from 'vue'
import VueRouter from 'vue-router'
import type {RouteConfig} from 'vue-router'

Vue.use(VueRouter)

const routes: Array<RouteConfig> = [
  ...
]

const router = new VueRouter({
  mode: 'history',
  base: import.meta.env.BASE_URL,
  routes,
})

export default router
```

上述代码里面一些选项的功能说明如下。

routes 是路由树的配置，当路由很多的时候可以集中到 routes.ts 管理，然后再 import（导入）进来（具体的配置详见 6.3 节路由配置部分说明）。

mode 决定访问路径模式，可配置为 hash 或者 history。hash 模式是 http://abc.com/#/home 这样带 #号的地址，支持所有浏览器；history 模式是 http://abc.com/home 这样不带#号的地址，不仅美观，而且体验更好，但需要在服务端做一些配置支持（详见 6.15.2 小节服务端配置方案），也只对主流浏览器支持。

base 是 history 模式在进行路由切换时的基础路径，默认是/根目录。如果项目不是部署在根目录下，而是二级目录、三级目录等多级目录，就必须指定这个 base，否则路由切换会有问题。

▶▶ 6.2.2 了解 Vue 3 的路由

Vue 3 的路由引入方式如下（其中 RouteRecordRaw 是路由项目的 TypeScript 类型）。

```
// TypeScript 代码片段
import {createRouter, createWebHistory} from 'vue-router'
import type {RouteRecordRaw} from 'vue-router'

const routes: Array<RouteRecordRaw> = [
  ...
]
```

```
const router = createRouter({
  history: createWebHistory(import.meta.env.BASE_URL),
  routes,
})

export default router
```

在 Vue 3（也就是 vue-router 4.x）里，路由简化了一些配置项，其中 routes 和 Vue 2 一样，是路由树的配置。

但是 history 和 Vue 2 有所不同。在 Vue 3，使用 history 来代替 Vue 2 的 mode，但功能是一样的，也是决定访问路径模式是 hash 模式还是 history 模式，同时合并了 Vue 2（也就是 vue-router 3.x）的 base 选项作为模式函数的入参。

和在使用 Vue 2 的时候一样，Vue 3 也可以配置一些额外的路由选项，比如：指定 router-link 为当前激活的路由所匹配的 className。

```
// TypeScript 代码片段
const router = createRouter({
  history: createWebHistory(import.meta.env.BASE_URL),
  linkActiveClass: 'cur',
  linkExactActiveClass: 'cur',
  routes,
})
```

6.3 路由树的配置

在 6.2 节引入路由部分有说到，当项目的路由很多的时候，路由文件的内容会变得非常长，难以维护，这个时候可以集中到 routes.ts 或者更多的模块化文件里管理，然后再 import 到 index.ts 里。

暂且把 routes.ts 这个文件称为"路由树"，因为它像一棵大树一样，不仅可以以一级路由为树干去生长，还可以添加二级、三级等多级路由来开枝散叶。下面来看 routes.ts 应该怎么写。

6.3.1 基础格式

在 TypeScript 里，路由文件的基础格式由 3 部分组成：类型声明、数组结构、模块导出。

```
// TypeScript 代码片段
// src/router/routes.ts

// 使用 TypeScript 时需要导入路由项目的类型声明
import type {RouteRecordRaw} from 'vue-router'

// 使用路由项目类型声明一个路由数组
const routes: Array<RouteRecordRaw> = [
```

```
  ...
]
```

```
// 将路由数组导出给其他模块使用
export default routes
```

上述准备工作做完之后就可以在 index.ts 里导入使用了。

那么里面的路由数组又是怎么写呢？详见 6.3.3 小节一级路由和 6.3.4 小节多级路由的相关内容。

▶▶ 6.3.2 公共基础路径

在配置路由之前，需要先了解公共基础路径的概念。在讲解使用 Vite 等工具创建项目时，提到了一个项目配置的管理，以 Vite 项目的配置文件 vite.config.ts 为例，里面有一个选项 base，其实就是用来控制路由的公共基础路径，那么它有什么用呢？

base 的默认值是/，也就是说，如果不配置它，那么所有的资源文件都是从域名根目录读取的。如果项目部署在域名根目录那当然好，但是如果不是呢？那么就必须要配置它了。

配置很简单，只需把项目要上线的最终地址去掉域名，剩下的那部分就是 base 的值。假设项目是部署在 https://example.com/vue3/上，那么 base 就可以设置为/vue3/。

如果路由只有一级，那么 base 也可以设置为相对路径./，这样可以把项目部署到任意地方。如果路由不止一级，那么需准确地指定 base，并且确保是以/开头并以/结尾，例如/foo/。

▶▶ 6.3.3 一级路由

一级路由，顾名思义，就是在项目地址后面，只有一级 Path。比如 https://example.com/home，这里的 home 就是一级路由。

下面来看一下最基本的路由配置应该包含哪些字段。

```typescript
// TypeScript 代码片段
const routes: Array<RouteRecordRaw> = [
  {
    path: '/',
    name: 'home',
    component: () => import('@views/home.vue'),
  },
]
```

其中 path 是路由的访问路径，像上面说的，如果域名是 https://example.com，路由配置为/home，那么访问路径就是 https://example.com/home。

一级路由的 path 都必须是以/开头的，比如：/home、/setting。

如果项目首页不想带上 home 之类的尾巴，只想要 https://example.com/这样的域名直达，其实也是配置一级路由的，只需把路由的 path 指定为/即可。

name 是路由的名称，非必填项，但是一般都会配置上去，这样可以很方便地通过 name 来代替

path 实现路由的跳转。因为有时候开发环境和生产环境的路径不一致，或者说路径变更了，通过 name 无须调整，但如果通过 path，可能就要修改很多文件里面的链接跳转目标了。

component 是路由的模板文件，指向一个 Vue 组件，用于指定路由在浏览器端的视图渲染。下面有两种方式来指定使用哪个组件。

1. 同步组件

component 字段接收一个变量，变量的值就是对应的模板组件。

在打包的时候，会把组件的所有代码都打包到一个文件里。对于大项目来说，这种方式的首屏加载是个灾难，要面对文件过大带来等待时间过长的问题。

```typescript
// TypeScript 代码片段
import Home from '@views/home.vue'

const routes: Array<RouteRecordRaw> = [
  {
    path: '/',
    name: 'home',
    component: Home,
  },
]
```

所以下面推荐使用第二种方式，可以实现路由懒加载。

2. 异步组件

component 字段接收一个函数，在 return 时返回模板组件，同时组件里的代码在打包时都会生成独立的文件，并在访问到对应路由时按需引入。

```typescript
// TypeScript 代码片段
const routes: Array<RouteRecordRaw> = [
  {
    path: '/',
    name: 'home',
    component: () => import('@views/home.vue'),
  },
]
```

关于这部分内容的更多说明，可以查看 6.3.5 节了解路由懒加载。

▶▶ 6.3.4 多级路由

在 Vue 路由生态里，支持配置二级、三级、四级等多级路由，理论上没有上限，实际业务中用到的级数通常是三~四级。比如做一个美食类网站，打算在"中餐"大分类下配置一个"饺子"栏目，那么地址就是：

```
https://example.com/chinese-food/dumplings
```

这种情况下，中餐（chinese-food）就是一级路由，饺子（dumplings）就是二级路由。如果想再细化一下，"饺子"下面再增加一个"韭菜""白菜"等不同馅料的子分类：

```
https://example.com/chinese-food/dumplings/chives
```

这里的韭菜（chives）就是饺子（dumplings）的子路由，也就是三级路由。

在了解了子路由的概念后，下面来看一下具体如何配置以及它们的注意事项。

父子路由的关系都是严格按照 JSON 的层级关系，子路由的信息配置到父级的 children 数组里面，孙路由也是按照一样的格式配置到子路由的 children 数组里。

下面是一个简单的子路由范例。

```typescript
// TypeScript 代码片段
const routes: Array<RouteRecordRaw> = [
  // 注意:这里是一级路由
  {
    path: '/lv1',
    name: 'lv1',
    component: () => import('@views/lv1.vue'),
    // 注意:这里是二级路由,在 path 的前面没有/
    children: [
      {
        path: 'lv2',
        name: 'lv2',
        component: () => import('@views/lv2.vue'),
        // 注意:这里是三级路由,在 path 的前面没有/
        children: [
          {
            path: 'lv3',
            name: 'lv3',
            component: () => import('@views/lv3.vue'),
          },
        ],
      },
    ],
  },
]
```

上面这个配置最终三级路由的访问地址如下。

```
https://example.com/lv1/lv2/lv3
```

可以看到，在注释里提示了二级、三级路由的 path 字段前面没有/，这样路径前面才会有其父级路由的 path 以体现其层级关系，否则会从根目录开始。

▶▶ 6.3.5 路由懒加载

在 6.3.3 小节说过，路由在配置同步组件的时候，构建出来的文件都集中在一起，大项目的文件会变得非常大，影响页面加载。所以 Vue 在构建工具的代码分割功能的基础上，推出了异步组件，可以把不同路由对应的组件分割成不同的代码块。然后当路由被访问的时候才加载对应组件，这样按需载入，可以很方便地实现路由组件的懒加载。

在下面这一段配置里面：

```typescript
// TypeScript 代码片段
const routes: Array<RouteRecordRaw> = [
  {
    path: '/',
    name: 'home',
    component: () => import('@views/home.vue'),
  },
]
```

起到懒加载配置作用的就是 component 接收的值 () => import('@views/home.vue')，其中@views/home.vue 就是路由的组件。

在命令行运行 npm run build 命令打包构建后，会看到控制台输出的打包结果如下。

```
> npm run build

> hello-vue3@0.0.0 build
> vue-tsc --noEmit && vite build

vite v2.9.15 building for production...
√ 42 modules transformed.
dist/index.html                        0.42 KiB
dist/assets/home.03ad1823.js           0.65 KiB / gzip: 0.42 KiB
dist/assets/HelloWorld.1322d484.js     1.88 KiB / gzip: 0.96 KiB
dist/assets/about.c2af6d65.js          0.64 KiB / gzip: 0.41 KiB
dist/assets/login.e9d1d9f9.js          0.65 KiB / gzip: 0.42 KiB
dist/assets/index.60726771.css         0.47 KiB / gzip: 0.29 KiB
dist/assets/login.bef803dc.css         0.12 KiB / gzip: 0.10 KiB
dist/assets/HelloWorld.b2638077.css    0.38 KiB / gzip: 0.19 KiB
dist/assets/home.ea56cd55.css          0.12 KiB / gzip: 0.10 KiB
dist/assets/about.a0917080.css         0.12 KiB / gzip: 0.10 KiB
dist/assets/index.19d6fb3b.js          79.94 KiB / gzip: 31.71 KiB
```

可以看到，路由文件都按照 views 目录下的路由组件和 components 目录下的组件命名，输出了对应的 JavaScript 文件和 CSS 文件。项目部署后，Vue 只会根据当前路由加载需要的文件，其他文件只做预加载，对于大型项目的访问体验非常友好。

而如果不使用路由懒加载，打包出来的文件是这样的：

```
> npm run build

> hello-vue3@0.0.0 build
> vue-tsc --noEmit && vite build
```

```
vite v2.9.15 building for production...
√ 41 modules transformed.
dist/index.html                   0.42 KiB
dist/assets/index.67b1ee4f.css    1.22 KiB / gzip: 0.49 KiB
dist/assets/index.f758ee53.js     78.85 KiB / gzip: 31.05 KiB
```

可以看到，所有的组件都被打包成了一个很大的 JavaScript 文件和 CSS 文件，没有进行代码分割。对大型项目来说，这种方式打包出来的文件可能会有好几兆，对首屏加载的速度可想而知会很慢。

6.4 路由的渲染

所有路由组件，要在访问后进行渲染，都必须在父级组件里带有\<router-view /\>标签。\<router-view /\>在哪里，路由组件的代码就渲染在哪个节点上，一级路由的父级组件就是 src/App.vue 这个根组件。

其中最基础的配置就是在\<template /\>里面直接写一个\<router-view /\>，这样整个页面就是路由组件。

```
<!-- Vue 代码片段 -->
<template>
  <router-view />
</template>
```

如果站点带有全局公共组件，比如有全站统一的页头、页脚，只有中间区域才是路由，那么可以这样配置：

```
<!-- Vue 代码片段 -->
<template>
  <!-- 全局页头 -->
  <Header />

  <!-- 路由 -->
  <router-view />

  <!-- 全局页脚 -->
  <Footer />
</template>
```

如果有一部分路由带公共组件，有一部分没有，比如大部分页面都需要有侧边栏，但登录页、注册页不需要，就可以这么处理：

```
<!-- Vue 代码片段 -->
<template>
  <!-- 登录 -->
```

```
  <Login v-if="route.name === 'login'" />

  <!-- 注册 -->
  <Register v-else-if="route.name === 'register'" />

  <!-- 带有侧边栏的其他路由 -->
  <div v-else>
    <!-- 固定在左侧的侧边栏 -->
    <Sidebar />

    <!-- 路由 -->
    <router-view />
  </div>
</template>
```

也可以通过路由元信息来管理这些规则，详见 6.9 节。

6.5 使用 route 获取路由信息

和 Vue 2 可以直接在组件里使用 this. $route 来获取当前路由信息不同，在 Vue 3 的组件里，Vue 实例既没有了 this，也没有了 $route。

要牢记一个事情就是，Vue 3 用什么都要导入，所以获取当前路由信息的正确用法是先导入路由 API。

```
// TypeScript 代码片段
import {useRoute} from 'vue-router'
```

再在 setup 里定义一个变量来获取当前路由。

```
// TypeScript 代码片段
const route = useRoute()
```

接下来就可以通过定义好的变量 route 去获取当前路由信息了。

当然，如果要在<template />里使用路由，记得把 route 在 setup 里 return 出去。

```
// TypeScript 代码片段
// 获取路由名称
console.log(route.name)

// 获取路由参数
console.log(route.params.id)
```

Vue 3 的 route 和 Vue 2 的用法基本一致，日常使用应该能很快上手。

但是 Vue 3 的新路由也有一些小变化，有一些属性是被移除了。比如之前获取父级路由信息很喜欢用的 parent 属性，现在已经没有了，可以在 Vue Router 官网的 "从 Vue2 迁移" 一章查看所有破坏性变化。

类似被移除的 parent，如果要获取父级路由信息（比如在做面包屑功能的时候），可以改成下面这样，手动指定倒数第二个信息为父级信息。

```typescript
// TypeScript 代码片段
// 获取路由记录
const matched = route.matched

// 获取该记录的路由个数
const max = matched.length

// 获取倒数第二个路由(也就是当前路由的父级路由)
const parentRoute = matched[max - 2]
```

如果有配置父级路由，那么 parentRoute 就是父级路由信息，否则会返回 undefined。

6.6 使用 router 操作路由

和 route 一样，在 Vue 3 也不能再使用 this. $router，也必须通过导入路由 API 来使用。

```typescript
// TypeScript 代码片段
import {useRouter} from 'vue-router'
```

和 useRoute 一样，useRouter 也是一个函数，需要在 setup 里定义一个变量来获取路由信息。

```typescript
// TypeScript 代码片段
const router = useRouter()
```

接下来就可以通过定义好的变量 router 去操作路由了。

```typescript
// TypeScript 代码片段
// 跳转首页
router.push({
  name: 'home',
})

// 返回上一页
router.back()
```

6.7 使用 router-link 标签跳转

router-link 是一个全局组件，可在<template />里直接使用，无须导入，基础的用法在 Vue 2 和 Vue 3 里是一样的。默认会被转换为一个 a 标签，对比写死的<a href="...">，使用 router-link 会更加灵活。

▶▶ 6.7.1　基础跳转

router-link 最基础的用法就是把它当成一个 target = " _self" 的 a 标签使用，但无须重新刷新页面。因为是路由跳转，它的体验和使用 router 去进行路由导航的效果完全一样。

```
<!-- Vue 代码片段 -->
<template>
  <router-link to="/home">首页</router-link>
</template>
```

等价于 router 的 push：

```
// TypeScript 代码片段
router.push({
  name: 'home',
})
```

可以写个<div />标签绑定 Click 事件以达到 router-link 的效果。

```
<!-- Vue 代码片段 -->
<template>
  <div
    class="link"
    @click="
      router.push({
        name: 'home',
      })
    "
  >
    <span>首页</span>
  </div>
</template>
```

了解这种使用对比，对下文其他跳转方式的学习会有帮助。

▶▶ 6.7.2　带参数的跳转

使用 router 的时候，可以轻松地带上参数去那些有 ID 的内容页、用户资料页、栏目列表页等。比如要访问一篇文章 https://example.com/article/123，用 push 的写法是：

```
// TypeScript 代码片段
router.push({
  name: 'article',
  params: {
    id: 123,
  },
})
```

同理，从基础跳转的写法很容易就能猜到在 router-link 里应该怎么写。

```
<!-- Vue 代码片段 -->
<template>
  <router-link
    class="link"
    :to="{
      name:'article',
      params: {
        id: 123,
      },
    }"
  >
    这是文章的标题
  </router-link>
</template>
```

▶▶ 6.7.3 不生成 a 标签

router-link 默认被转换为一个 a 标签，但根据业务场景，也可以把它指定为生成其他标签，比如 span、div、li 等。这些标签因为不具备 href 属性，所以在跳转时都是通过 Click 事件去执行的。

在 Vue 2，指定为其他标签只需要一个 tag 属性即可。

```
<!-- Vue 代码片段 -->
<template>
  <router-link tag="span" to="/home">首页</router-link>
</template>
```

但在 Vue 3，tag 属性已被移除，需要通过 custom 和 v-slot 的配合将其渲染为其他标签。比如要渲染为一个带有路由导航功能的其他标签。

```
<!-- Vue 代码片段 -->
<template>
  <router-link to="/home" custom v-slot="{navigate}">
    <span class="link" @click="navigate"> 首页 </span>
  </router-link>
</template>
```

渲染后就是一个普通的<span />标签，当该标签被单击的时候，会通过路由的导航跳转到指定的路由页。

```
<!-- HTML 代码片段 -->
<!-- 渲染后的标签 -->
<span class="link">首页</span>
```

关于这两个属性的参数说明如下。

1）custom：一个布尔值，用于控制是否需要渲染为 a 标签，当不包含 custom 或者把 custom 设置为 false 时，则依然使用 a 标签渲染。

2）v-slot：一个对象，用来决定标签的行为，它包含了如下信息，见表 6-1。

表 6-1　v-slot 支持的属性

字　段	含　义
href	解析后的 URL 将会作为一个 a 元素的 href 属性
route	解析后的规范化地址
navigate	触发导航的函数，会在必要时自动阻止事件，和 router-link 同理
isActive	如果需要应用激活的 class 则为 true，允许应用一个任意的 class
isExactActive	如果需要应用精确激活的 class 则为 true，允许应用一个任意的 class

一般来说，v-slot 必备的只有 navigate，用来绑定元素的单击事件，否则元素单击后不会有任何反应，其他的可以根据实际需求来添加。

要渲染为非 a 标签，切记以下两点。

1）router-link 必须带上 custom 和 v-slot 属性。

2）最终要渲染的标签写在 router-link 里，包括对应的 className 和单击事件。

6.8　在独立 TypeScript/JavaScript 文件里使用路由

除了可以在.vue 文件里使用路由之外，也可以在单独的.ts、.js 文件里使用。

比如要做一个带有用户系统的站点，登录的相关代码除了在 login.vue 里运行外，在注册页面 register.vue，用户注册成功后还要帮用户执行一次自动登录。登录完成还要记录用户的登录信息、Token、过期时间等，有不少数据要做处理，以及需要帮助用户自动切去登录前的页面等行为。这是两个不同的组件，如果写两次几乎一样的代码，会大大增加维护成本。

这种情况下就可以通过抽离核心代码，封装成一个 login.ts 文件，在这个独立的.ts 文件里去操作路由。

```
// TypeScript 代码片段
// 导入路由
import router from '@/router'

// 执行路由跳转
router.push({
  name:'home',
})
```

6.9　路由元信息配置

有的项目需要一些个性化配置，比如：

1）每个路由给予独立的标题。

2）管理后台的路由时，部分页面需要限制一些访问权限。

3）通过路由来自动生成侧边栏、面包屑。

4）部分路由的生命周期需要做缓存（Keep Alive）。

5）其他更多的业务场景。

无须维护很多套配置，在定义路由树的时候可以配置 meta 字段，比如下面就是包含了多种元信息的一个登录路由。

```typescript
// TypeScript 代码片段
const routes: Array<RouteRecordRaw> = [
  {
    path: '/login',
    name: 'login',
    component: () => import('@views/login.vue'),
    meta: {
      title: '登录',
      isDisableBreadcrumbLink: true,
      isShowBreadcrumb: false,
      addToSidebar: false,
      sidebarIcon: '',
      sidebarIconAlt: '',
      isNoLogin: true,
    },
  },
]
```

这个是笔者曾经在做后台项目时用过的一些配置，主要的功能见表 6-2。

表 6-2　一些路由元信息参考

字　段	类　型	含　义
title	string	用于在渲染的时候配置浏览器标题
isDisableBreadcrumbLink	boolean	是否禁用面包屑链接（对一些没有内容的路由可以屏蔽访问）
isShowBreadcrumb	boolean	是否显示面包屑（此处的登录页不需要面包屑）
addToSidebar	boolean	是否加入侧边栏（此处的登录页不需要加入侧边栏）
sidebarIcon	string	配置侧边栏的图标 className（默认状态）
sidebarIconAlt	string	配置侧边栏的图标 className（展开状态）
isNoLogin	boolean	是否免登录（后台默认强制登录，设置为 true 则可以免登录访问，此处的登录页不需要校验）

类似地，如果还有其他需求，比如要增加对不同用户组的权限控制（比如管理员、普通用户分组，部分页面只有管理员允许访问）都可以通过配置 meta 里的字段，再配合 6.13 节导航守卫里的路由拦截一起使用。

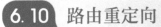

6.10 路由重定向

对一些已下线的页面，直接访问原来的地址会导致 404 错误。为了避免这种情况的出现，通常会配置重定向将其指向一个新的页面或者跳转回首页。

▶▶ 6.10.1 基本用法

路由重定向是指使用一个 redirect 字段进行配置到对应的路由里面去实现跳转。

```typescript
// TypeScript 代码片段
const routes: Array<RouteRecordRaw> = [
  {
    path: '/',
    name: 'home',
    component: () => import('@views/home.vue'),
    meta: {
      title: 'Home',
    },
  },
  // 访问这个路由会被重定向到首页
  {
    path: '/error',
    redirect: '/',
  },
]
```

通常来说，配置了 redirect 的路由，只需要指定两个字段即可，一个是 path 该路由本身的路径，另一个是 redirect 目标路由的路径，其他字段可以忽略。

redirect 字段可以接收三种类型的值，见表 6-3。

表 6-3 redirect 字段的三种类型说明

类 型	填 写 的 值	对应小节
string	另外一个路由的 path	6.10.3
route	另外一个路由（类似 router.push）	6.10.4
function	可以判断不同情况的重定向目标，最终 return 一个 path 或者 route	6.10.5

▶▶ 6.10.2 业务场景

路由重定向可以避免用户访问一些无效的路由页面。

1）比如项目上线了一段时间后，有个路由需要改名或者调整路径层级，可以把旧路由重定向到新的路由，以避免原来的用户从收藏夹等地方进来后找不到。

2）一些容易打错的地址，比如个人资料页通常都是用/profile，但是业务网站使用的是/account，那也可以把/profile 重定向到/account 去。

3）对于一些有会员体系的站点，可以根据用户权限进行重定向，分别指向他们具备访问权限的页面。

4）官网首页在 PC 端、移动端、游戏内嵌横屏版分别有 3 套页面，但希望能通过主域名来识别不同设备，以帮助用户自动切换访问。

了解了业务场景后，接下来就能比较清晰地了解应该如何配置重定向了。

▶▶ 6.10.3 配置为 path

最常用的场景恐怕就是首页的指向了，比如首页地址是 https://example.com/home，但是想让主域名 https://example.com/ 也能跳转到/home，可以这么配置：把目标路由的 path 配置进来就可以了。

```typescript
// TypeScript 代码片段
const routes: Array<RouteRecordRaw> = [
  // 重定向到/home
  {
    path: '/',
    redirect: '/home',
  },
  // 真正的首页
  {
    path: '/home',
    name: 'home',
    component: () => import('@views/home.vue'),
  },
]
```

这种方式的缺点也显而易见，只能针对那些不带参数的路由。

▶▶ 6.10.4 配置为 route

如果想要重定向后的路由地址带上一些参数，可以配置为 route。

```typescript
// TypeScript 代码片段
const routes: Array<RouteRecordRaw> = [
  // 重定向到/home,并带上一个 query 参数
  {
    path: '/',
    redirect: {
      name: 'home',
      query: {
        from: 'redirect',
      },
    },
  },
```

```
  },
  // 真正的首页
  {
    path: '/home',
    name: 'home',
    component: () => import('@views/home.vue'),
  },
]
```

最终访问的地址就是 https://example.com/home？from＝redirect，像这种带有来路参数的路由，就可以在“百度统计”或者“CNZZ 统计”之类的统计站点查看来路的流量。

▶▶ 6.10.5　配置为 function

这个用法初次接触时可能不知道用在什么地方，笔者认为结合业务场景来解释是最直观的，比如网站有 3 个用户组，一个是管理员，一个是普通用户，还有一个是游客（未登录），他们对应的网站首页是不一样的。

1）管理员：具备各种数据可视化图表、最新的网站数据、一些最新的用户消息等。

2）普通用户：只有一些常用模块的入口链接。

3）未登录用户：直接跳转到登录页面。

产品需要在用户访问网站主域名的时候，识别用户身份跳转不同的首页，那么就可以用下面的方法配置路由重定向。

```
// TypeScript 代码片段
const routes: Array<RouteRecordRaw> = [
  // 访问主域名时,根据用户的登录信息重定向到不同的页面
  {
    path: '/',
    redirect: () => {
      // loginInfo 是当前用户的登录信息
      // 可以从 localStorage 或者 Pinia 读取
      const {groupId} = loginInfo

      // 根据组别 ID 进行跳转
      switch (groupId) {
        // 管理员跳转到仪表盘
        case 1:
          return '/dashboard'

        // 普通用户跳转到首页
        case 2:
          return '/home'

        // 其他用户都认为未登录,跳转到登录页
        default:
```

```
        return'/login'
      }
    },
  },
]
```

6.11 路由别名配置

根据的业务需求，也可以为路由指定一个别名，与 6.10 节的路由重定向功能相似，但又有不同：配置了路由重定向，当用户访问/a 时，URL 将会被替换成/b，然后匹配的实际路由是/b；配置了路由别名，/a 的别名是/b，当用户访问/b 时，URL 会保持为/b，但是路由匹配则为/a，就像用户访问/a 一样。

配置方法很简单，添加一个 alias 字段即可轻松实现。

```
// TypeScript 代码片段
const routes: Array<RouteRecordRaw> = [
  {
    path: '/home',
    alias: '/index',
    name: 'home',
    component: () => import('@views/home.vue'),
  },
]
```

如上的配置，即可实现通过/home 访问首页，也可以通过/index 访问首页。

6.12 404 路由页面配置

可以配置一个 404 路由来代替站内的 404 页面，配置方法如下。

```
// TypeScript 代码片段
const routes: Array<RouteRecordRaw> = [
  {
    path: '/:pathMatch(.* )* ',
    name: '404',
    component: () => import('@views/404.vue'),
  },
]
```

这样配置之后，只要访问到不存在的路由，就会显示为这个 404 模板。

注意：新版的路由不再支持直接配置通配符 *，而是必须使用带有自定义正则表达式的参数进行定义，详见官网删除了 *（星标或通配符）路由的说明。

6.13 导航守卫

Vue 3 和 Vue 2 使用的路由一样，也支持导航守卫，并且用法基本上是一样的。

导航守卫这个词对初次接触的开发者来说应该会有点陌生，其实就是几个专属的钩子函数。先来看它的使用场景，大致理解一下基本概念和作用。

▶▶ 6.13.1 钩子的应用场景

对于导航守卫还不熟悉的开发者来说，可以从一些实际使用场景来加强印象，比如：

1）前面说的，在渲染的时候配置浏览器标题，由于 Vue 项目只有一个 HTML 文件，所以默认只有一个标题。但想在访问/home 的时候标题显示为"首页"，访问/about 的时候标题显示为"关于"。

2）部分页面需要管理员才能访问，普通用户不允许进入到该路由页面。

3）Vue 单页面项目，传统的 CNZZ/百度统计等网站统计代码只会在页面加载的时候统计一次，但需要每次切换路由都上报一次 PV 数据。

这样的场景还有很多，导航守卫支持全局使用，也可以在.vue 文件里单独使用，接下来看看具体的用法。

▶▶ 6.13.2 路由里的全局钩子

顾名思义，全局钩子是在创建 router 的时候进行全局的配置。也就是说，只要配置了钩子，那么所有的路由在被访问到的时候，都会触发这些钩子函数，见表 6-4。

表 6-4　路由全局钩子

可 用 钩 子	含　　义	触 发 时 机
beforeEach	全局前置守卫	在路由跳转前触发
beforeResolve	全局解析守卫	在导航被确认前，同时在组件内守卫和异步路由组件被解析后触发
afterEach	全局后置守卫	在路由跳转完成后触发

全局配置非常简单，在 src/router/index.ts 里，在创建路由之后、在导出去之前使用。

```
// TypeScript 代码片段
import {createRouter} from 'vue-router'

// 创建路由
const router = createRouter({...})

// 在这里调用导航守卫的钩子函数
```

```
router.beforeEach((to, from) => {
  ...
})

// 导出去
export default router
```

1. beforeEach

beforeEach（全局前置守卫）是导航守卫里面运用最多的一个钩子函数，通常将其称为"路由拦截"。
拦截这个词，顾名思义，就是在目的达到之前，把它拦下来。所以路由的目的就是渲染指定的组件，路由拦截就是在组件被渲染之前做一些拦截操作。

beforeEach 的参数见表 6-5。

表 6-5　beforeEach 的参数

参　　数	作　　用
to	即将要进入的路由对象
from	当前导航正要离开的路由

Vue 3 和 Vue 2 不同，Vue 2 的 beforeEach 是默认 3 个参数，第三个参数是 next，用来操作路由接下来的跳转。

但在新版本路由里，已经通过 RFC 将其删除，虽然目前还是作为可选参数使用，但以后不确定是否会被移除，不建议继续使用。

新版本路由可以通过 return 来代替 next。用法很简单，比如在进入路由之前，根据 meta 路由元信息的配置，设定路由的网页标题。

```
// TypeScript 代码片段
router.beforeEach((to, from) => {
  const {title} = to.meta
  document.title = title ||'默认标题'
})
```

或者判断是否需要登录。

```
// TypeScript 代码片段
router.beforeEach((to, from) => {
  const {isNoLogin} = to.meta
  if (!isNoLogin) return '/login'
})
```

或者针对一些需要 id 参数，但参数丢失的路由做拦截。比如：很多网站的文章详情页都是类似 https://example.com/article/123 这样格式的地址，是需要带有文章 id 作为 URL 的一部分，如果只访问 https://example.com/article 则需要拦截掉。

下面是关于 article 路由的配置，要求 params 要带上 id 参数。

```typescript
// TypeScript 代码片段
const routes: Array<RouteRecordRaw> = [
  // 这是一个配置了 params、访问的时候必须带 id 的路由
  {
    path: '/article/:id',
    name: 'article',
    component: () => import('@views/article.vue'),
  },
  ...
]
```

当路由的 params 丢失的时候，路由记录 matched 是一个空数组。针对这样的情况，就可以配置一个拦截，丢失参数时返回首页。

```typescript
// TypeScript 代码片段
router.beforeEach((to) => {
  if (to.name === 'article' && to.matched.length === 0) {
    return '/'
  }
})
```

2. beforeResolve

beforeResolve（全局解析守卫）会在每次导航时触发，但是在所有组件内守卫和异步路由组件被解析之后、在确认导航之前被调用。这个钩子用得比较少，因为它和 beforeEach 非常相似，相信大部分开发者都会用 beforeEach 来代替它。

它通常会用在一些申请权限的环节，比如一些 H5 页面需要申请系统相机权限、一些微信活动需要申请微信的登录信息授权等，获得权限之后才允许获取接口数据和给用户更多的操作。此时使用 beforeEach 时机太早，使用 afterEach 又有点晚，那么这个钩子的时机就刚刚好。

beforeResolve 的参数见表 6-6。

表 6-6　beforeResolve 的参数

参　　数	作　　用
to	即将要进入的路由对象
from	当前导航正要离开的路由

下面是以前 Vue Router 官网申请照相机权限的例子。

```typescript
// TypeScript 代码片段
// https://router.vuejs.org/zh/guide/advanced/navigation-guards.html

router.beforeResolve(async (to) => {
  // 如果路由配置了必须调用相机权限
  if (to.meta.requiresCamera) {
```

```
  // 正常流程,咨询是否允许使用照相机
  try {
    await askForCameraPermission()
  } catch (error) {
    // 容错
    if (error instanceof NotAllowedError) {
      ...// 处理错误,然后取消导航
      return false
    } else {
      // 如果出现意外,则取消导航并抛出错误
      throw error
    }
  }
})
```

3. afterEach

afterEach（全局后置守卫）也是导航守卫里面用得比较多的一个钩子函数。

afterEach 的参数见表 6-7。

表 6-7 afterEach 的参数

参 数	作 用
to	即将要进入的路由对象
from	当前导航正要离开的路由

在 6.13.1 小节钩子的应用场景里面有个例子，就是每次切换路由都上报一次 PV 数据，类似这种每个路由都要执行一次，但又不必在渲染前操作的情况，都可以放到后置钩子里去执行。

笔者之前写过两个数据统计的 npm 插件包：vue-cnzz-analytics 和 vue-baidu-analytics，就是用这个后置钩子来实现自动上报数据的。

```
// TypeScript 代码片段
router.afterEach((to, from) => {
  // 上报流量的操作
  ...
})
```

▶▶ 6.13.3 在组件内使用全局钩子

前面所讲的都是全局钩子，虽然一般都是在路由文件里使用，但如果有需要，也可以在.vue 文件里操作。和路由的渲染不同，渲染是父级路由组件必须带有<router-view />标签才能渲染，但是使用全局钩子不受此限制。

建议只在一些入口文件里使用，比如 App.vue，或者是在一些全局的 Header.vue、Footer.vue 里使

用，方便后续维护。

在 setup 里，定义一个 router 变量获取路由之后，就可以操作了。

```typescript
// TypeScript 代码片段
import {defineComponent} from 'vue'
import {useRouter} from 'vue-router'

export default defineComponent({
  setup() {
    // 定义路由
    const router = useRouter()

    // 调用全局钩子
    router.beforeEach((to, from) => {
      ...
    })
  },
})
```

▶▶ 6.13.4　路由里的独享钩子

如果只是有个别路由要做处理，可以使用路由独享的守卫，用来针对个别路由定制一些特殊功能，可以减少在全局钩子里面写一堆判断代码。路由独享的钩子函数见表 6-8。

表 6-8　路由独享的钩子函数

可 用 钩 子	含 义	触 发 时 机
beforeEnter	路由独享前置守卫	在路由跳转前触发

注：路由独享的钩子必须配置在 routes 的 JSON 树里面，挂载在对应的路由下面（与 path、name、meta 这些字段同级）。

它和全局钩子 beforeEach 的作用相同，都是在进入路由之前触发，触发时机比 beforeResolve 要早。

触发顺序：beforeEach（全局）>beforeEnter（独享）>beforeResolve（全局）。

beforeEnter 的参数见表 6-9。

表 6-9　beforeEnter 的参数

参 数	作 用
to	即将要进入的路由对象
from	当前导航正要离开的路由

beforeEnter 和 beforeEach 一样，也是取消了 next，可以通过 return 来代替。在用法上也是比较简单，比如整个站点的默认标题都是以 "栏目标题+全站关键标题" 的格式作为网页的 Title，例如 "项

目经验 - 程沛权"，但在首页的时候，想做一些不一样的定制。

```typescript
// TypeScript 代码片段
const routes: Array<RouteRecordRaw> = [
  {
    path: '/home',
    name: 'home',
    component: () => import('@views/home.vue'),
    // 在这里添加单独的路由守卫
    beforeEnter: (to, from) => {
      document.title = '程沛权 - 养了三只猫'
    },
  },
]
```

这样就可以通过 beforeEnter 来实现一些个别路由的单独定制了。

需要注意的是，只有从不同的路由切换进来，才会触发该钩子。针对同一个路由，但是不同的 params、query 或者 hash，都不会重复触发该钩子。比如从 https://example.com/article/123 切换到 https://example.com/article/234 是不会触发的。

其他的用法和 beforeEach 可以说是一样的。

▶▶ 6.13.5　组件内单独使用

组件里除了可以使用全局钩子外，还可以使用组件专属的路由钩子。组件里的钩子函数见表 6-10。

表 6-10　组件里的钩子函数

可用钩子	含义	触发时机
onBeforeRouteUpdate	组件内的更新守卫	在当前路由改变，并且该组件被复用时调用
onBeforeRouteLeave	组件内的离开守卫	导航离开该组件的对应路由时调用

组件内钩子的入参，也都是取消了 next，可以通过 return 来代替。和其他 Composition API 一样，需要先 import（导入）再操作。

和旧版路由不同，新版的 Composition API 移除了 beforeRouteEnter 这个钩子了。

1. onBeforeRouteUpdate

可以在当前路由改变，并且该组件被复用时，重新调用里面的一些函数用来更新模板数据的渲染。onBeforeRouteUpdate 的参数见表 6-11。

表 6-11　onBeforeRouteUpdate 的参数

参　　数	作　　用
to	即将要进入的路由对象
from	当前导航正要离开的路由

比如一个内容网站，通常在文章详情页底部会有相关阅读推荐，这个时候就会有一个操作场景是：从文章 A 跳转到文章 B。比如从 https：//example.com/article/111 切换至 https：//example.com/article/222，这种就属于"路由改变，并且组件被复用"的情况了。

这种情况下，原本放在 onMounted 里执行数据请求的函数就不会被调用了，可以借助该钩子来实现渲染新的文章内容。

```typescript
// TypeScript 代码片段
import {defineComponent, onMounted} from 'vue'
import {useRoute, onBeforeRouteUpdate} from 'vue-router'

export default defineComponent({
  setup() {
    // 其他代码略

    // 查询文章详情
    async function queryArticleDetail(id: number) {
      // 请求接口数据
      const res = await axios({
        url:`/article/${id}`,
      })
      ...
    }

    // 组件挂载完成后执行文章内容的请求
    // 注意这里是获取 route 的 params
    onMounted(async () => {
      const id = Number(route.params.id) || 0
      await queryArticleDetail(id)
    })

    // 组件被复用时重新请求新的文章内容
    onBeforeRouteUpdate(async (to, from) => {
      // id 不变时减少重复请求
      if (to.params.id === from.params.id) return

      // 注意这里是获取 to 的 params
      const id = Number(to.params.id) || 0
      await queryArticleDetail(id)
    })
  },
})
```

2. onBeforeRouteLeave

onBeforeRouteLeave 函数可以在离开当前路由之前，实现一些离开前的判断拦截，其参数见表 6-12。

表 6-12　**onBeforeRouteLeave** 的参数

参　　数	作　　用
to	即将要进入的路由对象
from	当前导航正要离开的路由

这个离开守卫通常用来禁止用户在还未保存修改前突然离开，可以通过 return false 来取消用户离开当前路由。

```typescript
// TypeScript 代码片段
import {defineComponent} from 'vue'
import {onBeforeRouteLeave} from 'vue-router'

export default defineComponent({
  setup() {
    // 调用离开守卫
    onBeforeRouteLeave((to, from) => {
      // 弹出一个确认框
      const confirmText = '确认要离开吗？您的更改尚未保存！'
      const isConfirmLeave = window.confirm(confirmText)

      // 当用户选择取消时,不离开路由
      if (!isConfirmLeave) {
        return false
      }
    })
  },
})
```

6.14　路由侦听

路由的侦听，可以延续以往 watch 的用法，也可以用全新的 watchEffect。

▶▶ 6.14.1　watch

在 Vue 2，侦听路由变化用得最多的就是 watch 了，不过 Vue 3 的 watch API 使用更简单。

1. 侦听整个路由

可以跟以前一样，直接侦听整个路由的变化。

```typescript
// TypeScript 代码片段
import {defineComponent, watch} from 'vue'
import {useRoute} from 'vue-router'

export default defineComponent({
```

```
  setup() {
    const route = useRoute()

    // 侦听整个路由
    watch(route, (to, from) => {
      // 处理一些事情
      ...
    })
  },
})
```

第一个参数传入整个路由；第二个参数是个回调函数，可以通过 to 和 from 来判断路由变化情况。

2. 侦听路由的某个数据

如果只想侦听路由某个数据的变化，比如侦听一个 query 或者一个 param，可以采用以下这种方式。

```
// TypeScript 代码片段
import {defineComponent, watch} from 'vue'
import {useRoute} from 'vue-router'

export default defineComponent({
  setup() {
    const route = useRoute()

    // 侦听路由参数的变化
    watch(
      () => route.query.id,
      () => {
        console.log('侦听到 ID 变化')
      }
    )
  },
})
```

第一个参数传入一个 getter 函数，return 要侦听的值；第二个参数是个回调函数，可以针对参数变化进行一些操作。

▶▶ 6. 14. 2　watchEffect

这是 Vue 3 新推出的一个侦听函数，可以简化 watch 的行为。比如定义了一个函数，通过路由的参数来获取文章 ID，然后请求文章内容。

```
// TypeScript 代码片段
import {defineComponent, watchEffect} from 'vue'
import {useRoute} from 'vue-router'
```

```
export default defineComponent({
  setup() {
    const route = useRoute()

    // 从接口查询文章详情
    async function queryArticleDetail() {
      const id = Number(route.params.id) || 0
      console.log('文章 ID 是：', id)

      const res = await axios({
        url: `/article/${id}`,
      })
      ...
    }

    // 直接侦听包含路由参数的那个函数
    watchEffect(queryArticleDetail)
  },
})
```

对比 watch 的使用，watchEffect 在操作上更加简单，把包含要被侦听数据的函数当成它的入参传进去即可。

6.15 部署问题与服务端配置

使用路由的 hash 模式，部署后有问题的情况通常很少，但是如果使用 history 模式，可能会遇到各种各样的问题。

▶▶ 6.15.1 常见部署问题

下面整理了一些常见部署问题的原因分析和解决方案，供读者参考。

1. 页面刷新就 404

页面部署到服务端之后，访问首页时正常；通过导航上面的链接进行路由跳转时，也正常；但是，刷新页面时就变成 404 了。

问题原因：

一般这种情况是因为路由开启了 history 模式，但是服务端没有配置功能支持。

解决方案：

需根据 6.15.2 节服务端配置方案部分的说明，与运维的同事沟通，让他们帮忙修改服务端的配置。

2. 部分路由白屏

如果在项目配置文件里，把里面的 publicPath（使用 Vue CLI）或者 base（使用 Vite）配置成相对路径./，并且配置了二级或二级以上路由时，那么就会出现部分路由白屏的问题。

问题原因：

该问题的原因是打包后的 JavaScript、CSS 等静态资源都是存放在项目根目录下的，一级路由的./就是根目录，所以访问正常；而二级路由的./则不是根目录了，是从当前目录载入的，这就导致无法正确载入 JavaScript 文件了，从而导致了白屏。

假设项目域名是 https://example.com，那么：

1）一级路由是 https://example.com/home。

2）二级路由是 https://example.com/foo/bar。

假设打包后的 JavaScript 文件等静态资产存放于 https://example.com/assets/文件夹下，访问一级路由时，./访问到的 JavaScript 文件是 https://example.com/assets/home.js，所以一级路由可以正常访问到。访问二级路由时，./访问到的 JavaScript 文件是 https://example.com/foo/assets/bar.js，但实际上文件是存放在 https://example.com/assets/bar.js，访问到的 URL 资源不存在，所以白屏了。

解决方案：

如果项目开启了 history 模式，并且配置有二级或者二级以上的路由时，不要使用./这样的相对路径。

正确的方式应该是修改 publicPath（使用 Vue CLI）或者 base（使用 Vite），如果是部署在域名根目录则写/；如果是子目录，则按照子目录的格式，将其以/开头，以/结尾的形式配置（如/hello-world/）。

▶▶ 6.15.2　服务端配置方案

如果使用的是 HTML5 的 history 模式，那么服务端也需要配置对应的支持，否则会出现路由跳转正常，但页面一刷新就 404 的情况。

服务端配置后，就不再进入 404 了，需要在项目里手动配置一个 404 路由（详见 6.12 节内容）。

1. Nginx

现在大部分公司的服务程序都在使用 Nginx，可以将以下代码发给运维工程师参考，调整 Nginx 的配置。

```
# Nginx 代码片段
location / {
  try_files $uri $uri/ /index.html;
}
```

2. Express

如果前端工程师使用 Node.js 作为服务端，并且使用了 Express 服务端框架，那么操作将变得更简单，仅需要安装一个中间件即可。

```
npm install connect-history-api-fallback
```

在服务启动入口文件里导入该中间件并激活。

```javascript
// JavaScript 代码片段
const express = require('express')
const history = require('connect-history-api-fallback')

// 创建 Express 实例
const app = express()
app
  // 启用 history 中间件
  .use(history())
  // 这里是读取打包后的页面文件目录
  .use('/', express.static(resolve('../dist')))
```

3. 更多方案

其他的诸如 Apache、IIS，或者原生 Node 等配置方案，Vue 官方都提供了对应的演示代码，可以在官网的服务器配置示例部分了解更多内容。

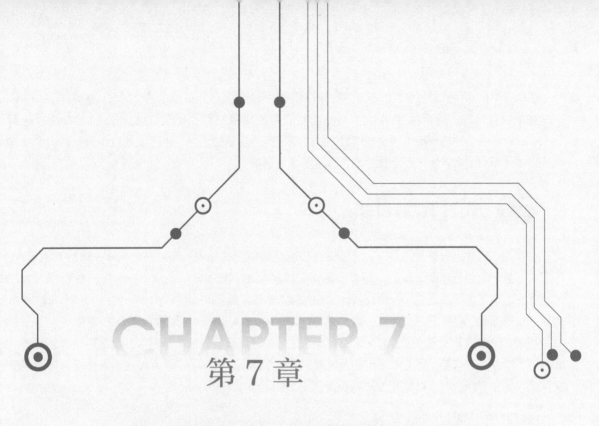

CHAPTER 7
第 7 章

插件的开发和使用

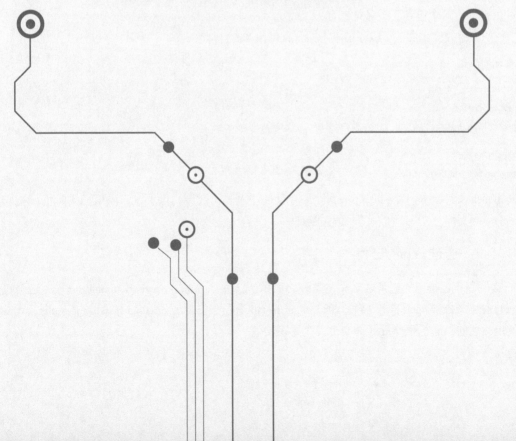

在构建 Vue 项目的过程中，离不开各种开箱即用插件的支持，用以快速完成需求，避免自己造轮子。

在 Vue 项目里，既可以使用针对 Vue 定制开发的专属插件，也可以使用无框架依赖的通用 JavaScript插件。插件的表现形式也是丰富多彩，既可以是功能的实现，也可以是组件的封装。本章将从插件的使用到亲自开发一个小插件的过程进行逐一讲解。

7.1 插件的安装和引入

在前端工程化十分普及的今天，可以说几乎所有要用到的插件，都可以在 npmjs 网站上搜索到，除了官方提供的包管理器 npm 外，还有很多种安装方式供读者选择。

如果还不了解什么是包和包管理器，请先阅读 2.6 节了解包和插件的知识。另外，每个包管理都可以配置镜像源，以提升下载速度，对此也可以先阅读 2.6.4 小节了解配置镜像源的操作。

虽然对于个人开发者来说，有一个用得顺手的包管理器就足够日常开发了。但是还是有必要多了解一下不同的包管理器，因为未来可能会面对团队协作开发、为开源项目贡献代码等情况，需要遵循团队要求的包管理机制（如使用 Monorepo 架构的团队会更青睐于 yarn 或 pnpm 的 Workspace 功能）。

▶▶ 7.1.1 通过 npm 安装

npm 是 Node.js 自带的包管理器，平时通过 npm install 命令来安装各种 npm 包，比如 npm install vue-router 就是通过这个包管理器来安装的。

如果包的下载速度太慢，可以通过以下命令管理镜像源。

```
# 查看下载源
npm config get registry

# 绑定下载源
npm config set registry https://registry.npmmirror.com

# 删除下载源
npm config rm registry
```

npm 的 lock 文件是 package-lock.json，如果有管理多人协作仓库的需求，可以根据实际情况把它添加至.gitignore 文件，以便于统一团队的包管理。

▶▶ 7.1.2 通过 cnpm 安装

cnpm 是阿里巴巴推出的包管理工具，安装之后默认会使用 https://registry.npmmirror.com 这个镜像源。它的安装命令和 npm 非常一致，通过 cnpm install 命令来安装（如 cnpm install vue-router）。

在使用它之前，需要通过 npm 命令进行全局安装。

```
npm install -g cnpm
```

```
#或者
# npm install -g cnpm --registry=https://registry.npmmirror.com
```

cnpm 不生成 lock 文件，也不会识别项目下的 lock 文件，所以还是推荐使用 npm 或者其他包管理工具，通过绑定镜像源的方式来管理项目的包。

▶▶ 7.1.3 通过 yarn 安装

yarn 也是一个常用的包管理工具，和 npm 十分相似，npmjs 上的包也会同步到 yarnpkg 网站上。它也是需要全局安装才可以使用的。

```
npm install -g yarn
```

但是管理包的时候，在安装命令上会有点不同。yarn 是用 add 代替 install，用 remove 代替 uninstall，例如：

```
# 安装单个包
yarn add vue-router

# 安装全局包
yarn global add typescript

# 卸载包
yarn remove vue-router
```

而且在运行脚本的时候，可以直接用 yarn 来代替 npm run，如 yarn dev 相当于 npm run dev。

yarn 默认绑定的是 https://registry.yarnpkg.com 的下载源，如果包的下载速度太慢，也可以配置镜像源，但是命令有所差异。

```
# 查看镜像源
yarn config get registry

# 绑定镜像源
yarn config set registry https://registry.npmmirror.com

# 删除镜像源(注意这里是 delete)
yarn config delete registry
```

yarn 的 lock 文件是 yarn.lock，如果有管理多人协作仓库的需求，可以根据实际情况把它添加至 .gitignore 文件，以便于统一团队的包管理。

▶▶ 7.1.4 通过 pnpm 安装

pnpm 是包管理工具的一个后起之秀，主打快速的、节省磁盘空间的特色，用法跟其他包管理器很相似，没有太多的学习成本，npm 和 yarn 的命令它都支持。

pnpm 也是必须先全局安装它才可以使用。

```
npm install -g pnpm
```

目前 pnpm 在开源社区的使用率越来越高，包括接触最多的 Vue/Vite 团队也在逐步迁移到 pnpm 来管理依赖。

pnpm 的下载源使用的是 npm，所以如果要绑定镜像源，按照 7.1.1 小节 npm 的方式处理就可以了。

pnpm 的 lock 文件是 pnpm-lock.yaml，如果有管理多人协作仓库的需求，可以根据实际情况把它添加至.gitignore 文件，以便于统一团队的包管理。

▶▶ 7.1.5　通过 CDN 安装

大部分插件都会提供一个 CDN 版本，在.html 文件里可以通过<script>标签引入，比如：

```
<!-- HTML 代码片段 -->
<script src="https://unpkg.com/vue-router"></script>
```

▶▶ 7.1.6　插件的引入

除了 CDN 版本是直接可用之外，其他通过 npm、yarn 等方式安装的插件，都需要在入口文件 main.ts 或者要用到的.vue 文件里引入，比如：

```
// TypeScript 代码片段
import {createRouter, createWebHistory} from 'vue-router'
```

因为本书都是基于工程化开发的，使用的是 CLI 脚手架，所以这些内容暂时不谈及 CDN 的使用方式。通常来说会有细微差别，但影响不大，插件作者也会在插件仓库的 README 或者使用文档里告知。

7.2　Vue 专属插件

这里特指 Vue 插件，通过 Vue Plugins 设计规范开发出来的插件，在 npm 上通常是以 vue-xxx 这样带有 Vue 关键字的格式命名（如 vue-baidu-analytics）。

专属插件通常分为全局插件和单组件插件，区别在于，全局版本是在 main.ts 引入后使用（use），而单组件版本则通常是作为一个组件在.vue 文件里引入使用。

▶▶ 7.2.1　全局插件的使用

前文特地介绍了一个内容就是项目初始化（详见 4.9 节），提到过就是需要通过 use 来初始化框架、插件。

全局插件的使用，就是在 main.ts 通过 import 引入，然后通过 use 来启动初始化。

在 Vue 2，全局插件是通过 Vue.use（xxx）来启动的。而现在，则需要通过 createApp 的 use，既可以单独一行一个 use，也可以直接链式 use 下去。

use 方法支持两个参数，见表 7-1。

表 7-1　use 方法的参数说明

参　　数	类　　型	作　　用
plugin	object | function	插件，一般是在 import 时使用的名称
options	object	插件的参数，有些插件在初始化时可以配置一定的选项

基本的写法像下面这样。

```typescript
// TypeScript 代码片段
// main.ts
import plugin1 from 'plugin1'
import plugin2 from 'plugin2'
import plugin3 from 'plugin3'
import plugin4 from 'plugin4'

createApp(App)
 .use(plugin1)
 .use(plugin2)
 .use(plugin3, {
   // plugin3's options
 })
 .use(plugin4)
 .mount('#app')
```

大部分插件到这里就可以直接启动了，个别插件可能需要通过插件 API 去手动触发。在 npm 包的详情页或者 GitHub 仓库文档上，作者（特指 npm 开发者）一般会告知使用方法，按照说明书操作即可。

▶▶ 7.2.2　单组件插件的使用

单组件的插件，通常本身也是一个 Vue 组件（大部分情况下都会打包为 JavaScript 文件，但本质上是一个 Vue 的 Component）。

单组件的引入，一般都是在需要用到的.vue 文件里单独 import，然后挂载在<template />里去渲染。下面是一段模拟代码，理解起来会比较直观。

```vue
<!-- Vue 代码片段 -->
<template>
  <!-- 放置组件的渲染标签,用于显示组件-->
  <ComponentExample />
</template>

<script lang="ts">
```

```
import {defineComponent, onMounted, ref} from 'vue'
import logo from '@/assets/logo.png'

// 引入单组件插件
import ComponentExample from 'a-component-example'

export default defineComponent({
  // 挂载组件模板
  components: {
    ComponentExample,
  },
})
</script>
```

参考上面的代码和注释，基本能了解如何使用单组件插件了。

7.3 通用 JavaScript/TypeScript 插件

通用 JavaScript/TypeScript 插件也叫普通插件，这个"普通"不是指功能平淡无奇，而是指它们无须任何框架依赖，可以应用在任意项目中，属于独立的 Library，如 axios、qrcode、md5 等，在任何技术栈都可以单独引入使用，非 Vue 专属。

通用 JavaScript/TypeScript 插件的使用非常灵活，既可以全局挂载，也可以在需要用到的组件里单独引入。

组件里单独引入的方式如下。

```
// TypeScript 代码片段
import {defineComponent} from 'vue'
import md5 from '@withtypes/md5'

export default defineComponent({
  setup() {
    const md5Msg = md5('message')
  },
})
```

全局挂载方法比较特殊，因为插件本身不是专属 Vue，没有 install 接口，无法通过 use 方法直接启动。下面有一小节内容单独讲这一块的操作，详见 7.5 节全局 API 挂载。

7.4 本地插件

插件也不全都来自网上，有时候针对自己的业务，涉及一些经常用到的功能模块，也可以抽离出来封装成项目专用的插件。

▶▶ 7.4.1　封装的目的

举个例子，在做一个具备用户系统的网站时，会涉及手机短信验证码模块，在开始写代码之前，需要考虑以下这些问题。

1）很多操作都涉及下发验证码的请求，如"登录""注册""修改手机绑定""支付验证"等，这些请求代码雷同，只是接口 URL 或者参数不太一样。

2）都需要对手机号是否传入、手机号的格式是否正确等做一些判断。

3）需要依据接口请求成功和失败的情况做一些不同的数据返回，但要处理的数据很相似，都是用于告知调用方当前是什么情况。

4）返回一些 Toast 轻量级提示告知用户当前的交互结果。

如果不把这一块的业务代码抽离出来，就需要在每个用到的地方都写一次，不仅烦琐，而且以后一旦产品需求有改动，维护成本会很大。

▶▶ 7.4.2　常用的本地封装类型

常用的本地封装方式有两种：一种是以通用 JavaScript/TypeScript 插件的形式（详见 7.4.3 节），另一种是以 Vue 专属插件的形式（见 7.4.4 节）。

关于这两者的区别已经在对应的小节有所介绍，接下来来看看如何封装它们。

▶▶ 7.4.3　开发本地通用 JavaScript/TypeScript 插件

一般情况下，通用类型比较常见，因为大部分都是一些比较小的功能，而且可以很方便地在不同项目之间进行复用。

注意，接下来会统一称为通用插件，不论是基于 JavaScript 编写的还是基于 TypeScript 编写的。

1. 项目结构

实际项目中，通常会把这一类文件都归类在 src 目录下的 libs 文件夹里，代表存放的是 Library 文件（JavaScript 项目以.js 文件存放，TypeScript 项目以.ts 文件存放）。

```
vue-demo
| # 源码文件夹
├─src
| | # 本地通用插件
| └─libs
|   ├─foo.ts
|   └─bar.ts
|
| # 其他结构这里省略
|
└─package.json
```

这样在调用的时候，可以通过@/libs/foo 来引入，或者如果配置了 alias 别名，也可以使用别名导入，如@libs/foo。

2. 设计规范与开发案例

在设计本地通用插件的时候，需要遵循 ESM 模块设计规范，并且做好必要的代码注释（如用途、入参、返回值等）。

一般来说，需要考虑以下三种情况。

（1）只有一个默认功能

如果只有一个默认的功能，那么可以使用 export default 来默认导出一个函数，如需要封装一个打招呼的功能。

```typescript
// TypeScript 代码片段
// src/libs/greet.ts

/* *
 * 向对方打招呼
 * @param name:打招呼的目标人名
 * @returns 向传进来的人名返回一句欢迎语
 * /
export default function greet(name: string): string {
  return `Welcome, ${name}!`
}
```

在 Vue 组件里就可以像下面这样使用。

```vue
<!-- Vue 代码片段 -->
<script lang="ts">
import {defineComponent} from 'vue'
// 导入本地插件
import greet from '@libs/greet'

export default defineComponent({
  setup() {
    // 导入的名称就是这个工具的方法名,可以直接调用
    const message = greet('Petter')
    console.log(message) // Welcome, Petter!
  },
})
</script>
```

（2）是一个小工具合集

如果有很多个作用相似的函数，那么建议放在一个文件里作为一个工具合集统一管理，使用 export 导出里面的每个函数。例如，需要封装几个通过正则表达式判断表单的输入内容是否符合要求的函数。

```typescript
// TypeScript 代码片段
// src/libs/regexp.ts
```

```
/* *
 * 手机号校验
 * @param phoneNumber:手机号
 * @returns true 表示是手机号,false 表示不是手机号
 * /
export function isMob(phoneNumber: number | string): boolean {
  return /^1[3456789]\d{9}$/.test(String(phoneNumber))
}

/* *
 * 邮箱校验
 * @param email:邮箱地址
 * @returns true 表示是邮箱地址,false 表示不是邮箱地址
 * /
export function isEmail(email: string): boolean {
  return /^[A-Za-z\d]+([-_.][A-Za-z\d]+)* @([A-Za-z\d]+[-.])+[A-Za-z\d]{2,4}$/.test(
    email
  )
}
```

在 Vue 组件里就可以像下面这样使用。

```
<!-- Vue 代码片段 -->
<script lang="ts">
import {defineComponent} from 'vue'
// 需要用花括号 {} 来按照命名导出时的名称导入
import {isMob, isEmail} from '@libs/regexp'

export default defineComponent({
  setup() {
    // 判断是否为手机号
    console.log(isMob('13800138000')) // true
    console.log(isMob('123456')) // false

    // 判断是否为邮箱地址
    console.log(isEmail('example@example.com')) // true
    console.log(isEmail('example')) // false
  },
})
</script>
```

类似上述这种情况，就没有必要为 isMob、isEmail 每个方法都单独保存一个文件了，只需要统一放在 regexp.ts 正则表达式文件里维护即可。

（3）包含工具及辅助函数

如果主要提供一个独立功能，但还需要提供一些额外的变量或者辅助函数用于特殊的业务场景，那么可以用 export default 导出主功能，用 export 导出其他变量或者辅助函数。

将（1）中打招呼例子修改一下，默认提供的是"打招呼"的功能，偶尔需要热情地赞美一下。那么这个"赞美"行为就可以用这种方式来放到这个文件里一起维护。

```typescript
// TypeScript 代码片段
// src/libs/greet.ts

/* *
 * 称赞对方
 * @param name:要称赞的目标人名
 * @returns 向传进来的人名发出一句赞美的话
 * /
export function praise(name: string): string {
  return `Oh! ${name}!It's so kind of you!`
}

/* *
 * 向对方打招呼
 * @param name:打招呼的目标人名
 * @returns 向传进来的人名发出一句欢迎语
 * /
export default function greet(name: string): string {
  return `Welcome, ${name}!`
}
```

在 Vue 组件里就可以像下面这样使用。

```html
<!-- Vue 代码片段 -->
<script lang="ts">
import {defineComponent} from 'vue'
// 两者可以同时导入使用
import greet, {praise} from '@libs/greet'

export default defineComponent({
  setup() {
    // 使用默认的打招呼
    const message = greet('Petter')
    console.log(message) // Welcome, Petter!

    const praiseMessage = praise('Petter')
    console.log(praiseMessage) // Oh!Petter!It's so kind of you!
  },
})
</script>
```

▶▶ 7.4.4　开发本地 Vue 专属插件

在 7.2 节已介绍过 Vue 专属插件部分，这一类的插件只能给 Vue 使用，有时候由于业务比较特殊，无法找到完全适用的 npm 包，那么就可以自己写一个。

1. 项目结构

实际项目中，通常会把这一类文件都归类在 src 目录下的 plugins 文件夹里，代表存放的是 plugin 文件（JavaScript 项目以.js 文件存放，TypeScript 项目以.ts 文件存放）。

```
vue-demo
│ # 源码文件夹
├─src
│ │ # 本地 Vue 插件
│ └─plugins
│    ├─foo.ts
│    └─bar.ts
│
│ # 其他结构这里省略
│
└─package.json
```

这样在调用的时候，可以通过@/plugins/foo 来引入，或者如果配置了 alias 别名，也可以使用别名导入，如@plugins/foo。

2. 设计规范

在设计本地 Vue 插件的时候，需要遵循 Vue 官方撰写的 Vue Plugins 设计规范，并且做好必要的代码注释。除了标明插件 API 的"用途、入参、返回值"之外，最好在注释内补充一个 Example 或者 Tips 说明，功能丰富的插件最好直接写个 README 文档。

3. 开发案例

全局插件开发并启用后，只需要在main.ts 里导入并 use 一次，即可在所有的组件内使用插件的功能。下面对全局插件进行一个开发示范，希望能给大家以后需要的时候提供思路参考。

单组件插件一般作为 npm 包发布，会借助 Webpack、Vite 或者 Rollup 单独构建，本地直接放到 components 文件夹下作为组件管理即可。

（1）基本结构

插件支持两种导出格式：一种是函数，另一种是对象。

当导出为一个函数时，Vue 会直接调用这个函数，此时插件内部如下所示。

```typescript
// TypeScript 代码片段
export default function (app, options) {
  // 逻辑代码省略
}
```

当导出为一个对象时，对象上面需要有一个 install 方法给 Vue，Vue 通过调用这个方法来启用插件，此时插件内部如下所示。

```typescript
// TypeScript 代码片段
export default {
  install: (app, options) => {
```

```
    // 逻辑代码省略
  },
}
```

不论哪种方式，入口函数都会接收两个入参，参数说明见表 7-2。

表 7-2 插件入口函数的入参说明

参　　数	作　　用	类　　型
app	createApp 生成的实例	App（从 Vue 里导入该类型），见下方的案例演示
options	插件初始化时的选项	undefined 或一个对象，对象的 TypeScript 类型由插件的选项决定

如果需要在插件初始化时传入一些必要的选项，可以定义一个对象作为 options。这样只要在 main.ts 里 use 插件时传入第二个参数，插件就可以读取到它们。

```typescript
// TypeScript 代码片段
// src/main.ts
createApp(App)
  // 注意这里的第二个参数就是插件选项
  .use(customPlugin, {
    foo: 1,
    bar: 2,
  })
  .mount('#app')
```

（2）编写插件

下面以一个自定义指令为例，写一个用于管理自定义指令的插件，其中包含两个自定义指令：一个是判断是否有权限；一个是给文本高亮，文本高亮还支持一个插件选项。

```typescript
// TypeScript 代码片段
// src/plugins/directive.ts
import type {App} from 'vue'

// 插件选项的类型
interface Options {
  // 文本高亮选项
  highlight?: {
    // 默认背景色
    backgroundColor: string
  }
}

/* *
 * 自定义指令
 * @description 保证插件单一职责,当前插件只用于添加自定义指令
 * */
export default {
```

```
  install: (app: App, options?: Options) => {
    /* *
     * 权限控制
     * @description 用于在功能按钮上绑定权限,没权限时会销毁或隐藏对应 DOM 节点
     * @tips 指令传入的值是管理员组别 id
     * @example <div v-permission="1" />
     */
    app.directive('permission', (el, binding) => {
      // 假设 1 是管理员组别的 id,则无须处理
      if (binding.value === 1) return

      // 其他情况认为没有权限,需要隐藏界面上的 DOM 元素
      if (el.parentNode) {
        el.parentNode.removeChild(el)
      } else {
        el.style.display = 'none'
      }
    })

    /* *
     * 文本高亮
     * @description 用于给指定的 DOM 节点添加背景色,搭配文本内容形成高亮效果
     * @tips 指令传入的值必须是合法的 CSS 颜色名称或者 Hex 值
     * @example <div v-highlight="`cyan`" />
     */
    app.directive('highlight', (el, binding) => {
      // 获取默认颜色
      let defaultColor = 'unset'
      if (
        Object.prototype.toString.call(options) === '[object Object]' &&
        options?.highlight?.backgroundColor
      ) {
        defaultColor = options.highlight.backgroundColor
      }

      // 设置背景色
      el.style.backgroundColor =
        typeof binding.value === 'string' ? binding.value : defaultColor
    })
  },
}
```

（3）启用插件

在 main.ts 全局启用插件，在启用的时候传入了第二个参数 "插件的选项"，这里配置了高亮指令的默认背景颜色。

```
// TypeScript 代码片段
// src/main.ts
```

```
import {createApp} from 'vue'
import App from '@/App.vue'
import directive from '@/plugins/directive' // 导入插件

createApp(App)
  // 自定义插件
  .use(directive, {
    highlight: {
      backgroundColor: '#ddd',
    },
  })
  .mount('#app')
```

（4）使用插件

在 Vue 组件里使用插件的代码如下。

```
<!-- Vue 代码片段 -->
<template>
  <!-- 测试 permission 指令 -->
  <div>根据 permission 指令的判断规则:</div>
  <div v-permission="1">这个可以显示</div>
  <div v-permission="2">这个没有权限,会被隐藏</div>

  <!-- 测试 highlight 指令 -->
  <div>根据 highlight 指令的判断规则:</div>
  <div v-highlight="`cyan`">这个是青色高亮</div>
  <div v-highlight="`yellow`">这个是黄色高亮</div>
  <div v-highlight="`red`">这个是红色高亮</div>
  <div v-highlight>这个是使用插件初始化时设置的灰色</div>
</template>
```

7.5 全局 API 挂载

对于一些使用频率比较高的插件方法，如果觉得在每个组件里单独导入再使用很麻烦，也可以考虑将其挂载到 Vue 上，使其成为 Vue 的全局变量。

注意，接下来的全局变量都是指 Vue 环境里的全局变量，非 window 下的全局变量。

▶ 7.5.1 回顾 Vue 2 的全局 API 挂载

在 Vue 2 中，可以通过 prototype 的方式挂载全局变量，然后通过 this 关键字从 Vue 原型上调用该方法。以 md5 插件为例，在 main.ts 里进行全局 import（导入），然后通过 prototype 挂载到 Vue 上。

```
// TypeScript 代码片段
import Vue from 'vue'
```

```
import md5 from 'md5'

Vue.prototype.$md5 = md5
```

之后在.vue 文件里就可以像下面这样去使用 md5 了。

```
// TypeScript 代码片段
const md5Msg = this.$md5('message')
```

▶▶ 7.5.2 了解 Vue 3 的全局 API 挂载

在 Vue 3 中，已经不再支持 prototype 这样使用了，在 main.ts 里没有了 Vue，在组件的生命周期里
也没有了 this。

如果依然想要挂载全局变量，需要通过全新的 globalProperties 来实现。在使用该方式之前，可以
把 createApp 定义为一个变量再执行挂载。

▶▶ 7.5.3 定义全局 API

正如前文所述，在配置全局变量之前，可以把初始化时的 createApp 定义为一个变量（假设为
app），然后把需要设置为全局可用的变量或方法挂载到 app 的 config.globalProperties 上面。

```
// TypeScript 代码片段
import md5 from 'md5'

// 创建 Vue 实例
const app = createApp(App)

// 把插件的 API 挂载到全局变量实例上
app.config.globalProperties.$md5 = md5

// 也可以自己写一些全局函数去挂载
app.config.globalProperties.$log = (text: string): void => {
  console.log(text)
}

app.mount('#app')
```

▶▶ 7.5.4 全局 API 的替代方案

在 Vue 3 实际上并不是特别推荐使用全局变量，Vue 3 比较推荐按需引入使用。这也是为了在构
建过程中可以更好地做到代码优化，特别是针对 TypeScript，Vue 作者尤雨溪先生在全局 API 的相关
PR 说明中也是不建议在 TypeScript 里使用。

那么如果确实是需要用到一些全局 API 怎么办？

对于一般的数据和方法，建议采用 Provide/Inject 方案（详见 8.6 节）。在根组件（通常是 App.

vue）把需要作为全局使用的数据或方法 Provide 下去，在需要用到的组件里通过 Inject 即可获取到，或者使用 EventBus（详见 8.9 节）/Vuex（详见 8.11 节）/Pinia（详见第 9 章）等全局通信方案来处理。

7.6　npm 包的开发与发布

相信很多开发者都想发布一个属于自己的 npm 包。在实际的工作中，也会有一些公司出于开发上的便利，将一些常用的业务功能抽离为独立的 npm 包，提前掌握包的开发也是非常重要的能力。接下来将介绍如何从 0 到 1 开发一个 npm 包，并将其发布到 npmjs 上可供其他项目安装使用。

在开始学习本节内容之前，请读者先阅读或回顾以下两部分内容。

1）阅读 2.3.2 小节"了解 package.json"，了解或重温 npm 包清单文件的作用。

2）阅读 2.4 节"学习模块化设计"，了解或重温模块化开发的知识。

▶▶ 7.6.1　常用的构建工具

平时项目里用到的 npm 包，也可以理解为是一种项目插件，一些很简单的包，其实就和 7.4 节编写本地插件一样。假设包的入口文件是 index.js，那么可以直接在 index.js 里编写代码，再进行模块化导出。

其他项目里安装这个包之后就可以直接使用里面的方法了。这种方式适合非常简单的包，很多独立的工具函数包就是使用这种方式来编写包的源代码的。

如 is-number 这个包，每周下载量超过 6800 万次，但它的源代码却非常少，如下所示。

```
// JavaScript 代码片段
/* *
 * 摘自 is-number 的入口文件
 * @see https://github.com/jonschlinkert/is-number/blob/master/index.js
 * /
module.exports = function (num) {
  if (typeof num === 'number') {
    return num - num === 0
  }
  if (typeof num === 'string' && num.trim() !== ") {
    return Number.isFinite ? Number.isFinite(+num) : isFinite(+num)
  }
  return false
}
```

再如 slash 这个包，每周下载量超过 5200 万次，它的源代码也是只有几行，如下所示。

```
// JavaScript 代码片段
/* *
 * 摘自 slash 的入口文件
```

```
 * @see https://github.com/sindresorhus/slash/blob/main/index.js
 */
export default function slash(path) {
  const isExtendedLengthPath = /^\\\\\? \\/.test(path)

  if (isExtendedLengthPath) {
    return path
  }

  return path.replace(/\\/g, '/')
}
```

但这一类包通常是提供很基础的功能实现，更多时候需要自己开发的包更倾向于和框架、业务挂钩，涉及非 JavaScript 代码，如 Vue 组件的编译、Less 等 CSS 预处理器编译、TypeScript 的编译等。如果不通过构建工具来处理，那么发布后这个包的使用就会有诸多限制，需要满足和开发这个包时一样的开发环境才能使用，这对于使用者来说非常不友好。

因此大部分 npm 包的开发也需要用到构建工具来转换项目源代码，统一输出为一个兼容性更好、适用性更广的 JavaScript 文件，配合 .d.ts 文件的类型声明，使用者可以不需要特别配置就可以开箱即用，非常方便。

传统的 Webpack 可以用来构建 npm 包文件，但按照目前更主流的技术选项，编译结果更干净的当属 Rollup。但 Rollup 需要配置很多插件功能，这对于刚接触包开发的开发者来说学习成本比较高，而 Vite 的出现则解决了这个难题。因为 Vite 的底层是基于 Rollup 来完成构建的，上层则简化了很多配置上的问题，因此接下来将使用 Vite 来带领开发者入门 npm 包的开发。

在开始使用构建工具之前，需在命令行使用 node -v 命令检查当前的 Node.js 版本号是否在构建工具的支持范围内，以避免无法正常使用构建工具。

通常可以在构建工具的官网查询到其支持的 Node 版本。以 Vite 为例，可以在 Vite 官网的 "Node 支持" 部分了解到当前只能在 Node 14.18+/16+ 版本上使用 Vite。

当构建工具所支持的 Node 版本和常用的 Node 版本出现严重冲突时，推荐使用 nvm/nvm-windows 或者 n 等 Node 版本管理工具安装多个不同版本的 Node，即可根据开发需求很方便地切换不同版本的 Node 进行开发。

▶▶ 7.6.2　项目结构与入口文件

在动手开发具体功能之前，需要先把项目框架搭起来，熟悉常用的项目结构及如何配置项目清单信息。

当前文档所演示的 hello-lib 项目已托管至 learning-vue3/hello-lib 仓库，可使用 Git 克隆命令拉取至本地。

```
# 从 GitHub 克隆
git clone https://github.com/learning-vue3/hello-lib.git
```

```
# 如果 GitHub 访问失败,可以从 Gitee 克隆
git clone https://gitee.com/learning-vue3/hello-lib.git
```

成品项目可作为学习过程中的代码参考，但更建议按照教程的讲解步骤，从零开始亲手搭建一个新项目并完成 npm 包的开发流程，可以更有效地提升学习效果。

1. 初始化项目

首先需要初始化一个 Node 项目，打开命令行工具，先使用 cd 命令进入平时存放项目的目录。再通过 mkdir 命令创建一个项目文件夹，这里命名为 hello-lib。

```
# 创建一个项目文件夹
mkdir hello-lib
```

创建了项目文件夹之后，使用 cd 命令进入项目，执行 Node 的项目初始化命令。

```
# 进入项目文件夹
cd hello-lib
```

```
# 执行初始化,使其成为一个 Node 项目
npm init -y
```

此时 hello-lib 目录下会生成一个 package.json 文件。由于后面还需要手动调整该文件的信息，所以初始化的时候可以添加-y 参数，使用默认的初始化数据直接生成该文件，跳过答题环节。

2. 配置包信息

对一个 npm 包来说，最重要的文件莫过于 package.json 项目清单，其中有 3 个字段是必填的，package.json 信息见表 7-3。

表 7-3　package.json 信息

字　　段	是否必填	作　　用
name	必填	npm 包的名称，遵循项目名称的规则（详见 2.3.3 小节）
version	必填	npm 包的版本号，遵循语义化版本号的规则（详见 2.3.4 小节）
main	必填	项目的入口文件，通常指向构建产物所在目录的某个文件，该文件通常包含了所有模块的导出 如果只指定了 main 字段，则使用 require 和 import 以及浏览器访问 npm 包的 CDN 时，都将默认调用该字段指定的入口文件 如果有指定 module 和 browser 字段，则通常对应 cjs 格式的文件，对应 CJS 规范
module	否	当项目使用 import 引入 npm 包时，对应的入口文件通常指向一个 es 格式的文件，对应 ESM 规范
browser	否	当项目使用了 npm 包的 CDN 链接，在浏览器访问页面时的入口文件，通常指向一个 umd 格式的文件，对应 UMD 规范
types	否	一个.d.ts 类型声明文件包含了入口文件导出的方法/变量的类型声明。如果项目有自带类型文件，那么使用者在使用 TypeScript 开发的项目里，可以得到友好的类型提示

（续）

字　　段	是否必填	作　　用
files	否	指定发布到 npm 上的文件范围，格式为 string[]，支持配置多个文件名或者文件夹名称 通常可以只指定构建的输出目录，如 dist 文件夹，如果不指定，则发布的时候会把所有源代码一同发布

其中，main、module 和 browser 三个入口文件对应的文件格式和规范，通常都交给构建工具处理，无须手动编写。开发者只需要维护一份源码即可编译出不同规范的 JavaScript 文件，types 对应的类型声明文件也是由工具来输出的，无须手动维护。

而其他的字段可以根据项目的性质决定是否补充，以下是 hello-lib 的基础信息示例。

```json
// JSON 代码片段
{
  "name": "@learning-vue3/lib",
  "version": "1.0.0",
  "description": "A library demo for learning-vue3.",
  "author": "chengpeiquan <chengpeiquan@chengpeiquan.com>",
  "homepage": "https://github.com/learning-vue3/hello-lib",
  "repository": {
    "type": "git",
    "url": "git+https://github.com/learning-vue3/hello-lib.git"
  },
  "license": "MIT",
  "files": ["dist"],
  "main": "dist/index.cjs",
  "module": "dist/index.mjs",
  "browser": "dist/index.min.js",
  "types": "dist/index.d.ts",
  "keywords": ["library", "demo", "example"],
  "scripts": {
    "build": "vite build"
  }
}
```

此时 main、module、browser 和 types 字段对应的文件还不存在，它们将在项目执行 npm run build 构建命令之后才会产生。

另外，入口文件使用了不同规范对应的文件扩展名，也可以统一使用.js 扩展名，通过文件名来区分，如 es 格式使用 index.es.js。而 scripts 字段则配置了一个 build 命令，这里使用了 Vite 的构建命令来打包项目。这个过程会读取 Vite 的配置文件 vite.config.ts，关于该文件的配置内容将在下文继续介绍。

3. 安装开发依赖

本次的 npm 包将使用 Vite 进行构建，使用 TypeScript 编写源代码。由于 Vite 本身对 TypeScript 进行了支持，因此只需要将 Vite 安装到开发依赖即可。

```
# 添加 -D 选项将其安装到 devDependencies
npm i -D vite
```

4. 添加配置文件

在配置包信息的时候已提前配置了一个 npm run build 命令，它将运行 Vite 来构建 npm 包的入口文件。由于 Vite 默认是构建入口文件为 HTML 的网页应用，而开发 npm 包时入口文件是 JavaScript/TypeScript 文件，因此需要添加一份配置文件来指定构建的选项。

以下是本次的基础配置，可以完成基本的打包。它将输出三个不同格式的入口文件，分别对应 CJS、ESM 和 UMD 规范，并分别对应 package.json 里 main、module 和 browser 字段指定的文件。

```typescript
// TypeScript 代码片段
// vite.config.ts
import {defineConfig} from 'vite'

// https://cn.vitejs.dev/config/
export default defineConfig({
  build: {
    // 输出目录
    outDir: 'dist',
    // 构建 npm 包时需要开启"库模式"
    lib: {
      // 指定入口文件
      entry: 'src/index.ts',
      // 输出 UMD 格式时，需要指定一个全局变量的名称
      name: 'hello',
      // 最终输出的格式，这里指定了三种
      formats: ['es', 'cjs', 'umd'],
      // 针对不同输出格式对应的文件名
      fileName: (format) => {
        switch (format) {
        // ESM 格式的文件名
        case 'es':
          return 'index.mjs'
        // CJS 格式的文件名
        case 'cjs':
          return 'index.cjs'
        // UMD 格式的文件名
        default:
          return 'index.min.js'
        }
      },
    },
    // 压缩混淆构建后的文件代码
    minify: true,
  },
})
```

5. 添加入口文件

至此，基础的准备工作已完成，接下来添加入口文件并尝试编译。

在添加配置文件时已指定了入口文件为 src/index.ts，因此需要对应地创建该文件，并写入一个简单的方法，用它来测试打包结果。

```typescript
// TypeScript 代码片段
// src/index.ts
export default function hello(name: string) {
  console.log(`Hello ${name}`)
}
```

在命令行执行 npm run build 命令，可以看到项目下生成了 dist 文件夹，以及三个 JavaScript 文件，此时目录结构如下。

```
hello-lib
| # 构建产物的输出文件夹
├─dist
| ├─index.cjs
| ├─index.min.js
| └─index.mjs
| # 依赖文件夹
├─node_modules
| # 源码文件夹
├─src
| | # 入口文件
| └─index.ts
| # 项目清单信息
├─package-lock.json
├─package.json
| # Vite 配置文件
└─vite.config.ts
```

打开 dist 目录下的文件内容，可以看到虽然源码是使用 TypeScript 编写的，但最终输出的内容是按照指定的格式转换为 JavaScript 并且被执行了压缩和混淆。在这里将它们重新格式化，下面来看转换后的结果。

下面是 index.cjs 的文件内容，源码被转换为 CJS 风格的代码。

```javascript
// JavaScript 代码片段
// dist/index.cjs
'use strict'
function l(o) {
  console.log(`Hello ${o}`)
}
module.exports = l
```

下面是 index.mjs 的内容，源码被转换为 ESM 风格的代码。

```javascript
// JavaScript 代码片段
// dist/index.mjs
function o(l) {
  console.log(`Hello ${l}`)
}
export {o as default}
```

下面是 index.min.js 的内容，源码被转换为 UMD 风格的代码。

```javascript
// JavaScript 代码片段
// dist/index.min.js
;(function (e, n) {
  typeof exports == 'object' && typeof module < 'u'
    ? (module.exports = n())
    : typeof define == 'function' && define.amd
    ? define(n)
    : ((e = typeof globalThis < 'u' ? globalThis : e || self), (e.hello = n()))
})(this, function () {
  'use strict'
  function e(n) {
    console.log(`Hello ${n}`)
  }
  return e
})
```

至此，准备工作已就绪，下一步将开始工具包和组件包的开发。

▶▶ 7.6.3　开发 npm 包

这里先从最简单的函数库开始入门包的开发，为什么说它简单？因为只需要编写 JavaScript 或 TypeScript 代码就可以很好地完成开发工作。

在理解了包的开发流程之后，如果要涉及 Vue 组件包的开发，则需要安装 Vue 的相关依赖、Less 等 CSS 预处理器依赖。只要满足了编译条件，就可以正常构建和发布，它们的开发流程是一样的。

1. 编写 npm 包代码

在开发的过程中，需要遵循模块化开发的要求，当前这个演示包使用 TypeScript 编码，就需要用 ESM 来设计模块。如果对模块化设计还没有足够了解，请先回顾 2.4 节学习模块化设计的相关内容。

先在 src 目录下创建一个名为 utils.ts 的文件，写入以下内容。

```typescript
// TypeScript 代码片段
// src/utils.ts

/* *
 * 生成随机数
 * @param min:最小值
```

```
 * @param max:最大值
 * @param roundingType:四舍五入类型
 * @returns:范围内的随机数
 */
export function getRandomNumber(
  min: number = 0,
  max: number = 100,
  roundingType: 'round' |'ceil' |'floor' = 'round'
) {
  return Math[roundingType](Math.random() * (max-min)+min)
}


/* *
 * 生成随机布尔值
 */
export function getRandomBoolean() {
  const index = getRandomNumber(0, 1)
  return [true, false][index]
}
```

这里导出了两个随机方法，其中 getRandomNumber 提供了随机数值的返回，而 getRandomBoolean 提供了随机布尔值的返回。在源代码方面，getRandomBoolean 调用了 getRandomNumber 获取随机索引。

这是一个很常见的 npm 工具包的开发思路，包里的函数都使用了细粒度的编程设计，每一个函数都是独立的功能。在必要的情况下，函数 B 可以调用函数 A 来减少代码的重复编写。

在这里，utils.ts 文件已开发完毕，接下来需要将它导出的方法提供给包的使用者，删除入口文件 src/index.ts 原来的测试内容，并输入以下新代码。

```
// TypeScript 代码片段
// src/index.ts
export * from './utils'
```

这代表将 utils.ts 文件里导出的所有方法或者变量再次导出去。如果有很多个 utils.ts 这样的文件，index.ts 将作为一个统一的入口，统一导出给构建工具去编译输出。

接下来在命令行执行 npm run build，再分别查看 dist 目录下的文件变化。此时的 index.cjs 文件已经按照 CJS 规范转换了源代码。

```
// JavaScript 代码片段
// dist/index.cjs
'use strict'
Object.defineProperties(exports, {
  __esModule: {value: !0},
  [Symbol.toStringTag]: {value: 'Module'},
})
function t(e = 0, o = 100, n = 'round') {
  return Math[n](Math.random() * (o-e) + e)
}
```

```javascript
function r() {
  const e = t(0, 1)
  return [!0, !1][e]
}
exports.getRandomBoolean = r
exports.getRandomNumber = t
```

index.mjs 也按照 ESM 规范进行了转换。

```javascript
// JavaScript 代码片段
// dist/index.mjs
function o(n = 0, t = 100, e = 'round') {
  return Math[e](Math.random() * (t-n) + n)
}
function r() {
  const n = o(0, 1)
  return [!0, !1][n]
}
export {r as getRandomBoolean, o as getRandomNumber}
```

index.min.js 同样按照 UMD 风格转换成了 JavaScript 代码。

```javascript
// JavaScript 代码片段
// dist/index.min.js
;(function (e, n) {
  typeof exports == 'object' && typeof module < 'u'
    ? n(exports)
    : typeof define == 'function' && define.amd
    ? define(['exports'], n)
    : ((e = typeof globalThis < 'u' ? globalThis : e || self),
      n((e.hello = {})))
})(this, function (e) {
  'use strict'
  function n(o = 0, u = 100, d = 'round') {
    return Math[d](Math.random() * (u-o) + o)
  }
  function t() {
    const o = n(0, 1)
    return [!0, !1][o]
  }
  ;(e.getRandomBoolean = t),
    (e.getRandomNumber = n),
    Object.defineProperties(e, {
      __esModule: {value: !0},
      [Symbol.toStringTag]: {value: 'Module'},
    })
})
```

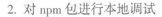

2. 对 npm 包进行本地调试

开发或者迭代了一个 npm 包之后，不建议直接发布，可以在本地进行测试，直到没有问题了再发布到 npmjs 上供其他人使用。

npm 提供了一个 npm link 命令供开发者进行本地联调。假设 path/to/my-library 是一个 npm 包的项目路径，path/to/my-project 是一个调试项目的所在路径，那么通过以下步骤可以在 my-project 里本地调试 my-library 包。

（1）创建本地软链接⊖

先在 my-library npm 包项目里执行 npm link 命令，创建 npm 包的本地软链接。

```
# 进入 npm 包项目所在的目录
cd path/to/my-library

# 创建 npm 包的本地软链接
npm link
```

运行以上命令之后，意味着刚刚开发好的 npm 包已经成功添加到 Node 的全局安装目录下了，可以在命令行运行以下命令查看全局安装目录的位置。

```
npm prefix -g
```

假设 | prefix | 是全局安装目录，刚刚这个包在 package.json 里的名称是 my-library，那么在 | prefix | /node_modules/my-library 目录下可以看到被软链接了一份项目代码。

至此，已经对这个 npm 包完成了一次 "本地发布"，接下来就要在调试项目里进行本地关联了。

（2）关联本地软链接

在 my-project 调试项目里执行语法为 npm link [<package-spec>]的 link 命令，关联 npm 包的本地软链接。

这里的[<package-spec>]参数可以是包名称，也可以是 npm 包项目所在的路径。

```
# 进入调试项目所在的目录
cd path/to/my-project

# 通过 npm 包的包名称关联本地软链接
npm link my-library
```

如果通过 npm 包名称关联失败，如返回了如下信息。

```
> npm link my-library
npm ERR!code E404
npm ERR!404 Not Found - GET https://registry.npmjs.org/my-library - Not found
npm ERR!404
```

⊖ 软链接（Symbolic Link/Symlink/Soft Link）是指通过指定路径来指向文件或目录，操作系统会自动将其解释为另一个文件或目录的路径。因此软链接被删除或修改不会影响源文件，而源文件的移动或者删除也不会自动更新软链接，这一点和快捷方式的作用比较类似。

```
npm ERR!404  'my-library@*' is not in this registry.
npm ERR!404
npm ERR!404 Note that you can also install from a
npm ERR!404 tarball, folder, http url, or git url.
```

这种情况通常出现于本地 npm 包还没有在 npmjs 上进行过任意版本的发布，且包管理器又找不到本地全局安装目录的软链接时，这时就会去 npm 源找，都找不到就会返回 404 的报错。针对这种情况，也可以使用 npm 包项目的路径进行关联。

```
# 进入调试项目所在的目录
cd path/to/my-project

# 通过 npm 包的项目路径关联本地软链接
npm link path/to/my-library
```

至此，就完成了调试项目对该 npm 包在本地的"安装"。此时在 my-project 这个调试项目的 node_modules 目录下也会创建一个软链接，指向 my-library 所在的目录。

回归当前的演示包项目，先创建一个基于 TypeScript 的 Vue 新项目作为调试项目。在关联了本地 npm 包之后，就可以在调试项目里编写如下代码，测试 npm 包里的方法是否可以正常使用。

```
// TypeScript 代码片段
// 请将@learning-vue3/lib 更换为实际的包名称
import {getRandomNumber} from '@learning-vue3/lib'

const num = getRandomNumber()
console.log(num)
```

启动 npm run dev 的调试命令并打开本地调试页面，就可以在浏览器控制台正确地打印出随机结果了。

因为本包还支持 UMD 规范，所以也可以在 HTML 页面通过普通的<script />标签直接引入 dist 目录下的文件测试将来引入 CDN 时的效果。可以在 npm 包项目下创建一个 demo 目录，添加一个 index.html 文件到该目录下，并写入以下内容。

```html
<!-- HTML 代码片段 -->
<!-- demo/index.html -->
<!DOCTYPE html>
<html lang="en">
  <head>
    <meta charset="UTF-8" />
    <meta http-equiv="X-UA-Compatible" content="IE=edge" />
    <meta name="viewport" content="width=device-width, initial-scale=1.0" />
    <title>Library Demo</title>
  </head>
  <body>
    <!-- 这里引入的是 UMD 规范的文件-->
    <script src="../dist/index.min.js"></script>
```

```
<script>
  /* *
   * UMD 规范的文件会有一个全局变量
   * 由 vite.config.ts 的 build.lib.name 决定
   * /
  console.log(hello)

  /* *
   * 所有的方法会挂载在这个全局变量上
   * 类似于 jQuery 的 $.xxx() 那样使用
   * /
  const num = hello.getRandomNumber()
  console.log(num)
</script>
</body>
</html>
```

在浏览器打开该 HTML 文件并唤起控制台，一样可以看到随机结果的打印记录。

3. 添加版权注释

很多知名项目在 Library 文件的开头都会有一段版权注释，它的作用除了声明版权归属之外，还会告知使用者关于项目的主页地址、版本号、发布日期、BUG 反馈渠道等信息。

例如，很多开发者入门前端时使用过的经典类库 jQuery。

```
// JavaScript 代码片段
// https://cdn.jsdelivr.net/npm/jquery@3.6.1/dist/jquery.js

/* !
 * jQuery JavaScript Library v3.6.1
 * https://jquery.com/
 *
 * Includes Sizzle.js
 * https://sizzlejs.com/
 *
 * Copyright OpenJS Foundation and other contributors
 * Released under the MIT license
 * https://jquery.org/license
 *
 * Date: 2022-08-26T17:52Z
 * /
( function( global, factory ) {
// ...
```

又如流行的 JavaScript 工具库 Lodash。

```
// JavaScript 代码片段
// https://cdn.jsdelivr.net/npm/lodash@4.17.21/lodash.min.js
```

```
/* *
 * @license
 * Lodash <https://lodash.com/>
 * Copyright OpenJS Foundation and other contributors <https://openjsf.org/>
 * Released under MIT license <https://lodash.com/license>
 * Based on Underscore.js 1.8.3 <http://underscorejs.org/LICENSE>
 * Copyright Jeremy Ashkenas, DocumentCloud and Investigative Reporters & Editors
 * /
(function(){
// ...
```

还有每次做轮播图一定会想到的 Swiper。

```
// JavaScript 代码片段
// https://cdn.jsdelivr.net/npm/swiper@8.4.3/swiper-bundle.js

/* *
 * Swiper 8.4.3
 * Most modern mobile touch slider and framework
 * with hardware accelerated transitions
 * https://swiperjs.com
 *
 * Copyright 2014-2022 Vladimir Kharlampidi
 *
 * Released under the MIT License
 *
 * Released on: October 6, 2022
 * /
(function (global, factory) {
// ...
```

聪明的开发者肯定已经猜到了，这些版权注释肯定不是手动添加的，那么它们是如何自动生成的呢？npm 社区提供了非常多开箱即用的注入插件，通常可以通过"当前使用的构建工具名称"加上"plugin banner"这样的关键字。在 npmjs 网站上搜索是否有相关的插件，以当前使用的 Vite 为例，可以通过 vite-plugin-banner 实现版权注释的自动注入。

回到 hello-lib 项目，安装该插件到 devDependencies。

```
npm i -D vite-plugin-banner
```

根据插件的文档建议，打开 vite.config.ts 文件，将其导入，并通过读取 package.json 的信息来生成常用的版权注释信息。

```
// TypeScript 代码片段
// vite.config.ts
import {defineConfig} from 'vite'
// 导入版权注释插件
import banner from 'vite-plugin-banner'
// 导入 npm 包信息
```

```
import pkg from './package.json'

// https://cn.vitejs.dev/config/
export default defineConfig({
  // 其他选项保持不变
  ...
  plugins: [
    // 新增 banner 插件的启用,传入 package.json 的字段信息
    banner(
      `/* * \n * name: ${pkg.name}\n * version: v ${pkg.version} \n * description: ${pkg.de-
scription}\n * author: ${pkg.author} \n * homepage: ${pkg.homepage} \n * /`
    ),
  ],
})
```

再次运行 npm run build 命令，打开 dist 目录下的 Library 文件，可以看到都成功添加了一段版权注释。

```
// JavaScript 代码片段
// dist/index.mjs

/* *
 * name: @learning-vue3/lib
 * version: v1.0.0
 * description: A library demo for learning-vue3.
 * author: chengpeiquan <chengpeiquan@chengpeiquan.com>
 * homepage: https://github.com/learning-vue3/hello-lib
 * /
function o(n = 0, t = 100, e = 'round') {
  return Math[e](Math.random() * (t-n) +n)
}
function r() {
  const n = o(0, 1)
  return [!0, !1][n]
}
export {r as getRandomBoolean, o as getRandomNumber}
```

这样其他开发者如果在使用过程中遇到了问题，就可以轻松找到插件作者的联系方式了。不要忘了根据实际 package.json 存在的字段信息调整 banner 内容。

▶▶ 7.6.4 生成 npm 包的类型声明

学到这里读者已经能够得到一个可以运行的 JavaScript Library 文件了，在 JavaScript 项目里使用是完全没有问题的，但还不建议直接发布到 npmjs 上，因为目前的情况下，在 TypeScript 项目里并不能完全兼容，还需要生成一份 npm 包的类型声明文件。

1. 为什么需要类型声明

如果在 7.6.3 小节创建 Vue 调试项目时，也是使用了 TypeScript 版本的 Vue 项目，会遇到 VSCode

在下面这句代码上出现一个报错提示。

```
// TypeScript 代码片段
import {getRandomNumber} from '@learning-vue3/lib'
```

在包名称'@learning-vue3/lib '的位置提示了一个红色波浪线，把鼠标移上去会显示下面这一段话。

> 无法找到模块“@learning-vue3/lib”的声明文件。“D:/Project/demo/hello-lib/dist/index.cjs”
> 隐式拥有 "any"类型。
>
> 尝试使用 npm i --save-dev @types/learning-vue3__lib(如果存在)，或者添加一个包含“declare mod-
> ule '@learning-vue3/lib';”的新声明 (.d.ts) 文件 ts(7016)。

此时在命令行运行 Vue 调试项目的打包命令 npm run build，也会遇到打包失败的报错，控制台同样反馈了这个问题：缺少声明文件。

```
> npm run build

> hello-vue3@0.0.0 build
> vue-tsc --noEmit && vite build

src/App.vue:8:30 - error TS7016: Could not find a declaration file for module '@learning-
vue3/lib'.'D:/Project/demo/hello-lib/dist/index.cjs' implicitly has an 'any' type.
    Try `npm i --save-dev @types/learning-vue3__lib`if it exists or add a new declaration (.
d.ts) file containing `declare module '@learning-vue3/lib';`

8 import {getRandomNumber} from '@learning-vue3/lib'
                                ~~~~~~~~~~~~~~~~~~~~~

Found 1 error in src/App.vue:8
```

虽然使用者可以按照报错提示，在调试项目下创建一个 d.ts 文件并写入以下内容来声明该 npm 包。

```
// TypeScript 代码片段
declare module '@learning-vue3/lib'
```

但这需要每个使用者，或者说每个使用到这个包的项目都声明一次，这对于使用者来说非常不友好。declare module 之后虽然不会报错了，但也无法获得 VSCode 对 npm 包提供的 API 进行 TypeScript 类型的自动推导与类型提示、代码补全等功能的支持。

2. 主流的做法

细心的开发者在npmjs 网站上搜索 npm 包时，会发现很多 npm 包在详情页的包名后面跟随有一个蓝色的 TS 图标。鼠标光标移上去时，还会显示一句提示语，见图 7-1。

```
> This package contains built-in TypeScript declarations
```

例如图 7-1 的@vue/reactivity，Vue 3 的响应式 API 包就带有这个图标。

这表示带有这个图标的 npm 包已包含内置的 TypeScript 声明，可以获得完善的 TypeScript 类型推

● 图 7-1　带有 TS 图标的 npm 包

导和提示支持。开发过程中也可以获得完善的代码补全功能支持，提高开发效率，在 TypeScript 项目执行 npm run build 的时候也能够被成功打包。

以@vue/reactivity 包为例，如果项目下安装有这个 npm 包，可以在下面这个文件查看 Vue 3 响应式 API 的类型声明。

```
# 基于项目根目录
./node_modules/@vue/reactivity/dist/reactivity.d.ts
```

也可以通过该文件的 CDN 地址访问到其内容。

```
https://cdn.jsdelivr.net/npm/@vue/reactivity@3.2.40/dist/reactivity.d.ts
```

3. 生成 DTS 文件

接下来将分步说明如何生成 npm 包的 DTS 类型声明文件（以.d.ts 为扩展名的文件）。

请先全局安装 typescript 包。

```
npm install -g typescript
```

依然是在命令行界面，回到 hello-lib 这个 npm 包项目的根目录，执行以下命令生成 tsconfig.json 文件。

```
tsc --init
```

打开 tsconfig.json 文件，生成的文件里会有很多默认被注释掉的选项，需将以下几个选项取消注释，同时在 compilerOptions 字段的同级新增 include 字段，这几个选项都修改为如下配置。

```json
// JSON 代码片段
{
  "compilerOptions": {
    "declaration": true,
    "emitDeclarationOnly": true,
    "declarationDir": "./dist"
```

```
    },
    "include": ["./src"]
}
```

其中，compilerOptions 三个选项的意思是.ts 源文件不编译为.js 文件，只生成.d.ts 文件并输出到 dist 目录；include 选项则告诉 TypeScript 编译器，只处理 src 目录下的 TypeScript 文件。

修改完毕后，在命令行执行以下命令，它将根据 tsconfig.json 的配置对项目进行编译。

```
tsc
```

可以看到现在的 dist 目录下多了两份.d.ts 文件：index.d.ts 和 utils.d.ts。

```
hello-lib
└─dist
  ├─index.cjs
  ├─index.d.ts
  ├─index.min.js
  ├─index.mjs
  └─utils.d.ts
```

打开 dist/index.d.ts，可以看到它的内容和 src/index.ts 是一样的，因为作为入口文件，只提供了模块的导出。

```
// TypeScript 代码片段
// dist/index.d.ts
export * from './utils'
```

再打开 dist/utils.d.ts，对比 src/utils.ts 的文件内容，它去掉了具体的功能实现，并且根据代码逻辑转换成了 TypeScript 的类型声明，它的内容如下。

```
// TypeScript 代码片段
// dist/utils.d.ts
/* *
 * 生成随机数
 * @param min:最小值
 * @param max:最大值
 * @param roundingType:四舍五入类型
 * @returns:范围内的随机数
 * /
export declare function getRandomNumber(
  min?: number,
  max?: number,
  roundingType?: 'round' |'ceil' |'floor'
): number
/* *
 * 生成随机布尔值
 * /
export declare function getRandomBoolean(): boolean
```

由于 hello-lib 项目的 package.json 已提前指定了类型声明文件指向（代码如下）：

```json
// JSON 代码片段
{
  "types": "dist/index.d.ts"
}
```

因此可以直接回到调试 npm 包的 Vue 项目。此时 VSCode 对 import 语句的红色波浪线报错信息已消失不见，鼠标光标移到 getRandomNumber 方法上，也可以看到 VSCode 出现了该方法的类型提示，非常方便。

如果 VSCode 未能及时更新该包的类型，依然提示红色波浪线，可以重启 VSCode 后再次查看。再次运行 npm run build 命令构建调试项目，这一次顺利通过编译。

```
> npm run build

> hello-vue3@0.0.0 build
> vue-tsc --noEmit && vite build

vite v2.9.15 building for production...
√ 42 modules transformed.
dist/assets/logo.03d6d6da.png              6.69 KiB
dist/index.html                            0.42 KiB
dist/assets/home.9a123f29.js               2.01 KiB / gzip: 1.01 KiB
dist/assets/logo.db8b6a93.js               0.12 KiB / gzip: 0.13 KiB
dist/assets/TransferStation.25db7d3e.js    0.29 KiB / gzip: 0.22 KiB
dist/assets/bar.0e9da4c4.js                0.53 KiB / gzip: 0.37 KiB
dist/assets/bar.09e673fa.css               0.22 KiB / gzip: 0.18 KiB
dist/assets/home.6bd02f2a.css              0.62 KiB / gzip: 0.33 KiB
dist/assets/index.60726771.css             0.47 KiB / gzip: 0.29 KiB
dist/assets/index.aebbe022.js              79.87 KiB / gzip: 31.80 KiB
```

4. 生成 DTS Bundle

从初始化项目到生成 DTS 文件，其实已经走完一个 npm 包的完整开发流程了，可以提交发布了。但在发布之前，先介绍另外一个生成 DTS 文件的方式，可以根据实际情况选择使用。

注意：这里使用了 DTS Bundle 来称呼类型声明文件，这是因为直接使用 tsc 命令生成的 DTS 文件是和源码目录的文件数量挂钩的。可以留意到在前文使用 tsc 命令生成声明文件后，在 hello-lib 项目中有：

1）src 源码目录有 index.ts 和 utils.ts 两个文件。

2）dist 输出目录也对应生成了 index.d.ts 和 utils.d.ts 两个文件。

在一个大型项目里，源码的目录和文件非常多意味着 DTS 文件也是非常多，这样的输出结构并不是特别友好。

在介绍 npm 包对类型声明主流的做法时，提到了 Vue 响应式 API 的 npm 包提供了一个完整的 DTS 文件，包含了所有 API 的类型声明信息。

./node_modules/@vue/reactivity/dist/reactivity.d.ts

这种将多个模块的文件内容合并为一个完整文件的行为通常称为 Bundle，本节将介绍如何生成 DTS Bundle 文件。

继续回到 hello-lib 这个 npm 包项目。由于 tsc 本身不提供类型文件的合并，所以需要借助第三方依赖来实现，比较流行的第三方包有 dts-bundle-generator、npm-dts、dts-bundle、dts-generator 等。

之前笔者在为公司开发 npm 工具包的时候都对它们进行了一轮体验，鉴于实际开发过程中遇到的一些编译问题，在这里选用问题最少的 dts-bundle-generator 进行开发演示。先安装到 hello-lib 项目的 devDependencies。

```
npm i -D dts-bundle-generator
```

dts-bundle-generator 支持在 package.json 里配置一个 script，通过命令的形式在命令行生成 DTS Bundle，也支持通过 JavaScript/TypeScript 编写函数来执行文件的生成。鉴于实际开发过程中使用函数生成 DTS Bundle 的场景比较多（如 Monorepo⊖会有生成多个 Bundle 的使用场景），因此这里以函数的方式进行演示。

在 hello-lib 的根目录下，创建一个与 src 源码目录同级的 scripts 目录，用来存储源码之外的脚本函数。将以下代码保存到 scripts 目录下，命名为 buildTypes.mjs。

```javascript
// JavaScript 代码片段
// scripts/buildTypes.mjs
import {writeFileSync} from 'fs'
import {dirname, resolve} from 'path'
import {fileURLToPath} from 'url'
import {generateDtsBundle} from 'dts-bundle-generator'

async function run() {
  // 默认情况下.mjs 文件需要自己声明 __dirname 变量
  const __filename = fileURLToPath(import.meta.url)
  const __dirname = dirname(__filename)

  // 获取项目的根目录路径
  const rootPath = resolve(__dirname, '..')

  // 添加构建选项
  // 要求插件是一个数组选项,支持多个入口文件
  const options = [
    {
      filePath: resolve(rootPath, `./src/index.ts`),
```

⊖ 在使用 Git 等版本控制系统时，如果多个独立项目之间有关联，会把这些项目的代码都存储在同一个代码仓库集中管理，此时这个大型代码仓库就被称为 Monorepo（其中 Mono 表示单一，Repo 是存储库 Repository 的缩写）。当下许多大型项目都基于这种方法管理代码，Vue 3 在 GitHub 的代码仓库也是一个 Monorepo。

```
      output: {
        noBanner: true,
      },
    },
  ]

  // 生成 DTS 文件内容
  // 插件返回一个数组,返回的文件内容顺序同选项顺序
  const dtses = generateDtsBundle(options, {
    preferredConfigPath: resolve(rootPath, `./tsconfig.json`),
  })
  if (!Array.isArray(dtses) ||!dtses.length) return

  // 将 DTS Bundle 的内容输出成.d.ts 文件并保存到 dist 目录下
  // 当前只有一个文件要保存,所以只读取第一个下标的数据
  const dts = dtses[0]
  const output = resolve(rootPath, `./dist/index.d.ts`)
  writeFileSync(output, dts)
}
run().catch((e) => {
  console.log(e)
})
```

接下来打开 hello-lib 的 package.json 文件，添加一个 build:types 的 script，并在 build 命令中通过 && 符号设置为继发执行⊖任务，当前所有的 scripts 如下。

```
// JSON 代码片段
{
  "scripts": {
    "build": "vite build && npm run build:types",
    "build:types": "node scripts/buildTypes.mjs"
  }
}
```

接下来再运行 npm run build 命令，在执行完 Vite 的 build 任务之后，再继续执行 DTS Bundle 的文件生成。可以看到现在的 dist 目录变成了如下所示，只会生成一个.d.ts 文件。

```
hello-lib
└─dist
  ├─index.cjs
  ├─index.d.ts
  ├─index.min.js
  └─index.mjs
```

现在 index.d.ts 文件已经集合了源码目录下所有的 TypeScript 类型，变成了如下所示内容。

⊖ 继发执行：只有前一个任务执行成功后，才继续执行下一个任务，任务与任务之间使用 && 符号连接。

```
// TypeScript 代码片段
// dist/index.d.ts
/* *
 * 生成随机数
 * @param min:最小值
 * @param max:最大值
 * @param roundingType:四舍五入类型
 * @returns:范围内的随机数
 * /
export declare function getRandomNumber(
  min?: number,
  max?: number,
  roundingType?: 'round' | 'ceil' | 'floor'
): number
/* *
 * 生成随机布尔值
 * /
export declare function getRandomBoolean(): boolean

export {}
```

对于大型项目，将 DTS 文件集合为 Bundle 输出是一种主流的管理方式，建议使用这种方式来为 npm 包生成类型文件。

▶▶ 7.6.5 添加说明文档

一个完整的 npm 包应该配备一份操作说明给使用者阅读。复杂的文档可以使用 VitePress 等文档程序独立部署，而简单的项目则只需要完善一份 README 即可。

创建一个名为 README.md 的 Markdown 文件在项目根目录下，与 src 源码目录同级。该文件的文件名 README 推荐使用全大写，这是开源社区主流的命名方式，全大写的原因是为了与代码文件进行直观的区分。

编写 README 使用的 Markdown 是一种轻量级标记语言，可以使用易读易写的纯文本格式编写文档，以.md 作为文件扩展名。当代码托管到 GitHub 仓库或者发布到 npmjs 等平台时，README 文件会作为项目的主页内容呈现。

为了方便学习，这里将一些常用的 Markdown 语法与 HTML 代码进行对比，可以看到书写方面非常的简洁，具体见表 7-4。

表 7-4　Markdown 和 HTML 语言对比

Markdown 代码	HTML 代码
# 一级标题	\<h1\>一级标题\</h1\>
## 二级标题	\<h2\>二级标题\</h2\>
### 三级标题	\<h3\>三级标题\</h3\>

（续）

Markdown 代码	HTML 代码
加粗文本	\加粗文本\
［链接文本］(https://example.com)	\<a href=" https://example.com" >链接文本\</a>

下面附上一份常用的 README 模板。

```
<!-- Markdown 代码片段 -->
# 项目名称

写上项目的用途。

## 功能介绍

1. 功能 1
2. 功能 2
3. 功能 3

## 在线演示

如果有部署在线的 demo,可放上 demo 的访问地址。

## 安装方法

使用 npm:npm install package-name

使用 CDN:https://example.com/package-name

## 用法

告诉使用者如何使用 npm 包。

## 插件选项

如果 npm 包是一个插件,并支持传递插件选项,在这里可以使用表格介绍选项的作用。

|选项名称 | 类型   |   作用   |
|:------: |:----:  | :-------:  |
| foo     |string  |一句话介绍  |
| bar     |number  |一句话介绍  |
```

更多内容请根据实际情况补充，拥有完善的使用说明文档会让 npm 包更受欢迎。

▶▶ 7.6.6　发布 npm 包

一个 npm 包开发完毕后，就可以进入发布阶段了。本节将讲解如何注册 npm 账号并发布到 npmjs 平台上供其他开发者下载使用。

在操作 npm 包发布之前，先运行 npm config rm registry 命令取消 npm 镜像源的绑定，否则会发布失败。在 npm 包发布后，可以再重新配置镜像源。

1. 注册 npm 账号

在发布 npm 包之前，先在 npm 官网上注册一个账号（见附表 1）。

接下来需要在命令行上登录该账号以操作发布命令，打开命令行工具，输入以下命令进行登录。

```
npm login
```

按照命令行的提示，输入已在 npmjs 网站上注册的账号和密码即可完成登录，可以通过以下命令查看当前登录的账号名称，验证是否登录成功。

```
npm whoami
```

在登录成功之后，命令行会记住账号的登录状态，以后的操作就无须每次都执行登录命令了。

以上操作也可以使用 npm adduser 命令代替，直接在命令行完成注册和登录。

2. 将包发布到 npmjs

在 npm 上发布私有包需要进行付费，因此这里只使用公共包的发布作为演示和讲解。如果开发的是公司内部使用的 npm 包，只要源代码是私有仓库，也可以使用这种方式来发布，当然在这样做之前需先获得公司的同意。

对于一个普通命名的包，要发布到 npmjs 上非常简单，只需要执行 npm 包管理器自带的一个命令即可。

```
npm publish
```

它会默认将这个包作为一个公共包发布，如果包名称合法并且没有冲突，则发布成功，并且可以在 npmjs 网站上面查询到，否则会返回错误信息告知原因。如果因为包名冲突导致的失败，可以尝试修改别的名称再次发布。

如果打算使用像 @vue/cli、@vue/compiler-sfc 这样带有 @scope 前缀的作用域包名，需要先在 npmjs 的创建新组织页面创建一个组织，或者确保自己拥有 @scope 对应的组织发布权限。

@scope 作用域包默认会作为私有包发布，因此在执行发布命令的时候还需要加上一个--access 选项，将其指定为 public 允许公开访问才可以发布成功。

```
npm publish --access public
```

当前的 hello-lib 项目已发布到 npmjs，可以查看@learning-vue3/lib 包在 npmjs 上的主页，也可以通过 npm 安装到项目里使用了。

```
npm i @learning-vue3/lib
```

发布到 npmjs 上的包，都同时获得热门 CDN 服务的自动同步，可以通过包名称获取 CDN 链接并通过<script />标签引入到 HTML 页面里。

```
# 使用 jsDelivr CDN
https://cdn.jsdelivr.net/npm/@learning-vue3/lib
```

```
# 使用 UNPKG CDN
https://unpkg.com/@learning-vue3/lib
```

此时 CDN 地址对应的 npm 包文件内容如前文所述，调用了 package.json 里 browser 字段指定的 UMD 规范文件 dist/index.min.js。

3. 给 npm 包打 Tag

细心的开发者还会留意到，像 Vue 这样的包，在 npmjs 上的版本列表（见图 7-2）里有 Current Tags 和 Version History 的版本分类。其中 Version History 是默认的版本发布历史列表，而 Current Tags 则是在发布 npm 包的时候指定打上的标签。

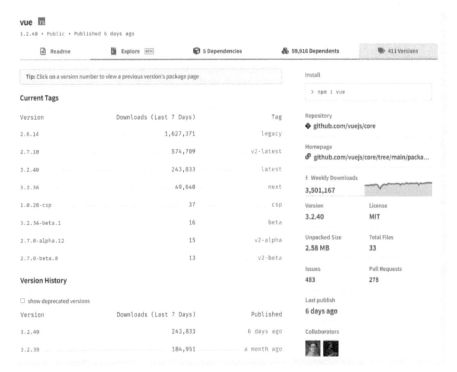

● 图 7-2 npmjs 上 Vue 的版本列表截图

标签的好处是可以让使用者无须记住对应的版本号，而是使用一些更具语义化的单词来安装指定版本，例如：

```
# 安装最新版的 Vue 3，即截图里对应的 3.2.40 版本
npm i vue@latest

# 安装最新版的 Vue 2，即截图里对应的 2.7.10 版本
npm i vue@v2-latest
```

```
# 如果后续有功能更新的测试版,也可以通过标签安装
npm i vue@beta
```

除了减少寻找版本号的麻烦外，后续一旦有版本更新，再次使用相同的标签安装时，可以重新安装到该标签对应的最新版本。例如从 1.0.0-beta.1 升级到 1.0.0-beta.2，可以使用@beta 标签再次安装以达到升级的目的。

在标签列表里，有一个 latest 的标签是发布 npm 包时自带的，对应该包最新的正式版本。安装 npm 包时如果不指定标签，则默认使用 latest 标签，以下两个安装操作是等价的。

```
# 隐式安装 latest 标签对应的版本
npm i vue
```

```
# 显式安装 latest 标签对应的版本
npm i vue@latest
```

同样地，当发布 npm 包时不指定标签，则该版本也会在发布后作为@latest 标签对应的版本号。其他标签则需要在发布时配合发布命令，使用--tag 作为选项手动指定。以下命令将为普通包打上名为 alpha 的 Tag。

```
npm publish --tag alpha
```

同理，如果是@scope 作用域包也是在使用--access 选项的情况下，继续追加一条--tag 选项指定包的标签。

```
npm publish --access public --tag alpha
```

请注意，如果是 Alpha 或者 Beta 版本，通常会在版本号上增加-alpha.0、-alpha.1 这样的版本标识符，以便在发布正式版本的时候可以使用无标识符的相同版本号，以保证版本号在遵循升级规则下的连续性（详见 2.3.4 小节了解语义化版本管理的相关内容）。

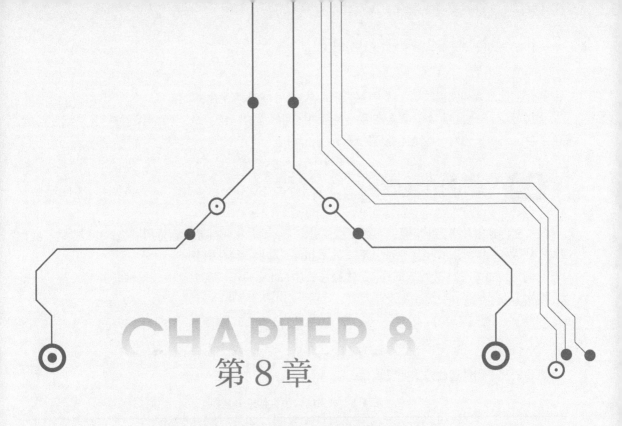

CHAPTER 8
第 8 章

组件之间的通信

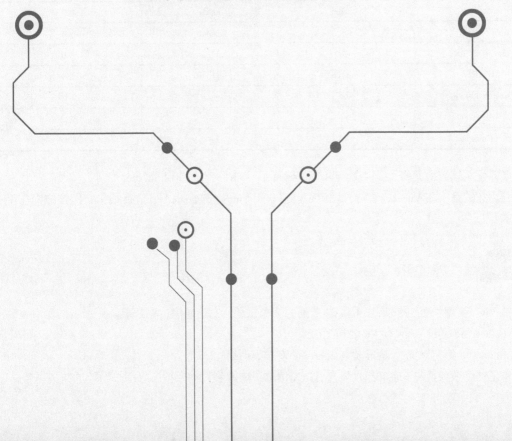

经过前面几章的阅读，相信读者已经可以搭建一个基础的 Vue 3 项目了。

但实际业务开发过程中，还会遇到一些组件之间的通信问题，如父子组件通信、兄弟组件通信、爷孙组件通信等，还有一些全局通信的场景。

8.1 父子组件通信

父子组件通信是指：B 组件引入到 A 组件里渲染，此时 A 组件是 B 组件的父级；B 组件的一些数据需要从 A 组件读取，B 组件有时也要告知 A 组件一些数据变化情况。

它们之间的关系如下（Child.vue 是直接挂载在 Father.vue 下面的）。

```
# 父组件
Father.vue
| # 子组件
└──Child.vue
```

常用的父子组件通信方案见表 8-1。

表 8-1 常用的父子组件通信方案

方　　案	父组件向子组件	子组件向父组件	对 应 章 节
props/emits	props	emits	8.2
v-model/emits	v-model	emits	8.3
ref/emits	ref	emits	8.4
provide/inject	provide	inject	8.6
EventBus	emit/on	emit/on	8.9
Reactive State	—	—	8.10
Vuex	—	—	8.11
Pinia	—	—	8.12

为了方便阅读，后文的父组件统一叫 Father.vue，子组件统一叫 Child.vue。

需要注意的是，在 Vue 2，有的开发者可能喜欢用 $attrs/$listeners 来进行通信，但该方案在 Vue 3 已经移除了。

8.2 props/emits

这是 Vue 跨组件通信最常用，也是最基础的一个方案，它的通信过程如下。

1）Father.vue 通过 props 向 Child.vue 传值。

2）Child.vue 则可以通过 emits 向 Father.vue 发起事件通知。

最常见的场景就是统一在父组件发起 AJAX 请求，读取到数据后，再根据子组件的渲染需要传递不同的 props 给不同的子组件.vue 使用。

▶▶ 8.2.1 下发 props

注:本节的步骤是在 Father.vue 里操作的。

下发的过程是在 Father.vue 里完成的，Father.vue 在向 Child.vue 下发 props 之前，需要导入 Child.vue 并启用它作为自身的模板，然后在 setup 里处理好数据并 return 给<template />用。

在 Father.vue 的<script />里:

```typescript
// TypeScript 代码片段
// Father.vue
import {defineComponent} from 'vue'
import Child from '@cp/Child.vue'

interface Member {
  id: number
  name: string
}

export default defineComponent({
  // 需要启用 Child.vue 作为模板
  components: {
    Child,
  },

  // 定义一些数据并 return 给<template />用
  setup() {
    const userInfo: Member = {
      id: 1,
      name: 'Petter',
    }

    // 不要忘记 return,否则<template />读取不到数据
    return {
      userInfo,
    }
  },
})
```

然后在 Father.vue 的<template />读取 return 出来的数据，把要传递的数据通过属性的方式绑定在组件标签上。

```vue
<!-- Vue 代码片段 -->
<!-- Father.vue -->
<template>
  <Child
```

```
    title="用户信息"
    :index="1"
    :uid="userInfo.id"
    :user-name="userInfo.name"
  />
</template>
```

这样就完成了 props 数据的下发。

在<template />绑定属性时，如果是普通的字符串，比如上面的 title，则直接给属性名赋值就可以。如果是变量名，或者其他类型如 number、boolean 等，比如上面的 index，则需要通过属性动态绑定的方式来添加，使用 v-bind:或者 ":" 符号进行绑定。

另外官方文档推荐对 camelCase 风格（小驼峰）命名的 props，在绑定时使用和 HTML attribute 一样的 kebab-case 风格（短横线），例如使用 user-name 代替 userName 传递，详见官网的传递 prop 的细节部分。

▶▶ 8.2.2　**接收** props

注：本节的步骤是在 Child.vue 里操作的。

接收的过程是在 Child.vue 里完成的，在<script />部分，Child.vue 通过与 setup 同级的 props 来接收数据。它可以是一个 string[]数组，把要接收的变量名放到这个数组里，直接作为数组的 item。

```
// TypeScript 代码片段
// Child.vue
export default defineComponent({
  props: ['title', 'index', 'userName', 'uid'],
})
```

但这种情况下，使用者不知道这些属性的使用限制，例如这些属性是什么类型的值、是否必传等等。

▶▶ 8.2.3　**配置带有类型限制的** props

注：本节的步骤是在 Child.vue 里操作的。

和 TypeScript 一样，类型限制可以为程序带来更好的健壮性，Vue 的 props 也支持增加类型限制。

相对于传递一个 string[]类型的数组，更推荐的方式是把 props 定义为一个对象，以对象形式列出。每个 Property 的名称和值分别是各自的名称和类型，只有合法的类型才允许传入。

注意：和 TypeScript 的类型定义不同，props 这里的类型，首字母需要大写，也就是 JavaScript 的基本类型。支持的类型见表 8-2。

表 8-2　**props 支持的类型一览**

类　型	含　义
String	字符串
Number	数值

（续）

类　型	含　义
Boolean	布尔值
Array	数组
Object	对象
Date	日期数据，如 new Date()
Function	函数，如普通函数、箭头函数、构造函数
Promise	Promise 类型的函数
Symbol	Symbol 类型的值

了解了基本的类型限制用法之后，接下来给 props 加上类型限制。

```typescript
// TypeScript 代码片段
// Child.vue
export default defineComponent({
  props: {
    title: String,
    index: Number,
    userName: String,
    uid: Number,
  },
})
```

现在如果传入不正确的类型，程序就会抛出警告信息，告知开发者必须正确传值。

如果需要对某个 props 允许多类型，比如 uid 字段，可能是数值，也可能是字符串，那么可以使用一个数组，把允许的类型都加进去。

```typescript
// TypeScript 代码片段
// Child.vue
export default defineComponent({
  props: {
    // 单类型
    title: String,
    index: Number,
    userName: String,

    // 这里使用了多种类型
    uid: [Number, String],
  },
})
```

▶▶ 8.2.4　配置可选以及带有默认值的 props

注:本节的步骤是在 Child.vue 里操作的。

所有 props 默认都是可选的，如果不传递具体的值，则默认值都是 undefined。这样可能引起程序运行崩溃，Vue 支持对可选的 props 设置默认值，也是通过对象的形式配置 props 的选项。props 支持配置的选项见表 8-3。

表 8-3　props 支持配置的选项

选　　项	类　　型	含　　义
type	string	类型
required	boolean	是否必传，true 代表必传，false 代表可选
default	any	是与 type 选项的类型相对应的默认值，如果 required 选项是 false，且这里不设置默认值，则会默认为 undefined
validator	function	自定义验证函数，需要 return 一个布尔值，true 代表校验通过，false 代表校验不通过。当校验不通过时，控制台会抛出警告信息

了解了配置选项后，接下来再对 props 进行改造，将其中部分选项设置为可选，并提供默认值。

```typescript
// TypeScript 代码片段
// Child.vue
export default defineComponent({
  props: {
    // 可选,并提供默认值
    title: {
      type: String,
      required: false,
      default: '默认标题',
    },

    // 默认可选,单类型
    index: Number,

    // 添加一些自定义校验
    userName: {
      type: String,

      // 在这里校验用户名必须至少 3 个字
      validator: (v) => v.length >= 3,
    },

    // 默认可选,但允许多种类型
    uid: [Number, String],
  },
})
```

▶▶ 8.2.5　使用 props

注:本节的步骤是在 Child.vue 里操作的。

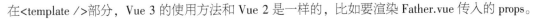

在<template />部分，Vue 3 的使用方法和 Vue 2 是一样的，比如要渲染 Father.vue 传入的 props。

```
<!-- Vue 代码片段 -->
<!-- Child.vue -->
<template>
  <p>标题:{{title}}</p>
  <p>索引:{{index}}</p>
  <p>用户 id:{{uid}}</p>
  <p>用户名:{{userName}}</p>
</template>
```

但是<script />部分，变化非常大。

在 Vue 2 里，只需要通过 this.uid、this.userName 就可以使用 Father.vue 传下来的 prop。但是 Vue 3 没有了 this，所以是通过 setup 的入参进行操作的。

```
// TypeScript 代码片段
// Child.vue
export default defineComponent({
  props: {
    title: String,
    index: Number,
    userName: String,
    uid: Number,
  },

  // 在这里需要添加一个入参
  setup(props) {
    // 该入参包含了当前组件定义的所有 props
    console.log(props)
  },
})
```

关于 Setup 函数的第一个入参 props 的特点如下。

1）该入参包含了当前组件定义的所有 props（如果 Father.vue 传进来的数据在 Child.vue 里未定义，不仅不会读取到，而且在控制台会有警告信息）。

2）该入参可以随意命名，比如可以写成一个下画线_，通过_.uid 也可以读取到数据，但是语义化命名是一个良好的编程习惯。

3）该入参具备响应性，Father.vue 修改了传递下来的值，Child.vue 也会同步得到更新。因此，不要直接解构，可以通过 toRef 或 toRefs API 转换为响应式变量。

▶▶ 8.2.6 传递非 props 的属性

8.2.5 小节最后有一句提示是：

> 如果 Father.vue 传进来的数据在 Child.vue 里未定义,不仅不会读取到,而且在控制台会有警告信息。

这种情况虽然无法从 props 里读取到对应的数据，但也不意味着不能传递任何未定义的属性数据。

在 Father.vue，除了可以给 Child.vue 绑定 props，还可以根据实际需要去绑定一些特殊的属性。比如给 Child.vue 设置 class、id，或者 data-xxx 之类的一些自定义属性。如果 Child.vue 的 \<template /\> 里只有一个根节点，那么这些属性会自动继承并渲染在节点上。

假设当前在 Child.vue 是如下这样只有一个根节点，并且未接收任何 props。

注：如果已安装 Vue VSCode Snippets 这个 VS Code 插件，可以在空的 .vue 文件里输入 v3，然后在出现的代码片段菜单里选择 vbase-3-ts 生成一个 Vue 组件的基础代码片段。

```
<!-- Vue 代码片段 -->
<!-- Child.vue -->
<template>
  <div class="child">子组件</div>
</template>

<script lang="ts">
import {defineComponent} from 'vue'

export default defineComponent({
  setup() {
    return {}
  },
})
</script>

<style scoped>
.child {
  width: 100%;
}
</style>
```

在 Father.vue 里对 Child.vue 传递了多个属性。

```
<!-- Vue 代码片段 -->
<!-- Father.vue -->
<template>
  <Child
    id="child-component"
    class="class-name-from-father"
    :keys="['foo', 'bar']"
    :obj="{foo: 'bar'}"
    data-hash="b10a8db164e0754105b7a99be72e3fe5"
  />
</template>
```

回到浏览器，通过 Chrome 的审查元素调试功能可以看到 Child.vue 在渲染后，按照 HTML 属性的渲染规则生成了多个属性。

```
<!-- HTML 代码片段 -->
<!-- Child.vue 在浏览器里渲染后的 HTML DOM 结构 -->
```

```
<div
  class="child class-name-from-father"
  id="child-component"
  keys="foo,bar"
  obj="[object Object]"
  data-hash="b10a8db164e0754105b7a99be72e3fe5"
  data-v-2dcc19c8=""
  data-v-7eb2bc79=""
>
  子组件
</div>
```

其中有两个以 data-v-开头的属性是<style />标签开启了 Style Scoped 功能自动生成的 Hash 值（详见 5.13.3 小节内容）。

可以在 Child.vue，配置 inheritAttrs 为 false 来屏蔽这些非 props 属性的渲染。

```
// TypeScript 代码片段
// Child.vue
export default defineComponent({
  inheritAttrs: false,
  setup() {
    ...
  },
})
```

屏蔽之后，现在的 DOM 结构如下（只保留了两个由 Style Scoped 生成的 Hash 值）。

```
<!-- HTML 代码片段 -->
<!-- Child.vue 在浏览器里渲染后的 HTML DOM 结构 -->
<div class="child" data-v-2dcc19c8="" data-v-7eb2bc79="">子组件</div>
```

这一类非 props 属性通常称为 attrs。刚接触 Vue 的开发者可能容易混淆这两者，确实是非常接近，都是由 Father.vue 传递，由 Child.vue 接收，支持传递的数据类型也一样。但为什么一部分是在 props 获取，另一部分在 attrs 获取呢？笔者给出一个比较容易记忆的方式，不一定特别准确，但相信可以帮助开发者加深两者的区别理解。根据它们的缩写，其实是可以知道 prop 是指 Property，而 attr 是指 Attribute 的。虽然都是"属性"，但 Property 更接近于事物本身的属性，因此需要在组件里声明。而 Attribute 更偏向于赋予的属性，因此用于指代 Father.vue 传递的其他未被声明为 Property 的属性。

▶▶ 8.2.7　获取非 props 的属性

> 注：本小节的步骤是在 Child.vue 里操作的。

在 8.2.6 小节传递非 props 属性时已经在 Father.vue 里向 Child.vue 传递了一些 attrs 自定义属性。在 Child.vue 里想要读取这些属性，使用原生 JavaScript 操作是需要通过 Element.getAttribute() 方法，但 Vue 提供了更简单的操作方式。

在 Child.vue 里，可以通过 setup 的第二个参数 context 里的 attrs 来获取这些属性，并且 Father.vue 传递了什么类型的值，获取到的也是一样的类型，这一点和使用 Element.getAttribute( ) 完全不同。

```typescript
// TypeScript 代码片段
// Child.vue
export default defineComponent({
  setup(props, {attrs}) {
    // attrs 是个对象,每个 Attribute 都是它的 key
    console.log(attrs.id) // child-component
    console.log(attrs.class) // class-name-from-father

    // 传递数组会被保留类型,不会被转换为 key1,key2 这样的字符串
    // 这一点与 Element.getAttribute()完全不同
    console.log(attrs.keys) // ['foo', 'bar']

    // 传递对象也可以正常获取
    console.log(attrs.obj) // {foo: 'bar'}

    // 如果传下来的 Attribute 带有短横线,需要通过以下这种方式获取
    console.log(attrs['data-hash']) // b10a8db164e0754105b7a99be72e3fe5
  },
})
```

Child.vue 不论是否设置 inheritAttrs 属性，都可以通过 attrs 读取到 Father.vue 传递下来的数据。但是如果要使用 Element.getAttribute( ) 则只有当 inheritAttrs 为 true 的时候才可以，因为此时在 DOM 上才会渲染这些属性。

与 Vue 2 的 <template /> 只能有一个根节点不同，Vue 3 允许多个根节点。多个根节点的情况下，无法直接继承这些 attrs 属性（在 inheritAttrs 为 true 的情况也下无法默认继承），需要在 Child.vue 里通过 v-bind 绑定到要继承在节点上。

可以通过 Vue 实例属性 $attrs 或者从 setup 函数里把 attrs return 出来使用。

```vue
<!-- Vue 代码片段 -->
<!-- Child.vue -->
<template>
  <!-- 默认不会继承属性 -->
  <div class="child">不会继承</div>

  <!-- 绑定后可继承, $attrs 是一个 Vue 提供的实例属性 -->
  <div class="child" v-bind="$attrs">使用 $attrs 继承</div>

  <!-- 绑定后可继承,attrs 是从 setup 里 return 出来的变量 -->
  <div class="child" v-bind="attrs">使用 attrs 继承</div>
</template>

<script lang="ts">
import {defineComponent} from 'vue'
```

```
export default defineComponent({
  setup(props, {attrs}) {

    return {
      attrs,
    }
  },
})
</script>
```

▶▶ 8.2.8 绑定 emits

注：本节的步骤是在 Father.vue 里操作的。

如果 Father.vue 需要获取 Child.vue 的数据更新情况，可以由 Child.vue 通过 emits 进行通知。通过下面这个更新用户年龄的例子可以学习如何给 Child.vue 绑定 emit 事件。

事件的逻辑是由 Father.vue 决定的，因此需要在 Father.vue 的 \<script /\>里先声明数据变量和一个更新函数，并且这个更新函数通常会有一个入参作为数据的新值接收。

在本例里，Father.vue 声明了一个 updateAge 方法，它接收一个入参 newAge，代表新的年龄数据。这个入参的值将由 Child.vue 在触发 emits 时传入。因为还需要在\<template /\>部分绑定给 Child.vue，所以需 return 出来。

```
// TypeScript 代码片段
// Father.vue
import {defineComponent, reactive} from 'vue'
import Child from '@cp/Child.vue'

interface Member {
  id: number
  name: string
  age: number
}

export default defineComponent({
  components: {
    Child,
  },
  setup() {
    const userInfo: Member = reactive({
      id: 1,
      name: 'Petter',
      age: 0,
    })
```

```
    /* *
     * 声明一个更新年龄的方法
     * @param newAge:新的年龄,由 Child.vue 触发 emits 时传递
     * /
    function updateAge(newAge: number) {
      userInfo.age = newAge
    }

    return {
      userInfo,
      updateAge,
    }
  },
})
```

再看 Father.vue 的<template />部分，和 Click 事件使用@click 一样，自定义的 emits 事件也是通过 v-on 或者是@来绑定的。

```
<!-- Vue 代码片段 -->
<!-- Father.vue -->
<template>
  <Child @update-age="updateAge" />
</template>
```

和 props 一样，官方文档也推荐将 camelCase 风格（小驼峰）命名的函数，在绑定时使用kebab-case 风格（短横线），例如使用 update-age 代替 updateAge 传递。

▶▶ 8.2.9 接收并调用 emits

注:本节的步骤是在 Child.vue 里操作的。

在配置 emits 的接收时，和配置 props 接收的操作一样，可以指定一个数组，把要接收的 emit 事件名称写进去。

```
// TypeScript 代码片段
// Child.vue
export default defineComponent({
  emits: ['update-age'],
})
```

但是和配置 props 接收时通常需要添加数据类型限制和数据有效性不同，通常情况下 emits 像上面这样配置就足够使用了。

接下来如果 Child.vue 需要更新数据并通知 Father.vue，可以使用 setup 第二个参数 context 里的 emit 方法触发。

```
// TypeScript 代码片段
// Child.vue
```

```
export default defineComponent({
  emits: ['update-age'],
  setup(props, {emit}) {
    // 通知 Father.vue 将年龄设置为 2
    emit('update-age', 2)
  },
})
```

emit 方法最少要传递一个参数：事件名称。事件名称是指 Father.vue 绑定事件时，@update-age = "updateAge" 里的 update-age。如果改成@hello = "updateAge"，那么事件名称就需要使用 hello。一般情况下事件名称和更新函数的名称会保持一致，方便维护。

对于需要更新数据的情况，emit 还支持传递更多的参数，以对应更新函数里的入参。所以可以看到上面例子里的 emit（'update-age', 2）有第二个参数，传递了一个 2 的数值，就是作为 Father.vue updateAge 的入参 newAge 传递的。

如果需要通信的数据很多，建议第二个入参使用一个对象来管理数据，例如 Father.vue 调整为：

```
// TypeScript 代码片段
// Father.vue
function updateInfo({name, age}: Member) {
  // 当 name 变化时更新 name 的值
  if (name && name !== userInfo.name) {
    userInfo.name = name
  }

  // 当 age 变化并且新值在正确的范围内时,更新 age 的值
  if (age > 0 && age !== userInfo.age) {
    userInfo.age = age
  }
}
```

Child.vue 在传递新数据时，就应该使用对象的形式传递。

```
// TypeScript 代码片段
// Child.vue
emit('update-info', {
  name: 'Tom',
  age: 18,
})
```

这对于更新表单等数据量较多的场景非常好用。

▶▶ 8.2.10　接收 emits 时做一些校验

> 注:本节的步骤是在 Child.vue 里操作的。

在一些特定的场景下，emits 的接收和 props 的接收一样，子组件也可以对这些事件做一些验

证。这个时候就需要将 emits 配置为对象，然后把事件名称作为 key，value 则对应为一个用来校验的方法。

还是用前文那个更新年龄的方法，如果需要增加一个条件：当达到成年人的年龄时才会更新 Father.vue 的数据，那么就可以将 emits 调整为：

```typescript
// TypeScript 代码片段
// Child.vue
export default defineComponent({
  emits: {
    // 需要校验
    'update-age': (age: number) => {
      // 写一些条件拦截,返回 false 表示验证不通过
      if (age < 18) {
        console.log('未成年人不允许参与')
        return false
      }

      // 通过则返回 true
      return true
    },

    // 一些无须校验的,设置为 null 即可
    'update-name': null,
  },
})
```

接下来，如果提交 emit ('update-age', 2)，因为不满足验证条件，浏览器控制台将会出现“［Vue warn］：Invalid event arguments：event validation failed for event "update-age"．”的警告信息。

8.3 v-model/emits

相对于 8.2 节 props/emits 这一对通信方案，使用 v-model 的方式更为简单。

1）在 Father.vue，通过 v-model 向 Child.vue 传值。

2）Child.vue 通过自身设定的 emits 向 Father.vue 通知数据更新了。

v-model 的用法和 props 非常相似，但是在很多操作上更为简化，不过操作简单带来的“副作用”就是功能上也没有 props 多。

▶▶ 8.3.1 绑定 v-model

注：本节的步骤是在 Father.vue 里操作的。

父组件向子组件绑定 v-model 的方式和下发 props 的方式类似，都是在 Child.vue 上绑定 Father.vue 定义好的数据，下面是绑定一个数据的例子。

```
<!-- Vue 代码片段 -->
<!-- Father.vue -->
<template>
  <Child v-model:username="userInfo.name" />
</template>
```

和 Vue 2 不同，Vue 3 可以直接绑定 v-model，而无须在 Child.vue 指定 model 选项，并且 Vue 3 的 v-model 需要使用英文冒号 ":" 指定要绑定的属性名，同时也支持绑定多个 v-model。

如果要绑定多个数据，写多个 v-model 即可。

```
<!-- Vue 代码片段 -->
<!-- Father.vue -->
<template>
  <Child
    v-model:uid="userInfo.id"
    v-model:username="userInfo.name"
    v-model:age="userInfo.age"
  />
</template>
```

读者看到这里应该能明白了，一个 v-model 其实就是一个 prop，它支持的数据类型和 prop 是一样的，所以 Child.vue 在接收数据的时候，完全按照 props 去定义就可以了。可在 8.2 节了解在 Child.vue 如何接收 props，以及相关的 props 类型限制等内容。

▶▶ 8.3.2　配置 emits

> 注：本节的步骤是在 Child.vue 里操作的。

虽然 v-model 的配置和 props 相似，但是为什么会推出这么两个相似的东西？自然是为了简化一些开发上的操作。使用 props/emits，如果要更新 Father.vue 的数据，还需要在 Father.vue 声明一个更新函数并绑定事件给 Child.vue，才能够更新。而使用 v-model/emits，无须在 Father.vue 声明更新函数，只需要在 Child.vue 里通过 update:前缀加上 v-model 的属性名的格式，即可直接定义一个更新事件。

```
// TypeScript 代码片段
// Child.vue
export default defineComponent({
  props: {
    uid: Number,
    username: String,
    age: Number,
  },
  // 注意这里的 update:前缀
  emits: ['update:uid', 'update:username', 'update:age'],
})
```

update 后面的属性名支持驼峰写法，这一部分和 Vue 2 的使用是相同的。

在配置 emits 时，也可以对数据更新做一些校验，配置方式和 8.2.10 小节讲解 props/emits 时接收 emits 做一些校验的操作是一样的。

在 Child.vue 配置好 emits 之后，就可以在 setup 里直接操作数据的更新了。

```typescript
// TypeScript 代码片段
// Child.vue
export default defineComponent({
  setup(props, {emit}) {
    // 2s 后更新用户名
    setTimeout(() => {
      emit('update:username', 'Tom')
    }, 2000)
  },
})
```

Child.vue 通过调用 emit('update:xxx') 即可让 Father.vue 更新对应的数据。

8.4 ref/emits

在 5.5 节学习响应式 API 之 ref 的时候，已讲解过 ref 是可以用在 DOM 元素与子组件上面，所以也可以使用 ref 配合 emits 完成父子组件的通信。

▶ 8.4.1 父组件操作子组件

注：本节的步骤是在 Father.vue 里操作的。

父组件（Father.vue）可以给子组件（Child.vue）绑定 ref 属性，然后通过 ref 变量操作子组件的数据或者调用子组件里面的方法。

先在 `<template />` 处给子组件标签绑定 ref 属性。

```vue
<!-- Vue 代码片段 -->
<!-- Father.vue -->
<template>
  <Child ref="child" />
</template>
```

然后在 `<script />` 部分定义好对应的变量名称 child（记得要 return 出来），即可通过该变量操作子组件上的变量或方法了。

```typescript
// TypeScript 代码片段
// Father.vue
import {defineComponent, onMounted, ref} from 'vue'
import Child from '@cp/Child.vue'

export default defineComponent({
```

```
components: {
  Child,
},
setup() {
  // 给子组件定义一个 `ref` 变量
  const child = ref<InstanceType<typeof Child>>()

  // 请保证视图渲染完毕后再执行操作
  onMounted(async () => {
    // 执行子组件里面的 AJAX 请求函数
    await child.value!.queryList()

    // 显示子组件里面的弹窗
    child.value!.isShowDialog = true
  })

  // 必须 `return` 出去才可以给到 `<template />` 使用
  return {
    child,
  }
},
})
```

需要注意的是，在子组件里，变量和方法也需要在 setup 里 return 出来才可以被父组件调用到。

▶▶ 8.4.2　子组件通知父组件

子组件如果想主动向父组件通信，也需要使用 emits，详细的配置方法可见 8.28 节绑定 emits 的内容。

8.5　爷孙组件通信

顾名思义，爷孙组件通信是比父子组件通信要更深层次的引用关系（也称为"隔代组件"）。
C 组件被引入到 B 组件里，B 组件又被引入到 A 组件里渲染，此时 A 是 C 的爷爷级别（可能还有更多层级关系），它们之间的关系可以假设如下。

```
Grandfather.vue
 └─Son.vue
   └─Grandson.vue
```

可以看到 Grandson.vue 并非直接挂载在 Grandfather.vue 下面，它们之间还隔着至少一个 Son.vue（在实际业务中可能存在更多层级）。如果使用 props，只能逐级组件传递下去，这样太烦琐了，见图 8-1。
因此，需要更直接的通信方式来解决这种问题，本节就是讲一讲 C 和 A 之间的数据传递，常用的方法见表 8-4。

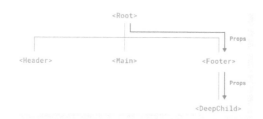

● 图 8-1 Props 的多级传递会非常烦琐（摘自 Vue 官网）

表 8-4 常用的爷孙组件通信方案

方　案	父组件向子组件	子组件向父组件	对 应 章 节
provide/inject	provide	inject	8.6
EventBus	emit/on	emit/on	8.9
Reactive State	—	—	8.10
Vuex	—	—	8.11
Pinia	—	—	8.12

因为上下级关系的一致性，爷孙组件通信的方案也适用于父子组件通信，只需要把爷孙关系换成父子关系即可。为了方便阅读，下面的爷组件统一用 Grandfather.vue，子组件统一用 Grandson.vue。

8.6 provide/inject

这种通信方式也是有如下两部分。

1）爷组件（Grandfather.vue）通过 provide 向孙组件（Grandson.vue）提供数据和方法。

2）孙组件（Grandson.vue）通过 inject 注入爷组件 Grandfather.vue 的数据和方法。

无论组件层次结构有多深，发起 provide 的组件都可以作为其所有下级组件的依赖提供者，见图 8-2。

Vue 3 的这一部分内容相比 Vue 2 来说变化很大，但使用起来其实也很简单，它们之间也有如下相同的地方。

1）爷组件不需要知道哪些子组件使用它 provide 的数据。

2）子组件不需要知道 inject 的数据来自哪里。

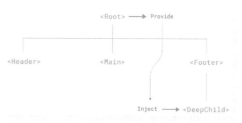

● 图 8-2 使用 provide/inject 后问题将变得非常简单（摘自 Vue 官网）

另外要切记一点就是：provide 和 inject 绑定并不是可响应的，这是刻意为之的，除非传入了一个可侦听的对象。

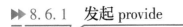

▶▶ 8.6.1　发起 provide

注:本节的步骤是在 Grandfather.vue 里操作的。

先来回顾一下 Vue 2 的用法。

```
// TypeScript 代码片段
export default {
  // 在 data 选项里定义好数据
  data() {
    return {
      tags: ['中餐', '粤菜', '烧腊'],
    }
  },
  // 在 provide 选项里添加要提供的数据
  provide() {
    return {
      tags: this.tags,
    }
  },
}
```

旧版的 provide 用法和 data 类似,都是配置为一个返回对象的函数,而 Vue 3 的新版 provide 和 Vue 2 的用法区别比较大。

在 Vue 3,provide 需要导入并在 setup 里启用,并且现在是一个全新的方法,每次要 provide 一个数据的时候,都要单独调用一次。

provide 的 TypeScript 类型如下。

```
// TypeScript 代码片段
// provide API 本身的类型
function provide<T>(key: InjectionKey<T> | string, value: T): void

// 入参 key 的其中一种类型
interface InjectionKey<T> extends Symbol {}
```

每次调用 provide 的时候都需要传入两个参数,见表 8-5。

表 8-5　provide 的入参说明

参　　数	说　　明
key	数据的名称
value	数据的值

其中 key 一般使用 string 类型就可以满足大部分业务场景,如果有特殊的需要(例如开发插件时可以避免和用户的业务冲突),可以使用 InjectionKey<T>类型,这是一个继承自 Symbol 的泛型。

```typescript
// TypeScript 代码片段
import type {InjectionKey} from 'vue'
const key = Symbol() as InjectionKey<string>
```

还需要注意的是，provide 不是响应式的，如果要使其具备响应性，需要传入响应式数据。下面来试试在爷组件 Grandfather.vue 里创建数据并 provide 下去。

```typescript
// TypeScript 代码片段
// Grandfather.vue
import {defineComponent, provide, ref} from 'vue'

export default defineComponent({
  setup() {
    // 声明一个响应式变量并 provide 其自身
    // 孙组件获取后可以保持响应性
    const msg = ref('Hello World!')
    provide('msg', msg)

    // 只 provide 响应式变量的值
    // 孙组件获取后只会得到当前的值
    provide('msgValue', msg.value)

    // 声明一个方法并 provide
    function printMsg() {
      console.log(msg.value)
    }
    provide('printMsg', printMsg)
  },
})
```

▶▶ 8.6.2 接收 inject

注：本节的步骤是在 Grandson.vue 里操作的。

也是先回顾一下在 Vue 2 里的用法，和接收 props 类似。

```typescript
// TypeScript 代码片段
export default {
  // 通过 `inject` 选项获取
  inject: ['tags'],
  mounted() {
    console.log(this.tags)
  },
}
```

Vue 3 的新版 inject 和 Vue 2 的用法区别也是比较大。在 Vue 3，inject 和 provide 一样，也是需要先导入然后在 setup 里启用，也是一个全新的方法，每次要 inject 一个数据的时候，也是要单独调用一次。

另外还有一个特殊情况需要注意，当 Grandson.vue 的父级、爷级组件都 provide 了相同名字的数据下来，那么在 inject 的时候，会优先选择离它更近的组件的数据。

根据不同的场景，inject 可以接收不同数量的入参，入参类型也各不相同。

1. 默认用法

默认情况下，inject API 的 TypeScript 类型如下。

```typescript
// TypeScript 代码片段
function inject<T>(key: InjectionKey<T> | string): T | undefined
```

每次调用时只需要传入一个参数，见表 8-6。

表 8-6　inject 默认用法的入参说明

参　　数	类　　型	说　　明
key	string	与 provide 相对应的数据名称

接下来看如何在孙组件里 inject 爷组件 provide 下来的数据。

```typescript
// TypeScript 代码片段
// Grandson.vue
import {defineComponent, inject} from 'vue'
import type {Ref} from 'vue'

export default defineComponent({
  setup() {
    // 获取响应式变量
    const msg = inject<Ref<string>>('msg')
    console.log(msg!.value)

    // 获取普通的字符串
    const msgValue = inject<string>('msgValue')
    console.log(msgValue)

    // 获取函数
    const printMsg = inject<() => void>('printMsg')
    if (typeof printMsg === 'function') {
      printMsg()
    }
  },
})
```

可以看到在每个 inject 都使用尖括号<>添加了相应的 TypeScript 类型，并且在调用变量的时候都进行了判断。这是因为默认的情况下，inject 除了返回指定类型的数据之外，还默认带上 undefined 作为可能的值。

如果明确数据不会是 undefined，也可以在后面添加 as 关键字指定其 TypeScript 类型，这样 Type-

Script 就不再因为可能出现 undefined 而提示代码有问题了。

```typescript
// TypeScript 代码片段
// Grandson.vue
import {defineComponent, inject} from 'vue'
import type {Ref} from 'vue'

export default defineComponent({
  setup() {
    // 获取响应式变量
    const msg = inject('msg') as Ref<string>
    console.log(msg.value)

    // 获取普通的字符串
    const msgValue = inject('msgValue') as string
    console.log(msgValue)

    // 获取函数
    const printMsg = inject('printMsg') as () => void
    printMsg()
  },
})
```

2. 设置默认值

inject API 还支持设置默认值，可以接收更多的参数。

默认情况下，只需要传入第二个参数指定默认值即可，此时它的 TypeScript 类型如下。

```typescript
// TypeScript 代码片段
function inject<T>(key: InjectionKey<T> | string, defaultValue: T): T
```

对于不可控的情况，建议在 inject 时添加一个默认值，以防止程序报错。

```typescript
// TypeScript 代码片段
// Grandson.vue
import {defineComponent, inject, ref} from 'vue'
import type {Ref} from 'vue'

export default defineComponent({
  setup() {
    // 获取响应式变量
    const msg = inject<Ref<string>>('msg', ref('Hello'))
    console.log(msg.value)

    // 获取普通的字符串
    const msgValue = inject<string>('msgValue', 'Hello')
    console.log(msgValue)

    // 获取函数
```

```
    const printMsg = inject<() => void>('printMsg', () => {
      console.log('Hello')
    })
    printMsg()
  },
})
```

需要注意的是，inject 什么类型的数据，其默认值也需要保持相同的类型。

3. 工厂函数选项

inject API 在第二个 TypeScript 类型的基础上，还有第三个 TypeScript 类型，可以传入第三个参数。

```
// TypeScript 代码片段
function inject<T>(
  key: InjectionKey<T> | string,
  defaultValue: () => T,
  treatDefaultAsFactory?: false
): T
```

当第二个参数是一个工厂函数，那么可以添加第三个值，将其设置为 true，此时默认值一定会是其 return 的值。

在 Grandson.vue 里新增一个 inject，接收一个不存在的函数名，并提供一个工厂函数作为默认值。

```
// TypeScript 代码片段
// Grandson.vue
import {defineComponent, inject} from 'vue'

interface Food {
  name: string
  count: number
}

export default defineComponent({
  setup() {
    // 获取工厂函数
    const getFood = inject<() => Food>('nonexistentFunction', () => {
      return {
        name: 'Pizza',
        count: 1,
      }
    })
    console.log(typeof getFood) // function

    const food = getFood()
    console.log(food) // {name:'Pizza', count: 1}
  },
})
```

此时因为第三个参数默认为 Falsy 值，所以可以得到一个函数作为默认值，并可以调用该函数获得一个 Food 对象。如果将第三个参数传入为 true，再运行程序则会在 const food = getFood() 这一行报错。

```typescript
// TypeScript 代码片段
// Grandson.vue
import {defineComponent, inject} from 'vue'

interface Food {
  name: string
  count: number
}

export default defineComponent({
  setup() {
    // 获取工厂函数
    const getFood = inject<() => Food>(
      'nonexistentFunction',
      () => {
        return {
          name: 'Pizza',
          count: 1,
        }
      },
      true
    )
    console.log(typeof getFood) // object

    // 此时下面的代码无法运行
    // 报错 Uncaught (in promise) TypeError: getMsg is not a function
    const food = getFood()
    console.log(food)
  },
})
```

因为此时第三个入参告知 inject，默认值是一个工厂函数，因此默认值不再是函数本身，而是函数的返回值，所以 typeof getFood 得到的不再是一个 function 而是一个 object。

这个参数对于需要通过工厂函数返回数据的情况非常有用。

8.7 兄弟组件通信

兄弟组件是指两个组件都挂载在同一个 Father.vue 下，但两个组件之间并没有什么直接的关联，先来看它们的关系。

```
Father.vue
├─Brother.vue
└─LittleBrother.vue
```

这种层级关系下，如果组件之间要进行通信，目前通常有以下两类选择。

1）【不推荐】先把数据传给 Father.vue，再使用父子组件通信方案处理。

2）【推荐】借助全局组件通信的方案达到目的。

下面将进入全局通信的讲解。

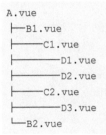

8.8　全局组件通信

全局组件通信是指项目下两个任意组件，不管是否有直接关联（例如父子关系、爷孙关系）都可以直接进行交流的通信方案。

举个例子，像下面这种项目结构，B2.vue 可以采用全局通信方案直接向 D2.vue 发起交流，而无须经过它们各自的父组件。

```
A.vue
├──B1.vue
├─────C1.vue
├───────D1.vue
├───────D2.vue
├─────C2.vue
├───────D3.vue
└──B2.vue
```

常用的全局组件通信方案见表 8-7。

表 8-7　常用的全局组件通信方案

方　案	父组件向子组件	子组件向父组件	对 应 章 节
EventBus	emit／on	emit／on	8.9
Reactive State	—	—	8.10
Vuex	—	—	8.11
Pinia	—	—	8.12

8.9　EventBus

EventBus 通常被称之为"全局事件总线"，是用在全局范围内通信的一个常用方案，在 Vue 2 时期该方案非常流行，其特点就是"简单""灵活""轻量级"。

▶▶ 8.9.1　回顾 Vue 2 的 EventBus

在 Vue 2，使用 EventBus 无须导入第三方插件，可以在项目下的 libs 文件夹里，创建一个名为 eventBus.ts 的文件，导出一个新的 Vue 实例即可。

```typescript
// TypeScript 代码片段
// src/libs/eventBus.ts
import Vue from 'vue'
export default new Vue()
```

上面短短两句代码已完成了一个 EventBus 的创建，接下来就可以开始进行通信了。

先在负责接收事件的组件里，利用 Vue 的生命周期，通过 eventBus. $on 添加事件侦听，通过 eventBus. $off 移除事件侦听。

```typescript
// TypeScript 代码片段
import eventBus from '@libs/eventBus'

export default {
  mounted() {
    // 在组件创建时，添加一个名为 hello 的事件侦听
    eventBus.$on('hello', () => {
      console.log('Hello World')
    })
  },
  beforeDestroy() {
    // 在组件销毁前，通过 hello 这个名称移除该事件侦听
    eventBus.$off('hello')
  },
}
```

然后在另外一个组件里通过 eventBus. $emit 触发事件侦听。

```typescript
// TypeScript 代码片段
import eventBus from './eventBus'

export default {
  methods: {
    sayHello() {
      // 触发名为 hello 的事件
      eventBus.$emit('hello')
    },
  },
}
```

这样一个简单的全局方案就完成了。

▶▶ 8.9.2　了解 Vue 3 的 EventBus

Vue 3 应用实例不再实现事件触发接口，因此移除了 $on、$off 和 $once 这几个事件 API，无法像 Vue 2 一样利用 Vue 实例创建 EventBus。

根据官方文档在事件 API 迁移策略的推荐，可以使用 mitt 或者 tiny-emitter 等第三方插件实现 EventBus。

▶▶ 8.9.3　创建 Vue 3 的 EventBus

这里以 mitt 为例，讲解如何创建一个 Vue 3 的 EventBus，首先需要安装它。

```
npm i mitt
```

然后在 src/libs 文件夹下，创建一个名为 eventBus.ts 的文件。文件内容和 Vue 2 的写法其实是一样的，只不过是把 Vue 实例换成了 mitt 实例。

```
// TypeScript 代码片段
// src/libs/eventBus.ts
import mitt from 'mitt'
export default mitt()
```

接下来就可以定义与通信相关的事件了，mitt 常用的 API 见表 8-8。

表 8-8　mitt 常用的 API

方法名称	作　用
on	注册一个侦听事件，用于接收数据
emit	调用方法发起数据传递
off	用来移除侦听事件

on 方法的参数见表 8-9。

表 8-9　on 方法的参数

参　数	类　型	作　用
type	string ｜ symbol	方法名
handler	function	接收到数据之后要做处理的回调函数

这里的 handler 建议使用具名函数，因为匿名函数无法销毁。

emit 方法的参数见表 8-10。

表 8-10　emit 方法的参数

参　数	类　型	作　用
type	string ｜ symbol	与 on 对应的方法名
data	any	与 on 对应的，允许接收的数据

off 方法的参数见表 8-11。

表 8-11　off 方法的参数

参　数	类　型	作　用
type	string ｜ symbol	与 on 对应的方法名
handler	function	要被删除的、与 on 对应的 handler 函数名

更多的 API 可以查阅插件的官方文档，在了解了基本的用法之后，下面开始配置一对组件进行通信。

▶▶ 8.9.4　创建和移除侦听事件

在需要暴露交流事件的组件里，通过 on 配置好接收方法，同时为了避免路由切换过程中造成事件多次被绑定，从而引起多次触发，需要在适当的时机 off 掉。

```
// TypeScript 代码片段
import {defineComponent, onBeforeUnmount} from 'vue'
import eventBus from '@libs/eventBus'

export default defineComponent({
  setup() {
    // 声明一个打招呼的方法
    function sayHi(msg = 'Hello World!') {
      console.log(msg)
    }

    // 启用侦听
    eventBus.on('sayHi', sayHi)

    // 在组件卸载之前移除侦听
    onBeforeUnmount(() => {
      eventBus.off('sayHi', sayHi)
    })
  },
})
```

关于销毁的时机，可以参考 5.2 节组件的生命周期。

▶▶ 8.9.5　调用侦听事件

在需要调用侦听事件的组件里，通过 emit 进行调用。

```
// TypeScript 代码片段
import {defineComponent} from 'vue'
import eventBus from '@libs/eventBus'

export default defineComponent({
  setup() {
    // 调用打招呼事件,传入消息内容
    eventBus.emit('sayHi', 'Hello')
  },
})
```

▶▶ 8.9.6　旧项目升级 EventBus

在 Vue 3 的 EventBus 里，可以看到它的 API 和旧版是非常接近的，只是去掉了 $ 符号。如果要对旧的项目进行升级改造，由于原来都是使用了 $on、$emit 等旧的 API，逐个组件去修改成新的 API

容易遗漏或者全局替换出错。

因此，可以在创建 eventBus.ts 的时候，通过自定义一个 eventBus 对象来挂载 mitt 的 API。在 eventBus.ts 里，改成以下所示代码。

```typescript
// TypeScript 代码片段
// src/libs/eventBus.ts
import mitt from 'mitt'

// 初始化一个 mitt 实例
const emitter = mitt()

// 在导出时使用旧的 API 名称去调用 mitt 的 API
export default {
  $on: (...args) => emitter.on(...args),
  $emit: (...args) => emitter.emit(...args),
  $off: (...args) => emitter.off(...args),
}
```

这样在组件里就可以继续使用 eventBus.$on、eventBus.$emit 等旧 API 了，不会影响旧项目的升级使用。

8.10 Reactive State

在 Vue 3 里，使用响应式的 reactive API 也可以实现一个小型的状态共享库，如果运用在一个简单的 H5 活动页面的小需求里，完全可以满足使用。

▶▶ 8.10.1 创建状态中心

首先在 src 目录下创建一个 state 文件夹，并添加一个 index.ts 文件，写入以下代码。

```typescript
// TypeScript 代码片段
// src/state/index.ts
import {reactive} from 'vue'

// 如果有多个不同业务的内部状态需要共享
// 使用具名导出更容易维护
export const state = reactive({
  // 设置一个属性并赋予初始值
  message: 'Hello World',

  // 添加一个更新数据的方法
  setMessage(msg: string) {
    this.message = msg
  },
})
```

这就完成了一个简单的 reactive state 响应式状态中心的创建。

▶▶ 8.10.2 设定状态更新逻辑

接下来在一个组件 Child.vue 的<script />里添加以下代码，分别进行了以下操作。

1）打印初始值。

2）对 state 里的数据启用侦听器。

3）使用 state 里的方法更新数据。

4）直接更新 state 的数据。

```typescript
// TypeScript 代码片段
// Child.vue
import {defineComponent, watch} from 'vue'
import {state} from '@/state'

export default defineComponent({
  setup() {
    console.log(state.message)
    // Hello World

    // 因为是响应式数据，所以可以侦听数据变化
    watch(
      () => state.message,
      (val) => {
        console.log('Message 发生变化:', val)
      }
    )

    setTimeout(() => {
      state.setMessage('Hello Hello')
      // Message 发生变化：Hello Hello
    }, 1000)

    setTimeout(() => {
      state.message = 'Hi Hi'
      // Message 发生变化：Hi Hi
    }, 2000)
  },
})
```

▶▶ 8.10.3 观察全局状态变化

继续在另外一个组件 Father.vue 里写入以下代码，导入 state 并在<template />渲染其中的数据。

```vue
<!-- Vue 代码片段 -->
<!-- Father.vue -->
```

```
<template>
  <div>{{state.message}}</div>
  <Child />
</template>

<script lang="ts">
import {defineComponent} from 'vue'
import Child from '@cp/Child.vue'
import {state} from '@/state'

export default defineComponent({
  components: {
    Child,
  },
  setup() {
    return {
      state,
    }
  },
})
</script>
```

可以观察到，当 Child.vue 里的定时器执行时，Father.vue 的视图也会同步得到更新。一个无须额外插件即可实现的状态中心就完成了。

8.11 Vuex

Vuex 是 Vue 生态里面非常重要的一个成员，运用于状态管理模式。它也是一个全局的通信方案，相比 EventBus，Vuex 的功能更多，更灵活。但对应的学习成本和体积也相对较大，通常大型项目才会用上 Vuex。

▶▶ 8.11.1 在了解之前

摘自 Vuex 仓库 README 文档的一段官方提示如下。

```
    Pinia is now the new default
    The official state management library for Vue has changed to Pinia. Pinia has almost the
exact same or enhanced API as Vuex 5, described in Vuex 5 RFC. You could simply consider Pinia
as Vuex 5 with a different name. Pinia also works with Vue 2.x as well.
    Vuex 3 and 4 will still be maintained. However, it's unlikely to add new functionalities to
it. Vuex and Pinia can be installed in the same project. If you're migrating existing Vuex app
to Pinia, it might be a suitable option. However, if you're planning to start a new project, we
highly recommend using Pinia instead.
```

意思是 Pinia 已经成为 Vue 生态最新的官方状态管理库，不仅适用于 Vue 3，也支持 Vue 2。而

Vuex 将进入维护状态，不再增加新功能，Vue 官方强烈建议在新项目中使用 Pinia。

笔者建议：如果是全新的项目，建议直接使用 Pinia，不仅更加适配 Vue 3 组合式 API 的使用，对 TypeScript 的支持也更完善，上手难度和使用舒适度均比 Vuex 更好。Vuex 正在逐渐退出舞台，需根据实际需求决定是否启用它。

▶▶ 8.11.2　Vuex 的目录结构

在 Vue 3 里使用 Vuex，需要选择 4.x 版本，也是当前@latest 标签对应的版本，需先安装它。

```
npm i vuex
```

接下来按照下面的目录结构创建对应的目录与文件。

```
src
│ # Vuex 的目录
├─store
│      └─index.ts
└─main.ts
```

一般情况下，一个 index.ts 文件足矣，它是 Vuex 的入口文件。如果项目比较庞大，可以在 store 目录下创建一个命名为 modules 的文件夹，使用 Vuex Modules 的方式导入到 index.ts 里去注册。

▶▶ 8.11.3　回顾 Vue 2 的 Vuex

在 Vue 2，需要先分别导入 vue 和 vuex，使用 use 方法启用 Vuex 后，通过 new Vuex.Store（…）的方式进行初始化。

```
// TypeScript 代码片段
// src/store/index.ts
import Vue from 'vue'
import Vuex from 'vuex'

Vue.use(Vuex)

export default new Vuex.Store({
  state: {},
  mutations: {},
  actions: {},
  modules: {},
})
```

之后在组件里就可以通过 this.$store 操作 Vuex 上的方法了。

```
// TypeScript 代码片段
export default {
  mounted() {
    // 通过 this.$store 操作 Vuex
```

```
    this.$store.commit('increment')
    console.log(this.$store.state.count)
  },
}
```

▶▶ 8.11.4　了解 Vue 3 的 Vuex

Vue 3 需要从 Vuex 里导入 createStore 创建实例。

```
// TypeScript 代码片段
// src/store/index.ts
import {createStore} from 'vuex'

export default createStore({
  state: {},
  mutations: {},
  actions: {},
  modules: {},
})
```

然后在 src/main.ts 里启用 Vuex。

```
// TypeScript 代码片段
// src/main.ts
import {createApp} from 'vue'
import App from './App.vue'
import store from './store'

createApp(App)
  .use(store) // 启用 Vuex
  .mount('#app')
```

Vue 3 在组件里使用 Vuex 的方式和 Vue 2 有所不同，需要像使用路由那样通过一个组合式 API
useStore 启用。

```
// TypeScript 代码片段
import {defineComponent} from 'vue'
import {useStore} from 'vuex'

export default defineComponent({
  setup() {
    // 需要创建一个 store 变量
    const store = useStore()

    // 再使用 store 去操作 Vuex 的 API
    // ...
  },
})
```

▶▶ 8.11.5 Vuex 的配置

除了初始化方式有一定的改变外，Vuex 在 Vue 3 的其他配置和 Vue 2 是一样的。

由于在 Vue 3 里已经推荐使用 Pinia，并且 Vuex 已处于维护状态，因此关于 Vuex 的使用将不展开更多的介绍，有需要的开发者可以查看 Vuex 官网的使用指南了解更多内容。

8.12 Pinia

Pinia 和 Vuex 一样，也是 Vue 生态里面非常重要的一个成员，也都是运用于全局的状态管理。但面向 Composition API 而生的 Pinia，更受 Vue 3 喜爱，已被钦定为官方推荐的新状态管理工具。

为了阅读上的方便，对 Pinia 单独用了一章进行讲解，详见第 9 章全局状态管理。

CHAPTER 9
第 9 章

全局状态管理

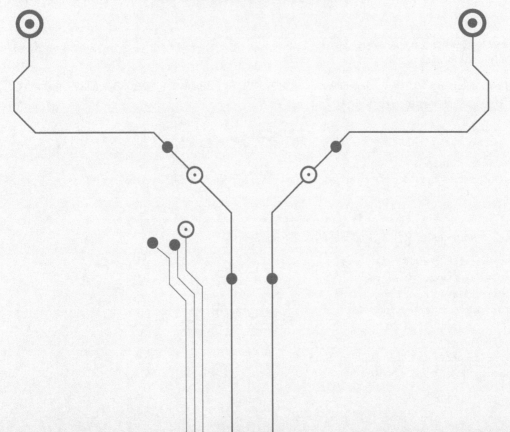

本来这部分内容计划放在第 8 章组件之间的通信里进行详细介绍，但 Pinia 被官方推荐在 Vue 3 项目里作为全局状态管理的新工具，笔者认为单独用一章来写会更方便读者阅读和理解。

官方推出的全局状态管理工具目前有 Vuex 和 Pinia，两者的作用和用法都比较相似，但 Pinia 的设计更贴近 Vue 3 组合式 API 的用法。

本章的大部分内容都会和 Vuex 做对比，方便从 Vuex 项目向 Pinia 的迁移。

9.1 关于 Pinia

Vuex 4.x 版本只是个过渡版，对 TypeScript 和 Composition API 都不是很友好。虽然官方团队在 GitHub 已有讨论 Vuex 5 的开发提案，但从 2022 年 2 月 7 日在 Vue 3 被设置为默认版本开始，Pinia 已正式被官方推荐作为全局状态管理的工具。

Pinia 支持 Vue 3 和 Vue 2，对 TypeScript 也有很完好的支持，延续本书的宗旨，在这里只介绍基于 Vue 3 和 TypeScript 的用法。

9.2 安装和启用

Pinia 目前可能还没有被广泛地默认集成在各种脚手架里，所以如果原来创建的项目没有 Pinia，则需要手动安装它。

```
# 需要 cd 到的项目目录下
npm install pinia
```

查看 package.json，看里面的 dependencies 是否成功加入了 Pinia 和它的版本号（下方是示例代码，读者应以实际安装的最新版本号为准）。

```
// JSON 代码片段
{
  "dependencies": {
    "pinia": "^2.0.11"
  }
}
```

然后打开 src/main.ts 文件，添加下面两行有注释的新代码。

```
// TypeScript 代码片段
import {createApp} from 'vue'
import {createPinia} from 'pinia' // 导入 Pinia
import App from '@/App.vue'

createApp(App)
  .use(createPinia()) // 启用 Pinia
  .mount('#app')
```

至此，Pinia 就集成到项目里了。

也可以通过 4.3.3 小节 Create Preset 创建新项目（选择 vue 技术栈进入，选择 vue3-ts-vite 模板），可以得到一个集成常用配置的项目启动模板，该模板现在使用 Pinia 作为全局状态管理工具。

9.3 状态树的结构

在开始写代码之前，先来看一个对比，直观地了解 Pinia 的状态树构成，才能在后面的环节更好地理解每个功能的用途。

鉴于可能有部分开发者之前没有用过 Vuex，所以加入了 Vue 组件一起对比（Options API 写法），见表 9-1。

表 9-1　Pinia 与其他 Vue 生态写法对比

作　　用	Vue Component	Vuex	Pinia
数据管理	data	state	state
数据计算	computed	getters	getters
行为方法	methods	mutations/actions	actions

可以看到，Pinia 的结构和用途都和 Vuex 与 Component 非常相似。并且 Pinia 相对于 Vuex，在行为方法部分去掉了 mutations（同步操作）和 actions（异步操作）的区分，更接近组件的结构，入门成本会更低一些。

下面创建一个简单的 Store，用 Pinia 来进行状态管理。

9.4 创建 Store

Pinia 和 Vuex 一样，其核心也称为 Store。

参照 Pinia 官网推荐的项目管理方案，也是先在 src 文件夹下创建一个 stores 文件夹，并在里面添加一个 index.ts 文件，然后就可以添加一个基础的 Store 了。

Store 是通过 defineStore 方法创建的，它有两种入参形式，详见下文。

▶▶ 9.4.1　形式 1：接收两个参数

接收两个参数，第一个参数是 Store 的唯一 ID，第二个参数是 Store 的选项。

```
// TypeScript 代码片段
// src/stores/index.ts
import {defineStore} from 'pinia'

export const useStore = defineStore('main', {
```

```
    ...// Store 选项
  })
```

▶▶ 9.4.2 形式2：接收一个参数

接收一个参数，直接传入 Store 的选项，但是需要把唯一 ID 作为选项的一部分一起传入。

```typescript
// TypeScript 代码片段
// src/stores/index.ts
import {defineStore} from 'pinia'

export const useStore = defineStore({
  id:'main',
  ...// Store 选项
})
```

不论是哪种创建形式，都必须为 Store 指定一个唯一 ID。

另外可以看到，这里把导出的函数命名为 useStore，以 use 开头是 Vue 3 对可组合函数的一个命名约定。并且使用的是 export const 而不是 export default（详见 2.4.4 小节关于 ESM 的命名导出和默认导出），这样在使用的时候可以和其他的 Vue 组合函数保持一致，都是通过 import {xxx} from ' xxx '来导入的。

如果有多个 Store，也可以分模块管理，并根据实际的功能用途进行命名（如 useMessageStore、useUserStore、useGameStore 等）。

9.5 管理 state

在 9.3 节状态树的结构里已经了解过，Pinia 是在 state 里面定义状态数据的。

▶▶ 9.5.1 给 Store 添加 state

它是通过一个箭头函数的形式来返回数据的，并且能够正确地推导 TypeScript 类型。

```typescript
// TypeScript 代码片段
// src/stores/index.ts
import {defineStore} from 'pinia'

export const useStore = defineStore('main', {
  // 先定义一个基本的 message 数据
  state: () => ({
    message:'Hello World',
  }),
  ...
})
```

需要注意的是，如果不显式 return，箭头函数的返回值需要用圆括号( )包裹起来，这是箭头函数对返回对象字面量的要求。所以相当于这样写：

```typescript
// TypeScript 代码片段
...
export const useStore = defineStore('main', {
  state: () => {
    return {
      message: 'Hello World',
    }
  },
  ...
})
```

笔者还是更喜欢加圆括号的简写方式。可能有开发者会问：Vuex 可以用一个对象来定义 state 的数据，Pinia 可以吗？答案是：不可以。state 的类型必须是 "state?: (( ) = > {|}) | undefined"，要么不配置（就是 undefined），要么只能是个箭头函数。

▶▶ 9.5.2 手动指定数据类型

虽然 Pinia 会帮忙推导 TypeScript 的数据类型，但有时候可能不太够用。比如下面这段代码，请留意代码注释的说明。

```typescript
// TypeScript 代码片段
...
export const useStore = defineStore('main', {
  state: () => {
    return {
      message: 'Hello World',
      // 添加了一个随机消息数组
      randomMessages: [],
    }
  },
  ...
})
```

预期结果应该是一个字符串数组 string[]，但这时 Pinia 会帮忙推导成 never[]，那么类型就对不上了。这种情况下就需要手动指定 randomMessages 的类型，可以通过 as 来指定。

```typescript
// TypeScript 代码片段
...
export const useStore = defineStore('main', {
  state: () => {
    return {
      message: 'Hello World',
      // 通过 as 关键字指定 TypeScript 类型
```

```
      randomMessages: [] as string[],
    }
  },
  ...
})
```

或者使用尖括号<>来指定。

```
// TypeScript 代码片段
...
export const useStore = defineStore('main', {
  state: () => {
    return {
      message: 'Hello World',
      // 通过尖括号指定 TypeScript 类型
      randomMessages: <string[]>[],
    }
  },
  ...
})
```

这两种方式是等价的。

▶▶ 9.5.3 获取和更新 state

获取 state 有多种方法，略微有区别（详见下方各自的说明），但相同的是，它们都是响应性的。需注意不能直接通过 ES6 解构的方式（如 const {message} = store），那样会破坏数据的响应性。

1. 使用 store 实例

用法上和 Vuex 很相似，但有一点区别是，数据直接是挂载在 store 上的，而不是 store.state 上的（如 Vuex 是 store.state.message，Pinia 是 store.message）。所以，可以通过 store.message 直接调用 state 里的数据。

```
// TypeScript 代码片段
import {defineComponent} from 'vue'
import {useStore} from '@/stores'

export default defineComponent({
  setup() {
    // 像 useRouter 那样定义一个变量读取实例
    const store = useStore()

    // 直接通过实例来获取数据
    console.log(store.message)

    // 这种方式需要把整个 store 给到 template 去渲染数据
    return {
```

```
      store,
    }
  },
})
```

但一些比较复杂的数据这样写会很长，所以有时候推荐用下面介绍的 computed API 和 storeToRefs API 等方式来获取。

在数据更新方面，Pinia 可以直接通过 Store 实例更新 state（这一点与 Vuex 有明显的不同，更改 Vuex 的 store 中状态的唯一方法是提交 mutation），所以如果要更新 message，只需要像下面这样就可以更新 message 的值了。

```typescript
// TypeScript 代码片段
store.message = 'New Message.'
```

2. 使用 computed API

现在 state 里已经有定义好的数据了，下面这段代码是在 Vue 组件里导入的 Store，并通过计算数据 computed 读取到里面的 message 数据传给 template 使用。

```vue
<!-- Vue 代码片段 -->
<script lang="ts">
import {computed, defineComponent} from 'vue'
import {useStore} from '@/stores'

export default defineComponent({
  setup() {
    // 像 useRouter 那样定义一个变量读取实例
    const store = useStore()

    // 通过计算获得里面的数据
    const message = computed(() => store.message)
    console.log('message', message.value)

    // 传给 template 使用
    return {
      message,
    }
  },
})
</script>
```

这个方式和使用 store 实例以及使用 storeToRefs API 不同，默认情况下无法直接更新 state 的值。这里定义的 message 变量是一个只有 getter，没有 setter 的 ComputedRef 数据，所以它是只读的。如果要更新数据怎么办？方法如下。

1）可以通过提前定义好的 Store Actions 方法进行更新。

2）在定义 computed 变量的时候，配置好 setter 的行为。

```
// TypeScript 代码片段
// 其他代码和上一个例子一样,这里省略

// 修改:定义 computed 变量的时候配置 getter 和 setter
const message = computed({
  // getter 还是返回数据的值
  get: () => store.message,
  // 配置 setter 来定义赋值后的行为
  set(newVal) {
    store.message = newVal
  },
})

// 此时不再抛出"Write operation failed: computed value is readonly"的警告
message.value = 'New Message.'

// store 上的数据已成功变成了 New Message
console.log(store.message)
```

3. 使用 storeToRefs API

Pinia 还提供了一个 storeToRefs API 用于把 state 的数据转换为 ref 变量。

这是一个专门为 Pinia Stores 设计的 API，类似于 toRefs，区别在于，它会忽略 Store 上面的方法和非响应性的数据，只返回 state 上的响应性数据。

```
// TypeScript 代码片段
import {defineComponent} from 'vue'
import {useStore} from '@/stores'

// 记得导入这个 API
import {storeToRefs} from 'pinia'

export default defineComponent({
  setup() {
    const store = useStore()

    // 通过 storeToRefs 来读取响应性的 message
    const {message} = storeToRefs(store)
    console.log('message', message.value)

    return {
      message,
    }
  },
})
```

通过这个方式读取的 message 变量是一个 Ref 类型的数据，所以可以像普通的 ref 变量一样进行读取和赋值。

```typescript
// TypeScript 代码片段
// 直接赋值即可
message.value = 'New Message.'

// store 上的数据已成功变成了 New Message
console.log(store.message)
```

4. 使用 toRefs API

如前文"使用 storeToRefs API 部分"所说，该 API 本身的设计就是类似于 toRefs，所以也可以直接用 toRefs 把 state 上的数据转成 ref 变量。

```typescript
// TypeScript 代码片段
// 注意 toRefs 是 Vue 的 API,不是 Pinia 的
import {defineComponent, toRefs} from 'vue'
import {useStore} from '@/stores'

export default defineComponent({
  setup() {
    const store = useStore()

    // 与 storeToRefs 操作一样,只不过用 Vue 的这个 API 来处理
    const {message} = toRefs(store)
    console.log('message', message.value)

    return {
      message,
    }
  },
})
```

详见 5.7.3 小节的说明，可以像普通的 ref 变量一样进行读取和赋值。

另外，像上面这样，对 store 执行 toRefs 会把 store 上面的 getters、actions 也一起提取，如果只需要提取 state 上的数据，可以像下面这样做。

```typescript
// TypeScript 代码片段
// 只传入 store.$state
const {message} = toRefs(store.$state)
```

5. 使用 toRef API

toRef 是 toRefs 的兄弟 API，toRef 是只转换一个字段，toRefs 是转换所有字段，所以它也可以用来转换 state 数据变成 ref 变量。

```typescript
// TypeScript 代码片段
// 注意 toRef 是 Vue 的 API,不是 Pinia 的
import {defineComponent, toRef} from 'vue'
import {useStore} from '@/stores'
```

```
export default defineComponent({
  setup() {
    const store = useStore()

    // 遵循 toRef 的用法即可
    const message = toRef(store, 'message')
    console.log('message', message.value)

    return {
      message,
    }
  },
})
```

详见 5.7.2 节的说明，可以像普通的 ref 变量一样进行读取和赋值。

6. 使用 actions 方法

在 Vuex，如果想通过方法来操作 state 的更新，必须通过 mutation 来提交；而异步操作需要多一个步骤，必须先通过 action 来触发 mutation，非常烦琐。

Pinia 所有操作都集合为 action，无须区分同步操作和异步操作，按照平时的函数定义即可更新 state，具体操作详见 9.7 节。

▶▶ 9.5.4 批量更新 state

在 9.5.3 小节获取和更新 state 部分介绍的都是如何修改单个 state 数据，那么有时候要同时修改很多个数据，这样会显得比较烦琐。

读者如果写过 React 或者微信小程序，应该非常熟悉下面这些用法。

```
// TypeScript 代码片段
// 下面不是 Vue 的代码，请不要在项目里使用

// React
this.setState({
  foo: 'New Foo Value',
  bar: 'New bar Value',
})

// 微信小程序
this.setData({
  foo: 'New Foo Value',
  bar: 'New bar Value',
})
```

Pinia 也提供了一个 $patch API 用于同时修改多个数据，它接收一个参数，见表 9-2。

表 9-2　$patch API 的参数说明

参　　数	类　　型	语　　法
partialState	对象/函数	store. $patch（partialState）

1. 传入一个对象

当参数类型为对象时，key 为要修改的 state 数据名称，value 为新的值（支持嵌套传值），用法如下。

```typescript
// TypeScript 代码片段
// 继续用前面的数据，这里会打印出修改前的值
console.log(JSON.stringify(store. $state))
// 输出 {"message":"Hello World","randomMessages":[]}

/* *
 * 注意这里,传入了一个对象
 */
store.$patch({
  message: 'New Message',
  randomMessages: ['msg1', 'msg2', 'msg3'],
})

// 这里会打印出修改后的值
console.log(JSON.stringify(store. $state))
// 输出 {"message":"New Message","randomMessages":["msg1","msg2","msg3"]}
```

对于简单的数据，直接修改成新值是非常好用的。但有时候并不单单只是修改，而是要对数据进行拼接、补充、合并等操作，相对而言开销就会很大。这种情况下，更适合传入一个函数来处理。

使用这个方式时，key 只允许是实例上已有的数据，不可以提交未定义的数据进去。强制提交的话，在 TypeScript 会抛出错误，JavaScript 虽然不会报错，但实际上，Store 实例上面依然不会有这个新增的非法数据。

2. 传入一个函数

当参数类型为函数时，该函数会有一个入参 state，是当前实例的 state，等价于 store. $state，用法如下。

```typescript
// TypeScript 代码片段
// 这里会打印出修改前的值
console.log(JSON.stringify(store. $state))
// 输出 {"message":"Hello World","randomMessages":[]}

/* *
 * 注意这里,这次是传入了一个函数
 */
store.$patch((state) => {
```

```
    state.message = 'New Message'

    // 数组改成用追加的方式,而不是重新赋值
    for (let i = 0; i < 3; i++) {
      state.randomMessages.push(`msg ${i + 1}`)
    }
})


// 这里会打印出修改后的值
console.log(JSON.stringify(store.$state))
// 输出 {"message":"New Message","randomMessages":["msg1","msg2","msg3"]}
```

传入一个函数和传入一个对象比，不一定说就哪种方式更好，通常要结合业务场景合理选择使用。

使用这个方式时，和传入一个对象一样只能修改已定义的数据，并且另外需要注意的是，传进去的函数只能是同步函数，不可以是异步函数。

▶▶ 9.5.5　全量更新 state

在 9.5.4 小节批量更新 state 了解到可以用 store. $patch 方法对数据进行批量更新操作，不过如其命名，这种方式本质上是一种"补丁更新"。

虽然可以对所有数据都执行一次"补丁更新"以达到"全量更新"的目的，但 Pinia 也提供了一个更好的办法。前文多次提到 state 数据可以通过 store. $state 来读取，而这个属性本身是可以直接赋值的。

还是继续用上面的例子，state 上现在有 message 和 randomMessages 这两个数据，如果要全量更新为新的值，就可以像下面这么操作。

```
// TypeScript 代码片段
store. $state = {
  message: 'New Message',
  randomMessages: ['msg1', 'msg2', 'msg3'],
}
```

该操作不会使 state 失去响应性，但同样地，必须遵循 state 原有的数据和对应的类型。

▶▶ 9.5.6　重置 state

Pinia 提供了一个 $reset API 挂载在每个实例上面，用于重置整棵 state 树为初始数据。

```
// TypeScript 代码片段
// 这个 store 是上面定义好的实例
store. $reset()
```

具体例子如下。

```
// TypeScript 代码片段
// 修改数据
```

```
store.message = 'New Message'
console.log(store.message) // 输出 New Message

// 3s 后重置状态
setTimeout(() => {
  store.$reset()
  console.log(store.message) // 输出最开始的 Hello World
}, 3000)
```

▶▶ 9.5.7 订阅 state

Pinia 和 Vuex 一样，也提供了一个用于订阅 state 的 $subscribe API。

1. 订阅 API 的 TypeScript 类型

在了解这个 API 的使用之前，先看一下它的 TypeScript 类型定义。

```
// TypeScript 代码片段
// $subscribe 部分的 TypeScript 类型
...
$subscribe(
  callback: SubscriptionCallback<S>,
  options?: {detached?: boolean} & WatchOptions
): () => void
...
```

从上述代码可以看到，$subscribe 可以接收以下两个参数。

1）第一个入参是回调函数，必传项。

2）第二个入参是一些选项，可选项。

同时还会返回一个函数，执行后可以用于移除当前订阅，下面来看具体用法。

2. 添加订阅

$subscribe API 的功能类似于 watch API，但它只会在 state 被更新的时候才触发一次，并且在组件被卸载时删除（参考 5.2 节组件的生命周期）。

从订阅 API 的 TypeScript 类型可以看到，它可以接收两个参数，第一个参数是必传的回调函数，一般情况下默认用这个方式即可，使用例子如下。

```
// TypeScript 代码片段
// 可以在 state 出现变化时,更新本地持久化存储的数据
store.$subscribe((mutation, state) => {
  localStorage.setItem('store', JSON.stringify(state))
})
```

回调函数里面有 2 个入参，参数说明见表 9-3。

表 9-3　回调的入参说明

入　　参	作　　用
mutation	本次事件的一些信息
state	当前实例的 state

其中 mutation 包含了一些数据，数据说明见表 9-4。

表 9-4　mutation 的数据说明

字　　段	值
storeId	发布本次订阅通知的 Pinia 实例的唯一 ID（由创建 Store 时指定）
type	有 3 个值： 1）返回 direct 代表直接更改数据（见 9.5.3 小节）。 2）返回 patch object 代表通过传入一个对象的方式更改（见 9.5.4 小节）。 3）返回 patch function 则代表通过传入一个函数的方式更改（见 9.5.4 小节）
events	触发本次订阅通知的事件列表
payload	通过传入一个函数的方式更改时，传递进来的荷载信息，只有 type 为 patch object 时才有

如果不希望组件被卸载时删除订阅，可以传递第二个参数 options 用以保留订阅状态，传入一个对象。

可以简单指定为 {detached：true}。

```typescript
// TypeScript 代码片段
store.$subscribe(
  (mutation, state) => {
    ...
  },
  {detached: true}
)
```

也可以搭配 watch API 的选项一起用。

3. 移除订阅

在添加订阅部分已了解过，默认情况下，组件被卸载时订阅也会被一并移除，但如果之前启用了 detached 选项，就需要手动取消了。

前面在订阅 API 的 TypeScript 类型里提到，在启用 $subscribe API 之后，会有一个函数作为返回值，这个函数可以用来取消该订阅。用法非常简单，下面简单了解一下即可。

```typescript
// TypeScript 代码片段
// 定义一个退订变量,它是一个函数
const unsubscribe = store.$subscribe(
  (mutation, state) => {
    ...
```

```
  },
  {detached: true}
)

// 在合适的时期调用它,可以取消这个订阅
unsubscribe()
```

这种方式跟 watch API 的机制非常相似，也是返回一个取消侦听的函数用于移除指定的订阅。

9.6 管理 getters

在 9.3 节状态树的结构了解到，Pinia 的 getters 是用来计算数据的。

▶▶ 9.6.1 给 Store 添加 getter

如果对 Vue 的计算数据不是很熟悉或者没接触过的话，可以先阅读 5.10 节有关数据计算的内容，以便有个初步印象。

1. 添加普通的 getter

继续用刚才的 message 来定义一个 getter，用于返回一个拼接好的句子。

```typescript
// TypeScript 代码片段
// src/stores/index.ts
import {defineStore} from 'pinia'

export const useStore = defineStore('main', {
  state: () => ({
    message: 'Hello World',
  }),
  // 定义一个 fullMessage 的计算数据
  getters: {
    fullMessage: (state) =>`The message is "${state.message}".`,
  },
  ...
})
```

该方式和 Options API 的 Computed 写法一样，也是通过函数来返回计算后的值，getter 可以通过入参的 state 来读取当前实例的数据（在 Pinia 里，官方更推荐使用箭头函数）。

2. 添加引用 getter 的 getter

有时候可能要引用另外一个 getter 的值来返回数据。这时就不能用箭头函数了，需要定义成普通函数，并在函数内部通过 this 来调用当前 Store 上的数据和方法。

继续在上面的例子里，添加一个 emojiMessage 的 getter，在返回 fullMessage 的结果的同时，拼接一串 emoji。

```typescript
// TypeScript 代码片段
export const useStore = defineStore('main', {
  state: () => ({
    message:'Hello World',
  }),
  getters: {
    fullMessage: (state) =>`The message is "${state.message}".`,
    // 这个 getter 返回了另外一个 getter 的结果
    emojiMessage(): string {
      return`🎉🎉🎉 ${this.fullMessage}`
    },
  },
})
```

如果只写 JavaScript，可能对这一条所说的限制觉得很奇怪，事实上用 JavaScript 写箭头函数来引用确实不会报错。但如果用的是 TypeScript，不按照这个写法的话，在 VSCode 提示和执行 TSC 检查的时候都会给抛出如下一条错误。

```
src/stores/index.ts:9:42 - error TS2339:
Property 'fullMessage' does not exist on type '{message: string;} & {}'.

9    emojiMessage: (state) =>`🎉🎉🎉 ${state.fullMessage}`,
                              ~~~~~~~~~~~

Found 1 error in src/stores/index.ts:9
```

另外关于普通函数的 TypeScript 返回类型，官方建议显式地进行标注，就像上面这个例子里的 emojiMessage( )：string 里的：string。

3. 给 getter 传递参数

getter 本身是不支持参数的，但和 Vuex 一样，支持返回一个具备入参的函数，用来满足需求。

```typescript
// TypeScript 代码片段
import {defineStore} from 'pinia'

export const useStore = defineStore('main', {
  state: () => ({
    message:'Hello World',
  }),
  getters: {
    // 定义一个接收入参的函数作为返回值
    signedMessage: (state) => {
      return (name: string) =>`${name} say: "The message is ${state.message}".`
    },
  },
})
```

调用的时候是如下这样。

```typescript
// TypeScript 代码片段
const signedMessage = store.signedMessage('Petter')
console.log('signedMessage', signedMessage)
// Petter say: "The message is Hello World".
```

这种情况下，这个 getter 只是起到调用函数的作用，不再有缓存。如果通过变量定义了这个数据，那么这个变量也只是普通变量，不具备响应性。

```typescript
// TypeScript 代码片段
// 通过变量定义一个值
const signedMessage = store.signedMessage('Petter')
console.log('signedMessage', signedMessage)
// Petter say: "The message is Hello World".

// 2s 后改变 message
setTimeout(() => {
  store.message = 'New Message'

  // signedMessage 不会变
  console.log('signedMessage', signedMessage)
  // Petter say: "The message is Hello World".

  // 必须再次执行才能读取更新后的值
  console.log('signedMessage', store.signedMessage('Petter'))
  // Petter say: "The message is New Message".
}, 2000)
```

▶▶ 9.6.2 获取和更新 getter

getter 和 state 都属于数据管理，读取和赋值的方法是一样的，可参考 9.5.3 小节关于获取和更新 state 的内容。

9.7 管理 actions

在 9.3 节状态树的结构提到，Pinia 只需要用 actions 就可以解决各种数据操作，无须像 Vuex 一样区分为 mutations 和 actions 两大类。

▶▶ 9.7.1 给 Store 添加 action

可以为当前 Store 封装一些开箱即用的方法，支持同步操作和异步操作。

```typescript
// TypeScript 代码片段
// src/stores/index.ts
import {defineStore} from 'pinia'
```

```
export const useStore = defineStore('main', {
  state: () => ({
    message: 'Hello World',
  }),
  actions: {
    // 异步更新 message
    async updateMessage(newMessage: string): Promise<string> {
      return new Promise((resolve) => {
        setTimeout(() => {
          // 这里的 this 是当前的 Store 实例
          this.message = newMessage
          resolve('Async done.')
        }, 3000)
      })
    },
    // 同步更新 message
    updateMessageSync(newMessage: string): string {
      // 这里的 this 是当前的 Store 实例
      this.message = newMessage
      return 'Sync done.'
    },
  },
})
```

可以看到，在 action 里，如果要访问当前实例的 state 或者 getter，只需要通过 this 即可操作，方法的入参完全不再受 Vuex 那样有固定形式的困扰。

在 action 里，this 是当前的 Store 实例，所以如果 action 方法里有其他函数也要调用实例，需写成箭头函数以提升 this。

▶▶ 9.7.2 调用 action

Pinia 的 action 可以像普通对象上的方法那样使用，不需要和 Vuex 一样执行 store.commit（'方法名'）或者 store.dispath（'方法名'）。

```
// TypeScript 代码片段
export default defineComponent({
  setup() {
    const store = useStore()
    const {message} = storeToRefs(store)

    // 立即执行
    console.log(store.updateMessageSync('New message by sync.'))

    // 3s 后执行
    store.updateMessage('New message by async.').then((res) => console.log(res))
```

```
  return {
    message,
  }
 },
})
```

9.8 添加多个 Store

至此，对单个 Store 的配置和调用相信都已经清楚了，实际项目中会涉及很多数据操作，还可以用多个 Store 来维护不同需求模块的数据状态。

这一点和 Vuex 的 Module 比较相似，目的都是为了避免状态树过于臃肿，使用起来会更为简单。

▶▶ 9.8.1 目录结构建议

文件建议统一存放在 src/stores 下面管理，根据业务需要进行命名，比如 user 就用来管理登录用户相关的状态数据。

```
src
└─stores
│ # 入口文件
├─index.ts
│ # 多个 store
├─user.ts
├─game.ts
└─news.ts
```

里面暴露的方法就统一以 use 开头加上文件名，并以 Store 结尾，比如 user 这个 Store 文件里面导出的函数名就是：

```typescript
// TypeScript 代码片段
// src/stores/user.ts
export const useUserStore = defineStore('user', {
  ...
})
```

然后以 index.ts 作为统一的入口文件，index.ts 里的代码写为：

```typescript
// TypeScript 代码片段
export * from './user'
export * from './game'
export * from './news'
```

这样在使用的时候，只需要从 @/stores 里导入即可，无须写完整的路径，例如，只需要这样：

```typescript
// TypeScript 代码片段
import {useUserStore} from '@/stores'
```

而无须这样:

```
// TypeScript 代码片段
import {useUserStore} from '@/stores/user'
```

▶▶ 9.8.2 在 Vue 组件/TypeScript 文件里使用

下面以一个比较简单的业务场景为例,希望能够方便读者理解如何同时使用多个 Store。

假设目前 userStore 是用来管理当前登录用户信息,gameStore 是用来管理游戏的信息,而"个人中心"页面需要展示"用户信息",以及"该用户绑定的游戏信息",那么就可以像下面这样处理。

```
// TypeScript 代码片段
import {defineComponent, onMounted, ref} from 'vue'
import {storeToRefs} from 'pinia'
// 这里导入要用到的 Store
import {useUserStore, useGameStore} from '@/stores'
import type {GameItem} from '@/types'

export default defineComponent({
  setup() {
    // 先从 userStore 获取用户信息(已经登录过,所以可以直接读取)
    const userStore = useUserStore()
    const {userId, userName} = storeToRefs(userStore)

    // 使用 gameStore 里的方法,传入用户 ID 查询用户的游戏列表
    const gameStore = useGameStore()
    const gameList = ref<GameItem[]>([])
    onMounted(async () => {
      gameList.value = await gameStore.queryGameList(userId.value)
    })

    return {
      userId,
      userName,
      gameList,
    }
  },
})
```

再次提醒,每个 Store 的 ID 必须不同,如果 ID 重复,在同一个 Vue 组件/TypeScript 文件里定义 Store 实例变量的时候,会以先定义的为有效值,后面定义的会和前面一样,阅读下面的例子能更直观地理解。

如果先定义了 userStore,结果如下。

```
// TypeScript 代码片段
// 假设两个 Store 的 ID 一样
```

```
const userStore = useUserStore() // 想要的 Store
const gameStore = useGameStore() // 得到的依然是 userStore 的那个 Store
```

如果先定义了 gameStore，结果如下。

```
// TypeScript 代码片段
// 假设两个 Store 的 ID 一样
const gameStore = useGameStore() // 想要的 Store
const userStore = useUserStore() // 得到的依然是 gameStore 的那个 Store
```

▶▶ 9.8.3　Store 之间互相引用

如果在定义一个 Store 的时候，要引用另外一个 Store 的数据，也是很简单的。回到前面 message 的例子，添加一个 getter，它会返回一句问候语欢迎用户。

```
// TypeScript 代码片段
// src/stores/message.ts
import {defineStore} from 'pinia'

// 导入用户信息的 Store 并启用它
import {useUserStore} from './user'
const userStore = useUserStore()

export const useMessageStore = defineStore('message', {
  state: () => ({
    message: 'Hello World',
  }),
  getters: {
    // 这里就可以直接引用 userStore 上面的数据了
    greeting: () => `Welcome, ${userStore.userName}!`,
  },
})
```

假设现在 userName 是 Petter，那么会得到一句对 Petter 的问候语。

```
// TypeScript 代码片段
const messageStore = useMessageStore()
console.log(messageStore.greeting) // Welcome, Petter!
```

9.9　专属插件的使用

Pinia 拥有非常灵活的可扩展性，有专属插件可以开箱即用以满足更多的需求场景。

▶▶ 9.9.1　如何查找插件

插件有统一的命名格式 pinia-plugin-*，所以可以在 npmjs 上搜索这个关键词来查询目前有哪些插件已发布。

▶▶ 9.9.2　如何使用插件

这里以 pinia-plugin-persistedstate 为例，这是一个让数据持久化存储⊖的 Pinia 插件。插件也是独立的 npm 包，需要先安装，再激活，然后才能使用。

激活方法会涉及 Pinia 的初始化过程调整，这里不局限于某一个插件，通用的插件用法如下（请读者留意代码注释）。

```typescript
// TypeScript 代码片段
// src/main.ts
import {createApp} from 'vue'
import App from '@/App.vue'
import {createPinia} from 'pinia' // 导入 Pinia
import piniaPluginPersistedstate from 'pinia-plugin-persistedstate' // 导入 Pinia 插件

const pinia = createPinia() // 初始化 Pinia
pinia.use(piniaPluginPersistedstate) // 激活 Pinia 插件

createApp(App)
  .use(pinia) // 启用 Pinia,这一次是包含了插件的 Pinia 实例
  .mount('#app')
```

1. 使用前

Pinia 默认在页面刷新时会丢失当前变更的数据，没有在本地做持久化记录。

```typescript
// TypeScript 代码片段
// 其他代码省略
const store = useMessageStore()

// 假设初始值是"Hello World"
setTimeout(() => {
  // 2s 后变成"Hello World!"
  store.message = store.message + '!'
}, 2000)

// 页面刷新后又变回了"Hello World"
```

2. 使用后

按照 persistedstate 插件的文档说明，在其中一个 Store 启用它，只需要添加一个 persist：true 的选项即可。

⊖ 数据持久化存储是指页面关闭后再打开，浏览器依然可以记录之前保存的本地数据。例如：浏览器原生的 localStorage 和 IndexedDB，或者是一些兼容多种原生方案并统一用法的第三方方案，如 localForage 等。

```typescript
// TypeScript 代码片段
// src/stores/message.ts
import {defineStore} from 'pinia'
import {useUserStore} from './user'

const userStore = useUserStore()

export const useMessageStore = defineStore('message', {
  state: () => ({
    message: 'Hello World',
  }),
  getters: {
    greeting: () => `Welcome, ${userStore.userName}`,
  },
  // 这是按照插件的文档说明,在实例上启用了该插件,这个选项是插件特有的
  persist: true,
})
```

回到的页面，现在这个 Store 具备了持久化存储的功能了，它会从 localStorage 读取原来的数据作为初始值，每一次变化后也会将其写入 localStorage 进行存储。

```typescript
// TypeScript 代码片段
// 其他代码省略
const store = useMessageStore()

// 假设初始值是"Hello World"
setTimeout(() => {
  // 2s 后变成"Hello World!"
  store.message = store.message + '!'
}, 2000)

// 页面刷新后变成了"Hello World!!"
// 再次刷新后变成了"Hello World!!!"
// 再次刷新后变成了"Hello World!!!!"
```

可以在浏览器查看到 localStorage 的存储变化，以 Chrome 浏览器为例，按<F12>键，打开 Application 面板，选择 Local Storage 选项，可以看到以当前 Store ID 为 Key 的存储数据。

上面是其中一个插件使用的例子，更多的用法需根据自己选择插件的 README 说明进行操作。

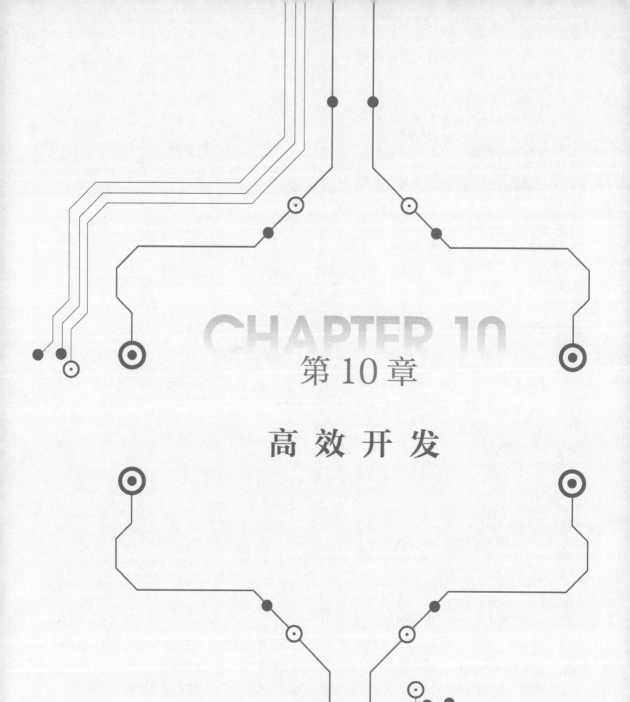

CHAPTER 10

第 10 章

高 效 开 发

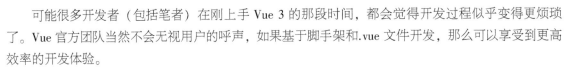

可能很多开发者（包括笔者）在刚上手 Vue 3 的那段时间，都会觉得开发过程似乎变得更烦琐了。Vue 官方团队当然不会无视用户的呼声，如果基于脚手架和.vue 文件开发，那么可以享受到更高效率的开发体验。

在阅读本章之前，需要对 Vue 3 的单组件开发有一定的了解，如果还处于完全没有接触过的阶段，请先阅读第 5 章了解单组件的编写。

要体验以下新特性，需确保项目下 package.json 里的 Vue 版本在 3.2.0 以上，最好同步 npm 上当前最新的@latest 版本，否则可能会出现 API 未定义等问题。

10. 1 　script-setup

script-setup 是 Vue 3 组件的一个语法糖，旨在帮助开发者降低 setup 函数需要 return 的思想负担。

Vue 的 3.1.2 版本是针对 script-setup 的一个分水岭版本。自 3.1.4 版本开始 script-setup 进入定稿状态，部分旧的 API 已被舍弃，本章将以最新的 API 进行整理说明。

script-setup 方案已在 Vue 3.2.0-beta.1 版本中脱离实验状态，正式进入 Vue 3，此后在所有的新版本均可以作为一个官方标准的开发方案使用。

▶▶ 10. 1. 1 　新特性的产生背景

在了解 script-setup 怎么使用之前，可以先了解一下推出该语法糖的一些开发背景，通过对比开发体验上的异同点，了解为什么会有这个新模式。

在 Vue 3 的组件标准写法里，如果数据和方法需要在<template />里使用，都需要在<script />的 setup 函数里 return 出来。如果使用的是 TypeScript，还需要借助 defineComponent 对 API 类型进行自动推导。

```
<!-- Vue 代码片段 -->
<!-- 标准组件格式 -->
<script lang="ts">
import {defineComponent} from 'vue'

export default defineComponent({
  setup() {
    ...

    return {
      ...
    }
  },
})
</script>
```

关于标准 setup 和 defineComponent 的说明和用法，可以查阅 5.1 节有关全新的 setup 函数的内容。

script-setup 的推出是为了让熟悉 Vue 3 的开发者可以更高效地开发组件，以减少编码过程中的心智负担。只需要给<script />标签添加一个 setup 属性，那么整个<script />就直接会变成 setup 函数，所有顶级变量、函数均会自动暴露给模板使用（无须再逐个 return 了）。

Vue 会通过单组件编译器，在编译的时候将其处理回标准组件，所以目前这个方案只适合用.vue 文件写的工程化项目。

```
<!-- Vue 代码片段 -->
<!-- 使用 script-setup 格式 -->
<script setup lang="ts">
...
</script>
```

代码量瞬间大幅度减少了。因为 script-setup 的大部分功能在书写上和标准版是一致的，因此下面的内容只提及有差异的写法。

▶▶ 10.1.2 全局编译器宏

在 script-setup 模式下，新增了 4 个全局编译器宏，它们无须 import 就可以直接使用。虽然在默认的情况下可直接使用，但如果项目开启了 ESLint，可能会提示 API 没有导入。导入 API 后，控制台的 Vue 编译助手又会提示不需要导入……可以通过配置 Lint 规则解决这个问题。

将以下这几个编译助手写进全局规则里，这样不导入也不会报错了。

```
// JavaScript 代码片段
// 项目根目录下的.eslintrc.js
module.exports = {
  ...
  // 在原来的 Lint 规则后面,补充下面的 globals 选项
  globals: {
    defineProps:'readonly',
    defineEmits:'readonly',
    defineExpose:'readonly',
    withDefaults:'readonly',
  },
}
```

关于几个宏的使用会在后面的内容里讲解。

▶▶ 10.1.3 template 操作简化

如果使用 JSX/TSX 写法，这一点没有太大影响，但对于习惯使用<template />的开发者来说，这是一个非常好的体验。主要体现在以下两点。

1）变量无须进行 return。

2）子组件无须手动注册。

1. 变量无须进行 return

标准组件模式下，变量和方法都需要在 setup 函数里 return 出去，才可以在<template />部分读

取到。

```
<!-- Vue 代码片段 -->
<!-- 标准组件格式 -->
<template>
  <p>{{msg}}</p>
</template>

<script lang="ts">
import {defineComponent} from 'vue'

export default defineComponent({
  setup() {
    const msg = 'Hello World!'

    // 给<template />用的数据需要 return 出去才可以
    return {
      msg,
    }
  },
})
</script>
```

在 script-setup 模式下，定义了就可以直接使用。

```
<!-- Vue 代码片段 -->
<!-- 使用 script-setup 格式 -->
<template>
  <p>{{msg}}</p>
</template>

<script setup lang="ts">
const msg = 'Hello World!'
</script>
```

2. 子组件无须手动注册

子组件的挂载，在标准组件里的写法是需要 import 后再放到 components 里才能够启用的。

```
<!-- Vue 代码片段 -->
<!-- 标准组件格式 -->
<template>
  <Child />
</template>

<script lang="ts">
import {defineComponent} from 'vue'

// 导入子组件
```

```
import Child from '@cp/Child.vue'

export default defineComponent({
  // 需要启用子组件作为模板
  components: {
    Child,
  },

  // 组件里的业务代码
  setup() {
    ...
  },
})
</script>
```

在 script-setup 模式下，只需要导入组件即可，编译器会自动识别并启用。

```
<!-- Vue 代码片段 -->
<!-- 使用 script-setup 格式 -->
<template>
  <Child />
</template>

<script setup lang="ts">
import Child from '@cp/Child.vue'
</script>
```

▶▶ 10.1.4 props 接收方式的变化

由于整个 script 都变成了一个大的 setup 函数，没有了组件选项，也没有了 setup 的入参，所以没办法和标准写法一样去接收 props 了。这里需要使用一个全新的 API：defineProps。

defineProps 是一个方法，内部返回一个对象，也就是挂载到这个组件上的所有 props。它和普通的 props 用法一样，如果不指定为 props，则传下来的属性会被放到 attrs 里。

1. defineProps 的基础用法

如果只是单纯在<template />里使用，那么像下面这样简单定义就可以了。

```
// TypeScript 代码片段
defineProps(['name', 'userInfo', 'tags'])
```

使用 string[]数组作为入参，把 prop 的名称作为数组的 item 传给 defineProps 就可以了。如果<script />里的方法要读取 props 的值，也可以使用字面量定义。

```
// TypeScript 代码片段
const props = defineProps(['name', 'userInfo', 'tags'])
console.log(props.name)
```

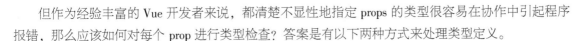

但作为经验丰富的 Vue 开发者来说，都清楚不显性地指定 props 的类型很容易在协作中引起程序报错，那么应该如何对每个 prop 进行类型检查？答案是有以下两种方式来处理类型定义。

1）通过构造函数检查 prop。

2）使用类型注解检查 prop。

2. 通过构造函数检查 prop

这是第一种方式：使用 JavaScript 原生构造函数进行类型规定，也就是跟平时定义 prop 类型一样，Vue 会通过 instanceof 来进行类型检查。使用这种方法，需要通过一个"对象"入参来传递给 defineProps，比如：

```typescript
// TypeScript 代码片段
defineProps({
  name: String,
  userInfo: Object,
  tags: Array,
})
```

所有原来 props 具备的校验机制都可以适用，比如除了要限制类型外，还想指定 name 是可选的，并且带有一个默认值。

```typescript
// TypeScript 代码片段
defineProps({
  name: {
    type: String,
    required: false,
    default: 'Petter',
  },
  userInfo: Object,
  tags: Array,
})
```

更多的有关 props 校验机制的内容，可以在 8.2.3 小节和 8.2.4 小节了解更多。

3. 使用类型注解检查 prop

这是第二种方式：使用 TypeScript 的类型注解和 ref 等 API 的用法一样，defineProps 也是可以使用尖括号 <> 来包裹类型定义，紧跟在 API 后面。

另外，由于 defineProps 返回的是一个对象（因为 props 本身是一个对象），所以尖括号里面的类型还要用大括号包裹，通过 key：value 的键值对形式表示，如：

```typescript
// TypeScript 代码片段
defineProps<{name: string}>()
```

注意，这里使用的类型和第一种方法提到的指定类型是不一样的。这里不再使用构造函数校验，而是需要遵循使用 TypeScript 的类型，比如字符串是 string，而不是 String。

如果有多个 prop，就跟写 interface 一样。

```
// TypeScript 代码片段
defineProps<{
  name: string
  phoneNumber: number
  userInfo: object
  tags: string[]
}>()
```

其中，上述代码中的 userInfo 是一个对象，可以简单地指定为 object，也可以先定义好它对应的类型，再进行指定。

```
// TypeScript 代码片段
interface UserInfo {
  id: number
  age: number
}

defineProps<{
  name: string
  userInfo: UserInfo
}>()
```

如果想对某个数据设置为可选，也是遵循 TypeScript 规范，通过英文问号"?"来允许可选。

```
// TypeScript 代码片段
// name 是可选
defineProps<{
  name?: string
  tags: string[]
}>()
```

如果想设置可选参数的默认值，需要借助 withDefaults API。

这里需要强调的一点是：构造函数和类型注解这两种校验方式只能二选一，不能同时使用，否则会引起程序报错。

4. withDefaults 的基础用法

withDefaults API 在使用 TypeScript 类型系统时，也可以指定 props 的默认值，它接收两个入参，见表 10-1。

表 10-1　withDefaults 的入参说明

参　　数	含　　义
props	通过 defineProps 传入的 props
defaultValues	根据 props 的 key 传入默认值

光看入参说明可能不容易理解，来看下面这段演示代码会更直观。

```typescript
// TypeScript 代码片段
withDefaults(
  // 这是第一个参数,声明 props
  defineProps<{
    size?: number
    labels?: string[]
  }>(),
  // 这是第二个参数,设置默认值
  {
    size: 3,
    labels: () => ['default label'],
  }
)
```

也可以通过字面量获取 props。

```typescript
// TypeScript 代码片段
// 上面的写法可能比较复杂,存在阅读成本
// 也可以跟平时一样先通过 interface 声明其类型
interface Props {
  size?: number
  labels?: string[]
}

// 再作为 defineProps 的类型传入
// 代码风格上会简洁很多
const props = withDefaults(defineProps<Props>(), {
  size: 3,
  labels: () => ['default label'],
})

// 这样就可以通过 props 变量读取需要的值
console.log(props.size)
```

▶▶ 10.1.5　emits 接收方式的变化

emits 和 props 一样，接收时也需要使用一个全新的 API 来操作，这个 API 就是 defineEmits。
defineEmits 和 defineProps 一样，也是一个方法，它接收入参格式和标准组件的要求是一致的。

使用 defineEmits 也是需要通过字面量来定义 emits 的，基础的用法也是传递一个 string[] 数组进
来，把每个 emit 的名称作为数组的 item。

```typescript
// TypeScript 代码片段
// 获取 emit
const emit = defineEmits(['update-name'])

// 调用 emit
emit('update-name', 'Tom')
```

由于 defineEmits 的用法和原来的 emits 选项差别不大，这里不再赘述，可以查看 8.2.9 小节了解更多内容。

▶▶ 10.1.6　attrs 接收方式的变化

attrs 和 props 很相似，也是基于父子通信的数据，如果父组件绑定下来的数据没有被指定为 props，那么就会被 attrs 接收。

在标准组件里，attrs 的数据是通过 setup 的第二个入参 context 里的 attrs API 获取的。

```TypeScript
// TypeScript 代码片段
// 标准组件的写法
export default defineComponent({
  setup(props, {attrs}) {
    // attrs 是个对象,每个 Attribute 都是它的 key
    console.log(attrs.class)

    // 如果传下来的 Attribute 带有短横线,需要通过下面这种方式获取
    console.log(attrs['data-hash'])
  },
})
```

但和 props 一样，由于没有了 context 参数，在 script-setup 模式下需要使用一个新的 API 来读取 attrs 数据，这个 API 就是 useAttrs。

顾名思义，useAttrs 是可以用来获取 attrs 数据的，它的用法非常简单，具体如下。

```TypeScript
// TypeScript 代码片段
import {useAttrs} from 'vue'

// 获取 attrs
const attrs = useAttrs()

// attrs 是个对象,和 props 一样,需要通过 key 来得到对应的单个 attr
console.log(attrs.msg)
```

对 attrs 不太了解的话，可以查阅 8.2.7 小节了解更多用法。

▶▶ 10.1.7　slots 接收方式的变化

slots 是 Vue 组件的插槽数据，也是父子通信里的一个重要成员。

对于使用<template />的开发者来说，在 script-setup 里获取插槽数据并不困难，因为跟标准组件的写法是完全一样的，可以直接在<template />里使用<slot />标签渲染。

```Vue
<!-- Vue 代码片段 -->
<template>
  <div>
    <!--插槽数据 -->
    <slot />
```

```
    <!--插槽数据 -->
  </div>
</template>
```

但对使用 JSX/TSX 的开发者来说,影响就比较大了。在标准组件里,想在 script 里获取插槽数据,也是需要在 setup 的第二个入参里读取 slots API。

```
// TypeScript 代码片段
// 标准组件的写法
export default defineComponent({
  // 这里的 slots 就是插槽
  setup(props, {slots}) {
    ...
  },
})
```

新版本的 Vue 也提供了一个全新的 useSlots API 来帮助 script-setup 用户获取插槽。

先来看父组件,父组件先为子组件传入插槽数据,支持"默认插槽"和"命名插槽"。

```
<!-- Vue 代码片段 -->
<template>
  <!-- 子组件-->
  <ChildTSX>
    <!-- 默认插槽 -->
    <p>Default slot for TSX.</p>
    <!-- 默认插槽 -->

    <!-- 命名插槽 -->
    <template #msg>
      <p>Named slot for TSX.</p>
    </template>
    <!-- 命名插槽 -->
  </ChildTSX>
  <!-- 子组件-->
</template>

<script setup lang="ts">
// 实际上是导入 ChildTSX.tsx 文件,扩展名默认可以省略
import ChildTSX from '@cp/ChildTSX'
</script>
```

在使用 JSX/TSX 编写的子组件里,就可以通过 useSlots 来获取父组件传进来的 slots 数据进行渲染。

```
// TypeScript 代码片段
// src/components/ChildTSX.tsx
import {defineComponent, useSlots} from 'vue'
```

```
export default defineComponent({
  setup() {
    // 获取插槽数据
    const slots = useSlots()

    // 渲染组件
    return () => (
      <div>
        {/* 渲染默认插槽 */}
        <p>{slots.default ? slots.default() : "}</p>

        {/* 渲染命名插槽 */}
        <p>{slots.msg ? slots.msg() : "}</p>
      </div>
    )
  },
})
```

注意，这里的 TSX 组件代码需要使用.tsx 作为文件扩展名，并且构建工具可能默认没有对 JSX/TSX 作支持。以 Vite 为例，需要安装官方提供的 JSX/TSX 支持插件才可以正常使用。

```
# 该插件支持使用 JSX 或 TSX 作为 Vue 组件
npm i -D @vitejs/plugin-vue-jsx
```

并在 vite.config.ts 里启用插件，添加对 JSX 和 TSX 的支持。

```
// TypeScript 代码片段
// vite.config.ts
import {defineConfig} from 'vite'
import vueJsx from '@vitejs/plugin-vue-jsx'

export default defineConfig({
  ...
  plugins: [
    ...
    // 启用插件
    vueJsx(),
  ],
})
```

如果还存在报错的情况，可以检查项目的 tsconfig.json 文件里，编译选项 jsx 是否设置为 preserve：

```
// JSON 代码片段
{
  "compilerOptions": {
    "jsx": "preserve"
  }
}
```

▶▶ 10.1.8　ref 通信方式的变化

在标准组件写法里，子组件的数据和方法可以通过在 setup 里 return 出来给父组件调用，也就是父组件可以通过 childComponent.value.foo 的方式直接操作子组件的数据（详见 5.5.3 小节）。

但在 script-setup 模式下，所有数据只是默认隐式地 return 给<template />使用，不会暴露到组件外，所以父组件是无法直接通过挂载 ref 变量获取子组件的数据的。

在 script-setup 模式下，如果要调用子组件的数据，需要先在子组件显式地暴露出来，才能够正确地读取，这个操作就是由 defineExpose API 来完成。

defineExpose 的用法非常简单，它本身是一个函数，可以接收一个对象参数。

在子组件里，像这样把需要暴露出去的数据通过 key：value 的形式作为入参（下面的例子用到了 ES6 属性的简洁表示法）。

```
<!-- Vue 代码片段 -->
<script setup lang="ts">
const msg = 'Hello World!'

// 通过该 API 显式暴露的数据，才可以在父组件读取
defineExpose({
  msg,
})
</script>
```

然后在父组件就可以通过挂载在子组件上的 ref 变量，去读取暴露出来的数据了。

▶▶ 10.1.9　顶级 await 的支持

在 script-setup 模式下，不必再配合 async 就可以直接使用 await 了。这种情况下，组件的 setup 会自动变成 async setup。

```
<!-- Vue 代码片段 -->
<script setup lang="ts">
const res = await fetch(`https://example.com/api/foo`)
const json = await res.json()
console.log(json)
</script>
```

它转换成标准组件的写法如下。

```
<!-- Vue 代码片段 -->
<script lang="ts">
import {defineComponent} from 'vue'

export default defineComponent({
  async setup() {
```

```
    const res = await fetch(`https://example.com/api/foo`)
    const json = await res.json()
    console.log(json)

    return {
      json,
    }
  },
})
</script>
```

10.2 命名技巧

对于接触编程工作不久的开发者来说，在个人练习 demo 或者简单的代码片段里可能会经常看到 var a、var b 这样的命名，因为本身是一段练习代码，因此大多数开发者认为"能跑就行"，问题不大。

但在实际工作中，很多开发团队都会有语义化命名的规范要求，严格的团队会有 Code Review 环节，使用上述这种无意义命名的代码将无法通过审查。在这种背景下，开发者可能会在命名上花费很多时间，在这里也分享笔者的一些常用技巧，希望能够帮助开发者节约在命名上的时间开销。

▶▶ 10.2.1 文件命名技巧

在开始讲变量命名之前，先说说文件的命名。因为代码都是保存在文件里，并且可能会互相引用，如果后期再修改文件名或者保存的位置而忘记更新代码里的引用路径，那么就会影响程序的编译和运行。

1. Vue 组件

在 Vue 项目里，有放在 views 下的路由组件，也有放在 components 目录下的公共组件。虽然都是以 .vue 为扩展名的 Vue 组件文件，但根据用途，它们其实并不相同，因此命名上也有不同的技巧。

（1）路由组件

路由组件通常存放在 src/views 目录下，在命名上容易困惑的应该是风格问题，开发者容易陷入是使用 camelCase 小驼峰还是使用 kebab-case 短横线风格，或者是 snake_case 下画线风格的选择困难。

一般情况下路由组件都是以单个名词或动词进行命名的，例如个人资料页使用 profile 命名路由，路由的访问路径使用 /profile，对应的路由组件使用 profile.vue 命名，下面是几个常见的例子。

```
// TypeScript 代码片段
// src/router/routes.ts
import type {RouteRecordRaw} from 'vue-router'

const routes: RouteRecordRaw[] = [
```

```
// 首页
// 如 https://example.com/
{
  path: '/',
  name: 'home',
  component: () => import('@views/home.vue'),
},
// 个人资料页
// 如 https://example.com/profile
{
  path: '/profile',
  name: 'profile',
  component: () => import('@views/profile.vue'),
},
// 登录页
// 如 https://example.com/login
{
  path: '/login',
  name: 'login',
  component: () => import('@views/login.vue'),
},
]

export default routes
```

如果是一些数据列表类的页面，使用名词复数或者名词单数加上 "-list" 结尾的 kebab-case 短横线风格写法，推荐短横线风格是因为在 URL 的风格设计里更为常见。

像文章列表可以使用 articles 或者 article-list，但同一个项目建议只使用其中一种方式，以保持整个项目的风格统一，下面是几个常见的例子。

```
// TypeScript 代码片段
// src/router/routes.ts
import type {RouteRecordRaw} from 'vue-router'

const routes: RouteRecordRaw[] = [
  // 文章列表页
  // 翻页逻辑是改变页码进行跳转,因此需要添加动态参数:page
  // 可以在组件内使用路由实例 route.params.page 读取页码
  // 如 https://example.com/articles/1
  {
    path: '/articles/:page',
    name: 'articles',
    component: () => import('@views/articles.vue'),
  },
  // 通知列表页
  // 翻页逻辑使用 AJAX 无刷翻页,这种情况则可以不配置页码参数
```

```
// 如 https://example.com/notifications
{
  path: '/notifications',
  name: 'notifications',
  component: () => import('@views/notifications.vue'),
},
]
```

```
export default routes
```

列表里的资源详情页，因为访问的时候通常会带上具体的 ID 以通过接口查询详情数据，这种情况下资源就继续使用单数，例如下面这个例子。

```
// TypeScript 代码片段
// src/router/routes.ts
import type {RouteRecordRaw} from 'vue-router'

const routes: RouteRecordRaw[] = [
  // 文章详情页
  // 可以在组件内使用路由实例 route.params.id 读取文章 ID
  // 如 https://example.com/article/1
  {
    path: '/article/:id',
    name: 'article',
    component: () => import('@views/article.vue'),
  },
]
```

```
export default routes
```

如果项目路由比较多，通常会对同一业务的路由增加文件夹归类。因此，上面的文章列表页和文章详情页，可以统一放到 article 目录下，使用 list 和 detail 区分是文章列表页还是文章详情页。

```
// TypeScript 代码片段
// src/router/routes.ts
import type {RouteRecordRaw} from 'vue-router'

const routes: RouteRecordRaw[] = [
  // 文章相关的路由统一放在这里管理
  {
    path: '/article',
    name: 'article',
    // 这是一个配置了<router-view />标签的路由中转站组件
    // 目的是使其可以渲染子路由
    component: () => import('@cp/TransferStation.vue'),
    // 由于父级路由没有内容,所以重定向至列表的第 1 页
    // 如 https://example.com/article
    redirect: {
```

```
      name: 'article-list',
      params: {
        page: 1,
      },
    },
    children: [
      // 文章列表页
      // 如 https://example.com/article/list/1
      {
        path: 'list/:page',
        name: 'article-list',
        component: () => import('@views/article/list.vue'),
      },
      // 文章详情页
      // 如 https://example.com/article/detail/1
      {
        path: 'detail/:id',
        name: 'article-detail',
        component: () => import('@views/article/detail.vue'),
      },
    ],
  },
]

export default routes
```

对于一些需要用多个单词才能描述的资源，可以使用 kebab-case 短横线风格命名。例如很常见的"策划面对面"栏目，在设置路由时，比较难用一个单词在 URL 里体现其含义，就需要使用多个单词连接的方式。

```
// TypeScript 代码片段
// src/router/routes.ts
import type {RouteRecordRaw} from 'vue-router'

const routes: RouteRecordRaw[] = [
  // 面对面栏目
  {
    path: '/face-to-face',
    name: 'face-to-face',
    component: () => import('@views/face-to-face.vue'),
  },
]

export default routes
```

这种情况如果需要使用文件夹管理多个路由，同样建议使用 kebab-case 短横线风格命名。例如上面的"策划面对面"栏目，可能会归属于"开发计划"的业务下，那么其父级文件夹就可以使用

development-plan 这样的短横线命名了。

（2）公共组件

公共组件通常存放在 src/components 目录下，也可以根据不同的使用情况，在路由文件夹下创建属于当前路由的 components 目录，作为一个小范围共享的公共组件目录来管理，而 src/components 则只存放全局性质的公共组件。

本节最开始提到了路由组件和公共组件并不相同，虽然都是组件，但路由组件代表的是整个页面，而公共组件更多是作为一个页面上的某个可复用的部件。如果开发者写过 Flutter，应该能够更深刻地理解公共组件更接近于 Widget 性质的小部件。

公共组件通常使用 PascalCase（帕斯卡）命名法，也就是大驼峰命名法，为什么不用小驼峰命名法？下面是源于 Vue 官网的一个组件名格式命名推荐。

> 使用 PascalCase 作为组件名的注册格式，这是因为 PascalCase 是合法的 JavaScript 标识符，这使得在 JavaScript 中导入和注册组件都很容易，同时 IDE 也能提供较好的自动补全。
>
> <PascalCase /> 在模板中更明显地表明了这是一个 Vue 组件，而不是原生 HTML 元素。同时也能够将 Vue 组件和自定义元素（Web Components）区分开来。

实际使用 PascalCase 风格的编码过程中，在 VSCode 里可以得到不同颜色的高亮效果，这与 kebab-case 风格的 HTML 标签可以快速区分。

```
<!-- Vue 代码片段 -->
<template>
  <!-- 普通的 HTML 标签 -->
  <!-- 在笔者的 VSCode 风格里呈现为桃红色 -->
  <div></div>

  <!-- 大驼峰组件-->
  <!-- 在笔者的 VSCode 风格里呈现为绿色 -->
  <PascalCase />
</template>
```

养成这种习惯还有一个好处，就是使用 UI 框架的时候，例如 Ant Design Vue 的 Select 组件，在其文档上演示的是全局安装的写法。

```
<!-- Vue 代码片段 -->
<template>
  <a-select>
    <a-select-option value="Hello">Hello</a-select-option>
  </a-select>
</template>
```

而实际使用时，为了更好地配合构建工具进行 Tree Shaking 移除没有用到的组件，都是按需引入 UI 框架的组件。如果平时有养成使用 PascalCase 命名的习惯，就可以很轻松地知道 <a-select-option /> 组件对应的是 <SelectOption />。因此，可以像下面这样按需导入。

```
// TypeScript 代码片段
import {Select, SelectOption} from 'ant-design-vue'
```

可以说，PascalCase 命名方式也是目前流行 UI 框架都在使用的命名规范。

2. TypeScript 文件

在 Vue 项目，虽然 TypeScript 代码可以写在组件里，但由于很多功能实现是可以解耦并复用的，所以经常会有专门的目录管理公共方法。这样做也可以避免在一个组件里写出一两千行代码从而导致维护成本提高的问题。

（1） libs 文件

笔者习惯将这些方法统一放到 src/libs 目录下，按照业务模块或者功能的相似度，以一个名词或者动词作为文件命名。例如常用的正则表达式，可以归类到 regexp.ts 里。

```
// TypeScript 代码片段
// src/libs/regexp.ts

// 校验手机号格式
export function isMob(phoneNumber: number | string) {
  ...
}

// 校验电子邮箱格式
export function isEmail(email: string) {
  ...
}

// 校验网址格式
export function isUrl(url: string) {
  ...
}

// 校验身份证号码格式
export function isIdCard(idCardNumber: string) {
  ...
}

// 校验银行卡号码格式
export function isBankCard(bankCardNumber: string) {
  ...
}
```

统一使用命名导出，这样一个 TypeScript 文件就像一个 npm 包一样，在使用的时候就可以从这个包里面导出各种要用到的方法直接使用，无须在组件里重复编写判断逻辑。

```
// TypeScript 代码片段
import {isMob, isEmail} from '@libs/regexp'
```

其他诸如常用的短信验证 sms.ts、登录逻辑 login.ts、数据格式转换 format.ts 都可以像这样单独抽出来封装。这种与业务解耦的封装方式非常灵活，以后不同项目如果也有类似的需求，就可以直接拿过去复用了。

（2）types 文件

对于经常用到的 TypeScript 类型，也可以抽离成公共文件。笔者习惯在 src/types 目录管理公共类型，统一使用.ts 作为扩展名并在里面导出 TypeScript 类型，而不使用.d.ts 类型声明文件。

这样做的好处是在使用相应类型时，可以通过 import type 显式导入，在后期的项目维护过程中，可以很明确地知道类型来自于哪里，并且更接近从 npm 包里导入类型使用的开发方式。例如上文配置路由的例子，就是从 Vue Router 里导入了路由的类型。

```TypeScript
// TypeScript 代码片段
// src/router/routes.ts
import type {RouteRecordRaw} from 'vue-router'

const routes: RouteRecordRaw[] = [
  ...
]

export default routes
```

在 types 目录下，可以按照业务模块创建多个模块文件分别维护不同的 TypeScript 类型，并统一在 index.ts 里导出。

```
src
└─types
  │ # 入口文件
  ├─index.ts
  │ # 管理不同业务的公共类型
  ├─user.ts
  ├─game.ts
  └─news.ts
```

例如 game.ts 可以维护经常用到的游戏业务相关类型，其中为了避免和其他模块命名冲突，以及马上可以看出是来自哪个业务的类型，可以统一使用业务模块的名称作为前缀。

```TypeScript
// TypeScript 代码片段
// src/types/game.ts

// 游戏公司信息
export interface GameCompany {
  ...
}

  游戏信息
export interface GameInfo {
  id: number
  name: string
  gameCompany: GameCompany
  ...
}
```

将该模块的所有类型在 index.ts 里全部导出。

```typescript
// TypeScript 代码片段
// src/types/index.ts
export * from './game'
```

在组件里就可以这样使用该类型。

```typescript
// TypeScript 代码片段
// 可以从 types 里统一导入,而不必明确到 types/game
import type {GameInfo} from '@/types'

const game: GameInfo = {
  id: 1,
  name:'Contra',
  gameCompany: {},
}
console.log(game)
```

TypeScript 类型都遵循 PascalCase 命名风格, 方便和声明的变量进行区分。大部分情况下, 一看到 GameInfo 就知道是类型, 而 gameInfo 则是一个变量。

▶▶ 10.2.2 代码命名技巧

在编写 JavaScript/TypeScript 时, 为变量和函数命名也是新手容易花费比较多时间的一件事情。本节笔者分享自己常用的命名技巧, 不仅可以大幅度降低命名的思考时间, 而且可以体现一定的语义化。

1. 变量的命名

首先笔者遵循变量只使用 camelCase 小驼峰风格的基本原则, 并且根据不同的类型, 搭配不同的命名前缀或后缀。

对于 string 字符串类型, 使用相关的名词命名即可。

```typescript
// TypeScript 代码片段
import {ref} from 'vue'

// 用户名
const username = ref<string>('Petter')

// 职业
const profession = ref<string>('Front-end Engineer')
```

对于 number 数值类型, 除了一些本身可以代表数字的名词(例如年龄 age、秒数 seconds)外, 其他的情况可以搭配后缀命名, 常用的后缀有 Count、Number、Size、Amount 等和单位有关的名词。

```typescript
// TypeScript 代码片段
import {ref} from 'vue'
```

```
// 最大数量
const maxCount = ref<number>(100)

// 页码
const pageNumber = ref<number>(1)

// 每页条数
const pageSize = ref<number>(10)

// 折扣金额
const discountAmount = ref<number>(50)
```

对于 boolean 布尔值类型，可搭配 is、has 等 Be 动词或判断类的动词作为前缀命名，并视情况搭配行为动词和目标名词或者直接使用一些状态形容词。

```
// TypeScript 代码片段
import {ref} from'vue'

// 是否显示弹窗
const isShowDialog = ref<boolean>(false)

// 用户是否为 VIP 会员
const isVIP = ref<boolean>(true)

// 用户是否有头像
const hasAvatar = ref<boolean>(true)

// 是否被禁用
const disabled = ref<boolean>(true)

// 是否可见
const visible = ref<boolean>(true)
```

之所以要搭配 is 开头，是为了和函数区分，例如 showDialog ( ) 是显示弹窗的方法，而 isShowDialog 才是一个布尔值用于逻辑判断。

对于数组，通常使用名词的复数形式，或者名词加上 List 结尾作为命名。数组通常会有原始数据类型的数组，也有 JSON 对象数组，笔者习惯对前者使用名词复数，对后者使用 List 结尾。

```
// TypeScript 代码片段
import {ref} from'vue'

// 每个 Item 都是字符串
const tags = ref<string>(['食物', '粤菜', '卤水'])

// 每个 Item 都是数值
const tagIds = ref<number>([1, 2, 3])
```

```
// 每个 Item 都是 JSON 对象
const memberList = ref<Member[]>([
  {
    id: 1,
    name:'Petter',
  },
  {
    id: 2,
    name:'Marry',
  },
])
```

如果是作为函数的入参，通常也遵循变量的命名规则。除非是一些代码量很少的操作，可以使用 i、j 等单个字母的变量名，例如提交接口参数时，经常只需要提交一个 ID 数组，从 JSON 数组里提取 ID 数组时就可以使用这种简短命名了。

```
// TypeScript 代码片段
// map 的参数命名就可以使用 i 这种简短命名
const ids = dataList.map((i) => i.id)
```

2. 函数的命名

函数的命名也是只使用 camelCase 小驼峰风格，通常根据该函数是同步操作还是异步操作而使用不同的动词前缀。

获取数据的函数，通常使用 get、query、read 等代表会返回数据的动词作为前缀。如果还是觉得很难确定使用哪一个，可以统一使用 get，也可以根据函数的操作性质来决定：

1）如果是同步操作，不涉及接口请求，使用 get 作为前缀。

2）如果是需要从 API 接口查询数据的异步操作，使用 query 作为前缀。

3）如果是 Node.js 程序这种需要进行文件内容读取的场景，就使用 read。

```
// TypeScript 代码片段
// 从本地存储读取数据
// 因为是同步操作，所以使用 get 前缀
function getLoginInfo() {
  try {
    const info = localStorage.getItem('loginInfo')
    return info ? JSON.parse(info) : null
  } catch (e) {
    return null
  }
}

// 从接口查询数据
// 因为是异步操作,需要去数据库查数据,所以使用 query 前缀
async function queryMemberInfo(id: number) {
  try {
```

```
    const res = await fetch(`https://example.com/api/member/${id}`)
    const json = await res.json()
    return json
  } catch (e) {
    return null
  }
}
```

修改数据的函数，通常使用 save、update、delete 等会变更数据的动词作为前缀，一般情况下：

1）数据存储可以统一使用 save。

2）如果要区分新建或者更新操作，可以对新建操作使用 create，对更新操作使用 update。

3）删除操作使用 delete 或 remove。

4）如果是 Node.js 程序需要对文件写入内容，使用 write。

5）表单验证合法性等场景，可以使用 verify 或 check。

6）切换可见性可以用 show 和 hide，如果是写在一个函数里，可以使用 toggle。

7）发送验证码、发送邮件等可以使用 send。

8）打开路由、打开外部 URL 可以使用 open。

当然以上只是一些常用的命名技巧建议，对于简单的业务，例如一个 H5 活动页面，也可以在同步操作时使用 set 表示可以直接设置，在异步操作时使用 save 表示需要提交保存。

```
// TypeScript 代码片段
// 将数据保存至本地存储
// 因为是同步操作，所以使用 set 前缀
function setLoginInfo(info: LoginInfo) {
  try {
    localStorage.setItem('loginInfo', JSON.stringify(info))
    return true
  } catch (e) {
    return false
  }
}


// 将数据通过接口保存到数据库
// 因为是异步操作，所以使用 save 前缀
async function saveMemberInfo(id: number, data: MemberDTO) {
  try {
    const res = await fetch(`https://example.com/api/member/${id}`, {
      method: 'POST',
      body: JSON.stringify(data),
    })
    const json = await res.json()
    return json.code === 200
  } catch (e) {
```

```
    return false
  }
}
```

class 类上的方法和函数命名规则一样，但 class 本身使用 PascalCase 命名法，代表这是一个类，在调用的时候需要 new。

```typescript
// TypeScript 代码片段
// 类使用 PascalCase 命名法
class Hello {
  name: string

  constructor(name: string) {
    this.name = name
  }

  say() {
    console.log(`Hello ${this.name}`)
  }
}

const hello = new Hello('World')
hello.say() // Hello World
```

通过上述学习，希望曾经在命名上有过困扰的开发者不再有此烦恼，编写代码更加高效率。

附录　本书涉及的部分官方网站和文档的地址

附表 1　官网文档地址表

名　　称	官网文档地址
Node.js 官网	https://nodejs.org/zh-cn/
TypeScript 官网	https://www.typescriptlang.org
Visual Studio Code 官网	https://code.visualstudio.com
Npmjs 官网	https://www.npmjs.com
Vue 3 官网	https://cn.vuejs.org
Vue Composition API	https://cn.vuejs.org/guide/extras/composition-api-faq.html
Vue Router 官网	https://router.vuejs.org/zh/
Vuex 官网	https://vuex.vuejs.org/zh/
Pinia 官网	https://pinia.vuejs.org/zh/
Vue Devtools	https://devtools.vuejs.org
Vue CLI 官网	https://cli.vuejs.org/zh/
Vite 官网	https://cn.vitejs.dev/